化学工业出版社“十四五”普通高等教育规划教材
湖北省新工科新形态教材

食品生产案例教学与实践

Case Teaching and Practice in Food Production

黄业传 张喜才 主编

化学工业出版社
·北京·

内容简介

《食品生产案例教学与实践》共有17个食品生产实践案例，涉及肉制品、蔬菜制品、粮油制品、调味品、水产品、酒类产品、食品安全等方面，每个案例均包括案例解析和案例教学指导，其中案例解析一般包括案例背景、相关案例与解决方案、拓展等部分；案例教学指导一般包括教学目标、案例讨论前准备工作、案例分析要点、教学组织方式、课程思政设计等内容。

《食品生产案例教学与实践》可供食品相关专业本科生课程如果蔬工艺学、粮油工艺学、畜产品工艺学、发酵工艺学、水产品工艺学、食品专业综合实训等授课教师作为教学参考，也可作为相关专业研究生教学参考用书，还可作为相关企业人员自学参考资料。

图书在版编目（CIP）数据

食品生产案例教学与实践 / 黄业传，张喜才主编.
北京：化学工业出版社，2025. 9. --（化学工业出版社“十四五”普通高等教育规划教材）（湖北省新工科新形态教材）. -- ISBN 978-7-122-49217-3

Ⅰ. TS205

中国国家版本馆CIP数据核字第20255KU924号

责任编辑：褚红喜　甘九林　　文字编辑：张熙然
责任校对：王鹏飞　　装帧设计：刘丽华

出版发行：化学工业出版社
（北京市东城区青年湖南街13号　邮政编码100011）
印　　装：北京科印技术咨询服务有限公司数码印刷分部
787mm×1092mm　1/16　印张13¾　字数319千字
2025年12月北京第1版第1次印刷

购书咨询：010-64518888　　售后服务：010-64518899
网　　址：http://www.cip.com.cn
凡购买本书，如有缺损质量问题，本社销售中心负责调换。

定　　价：49.80元

《食品生产案例教学与实践》编写组

主　　编　黄业传　张喜才

副 主 编　熊双丽　陈清婵　张　玉

编写人员

黄业传　荆楚理工学院

郑　刚　中粮肉食（北京）有限公司

熊双丽　四川旅游学院

官青松　英博金龙泉啤酒（湖北）有限公司

张喜才　荆楚理工学院

陈清婵　荆楚理工学院

汪一红　福建技术师范学院

李　蓉　荆楚理工学院

赵宏强　阜阳师范大学

钱韻芳　上海海洋大学

刘士健　北京正博和源科技有限公司

张　玉　西南大学

赵天瑶　荆楚理工学院

高献礼　江苏大学

索化夷　西南大学

孙艺娇　荆楚理工学院

王劲松　荆楚理工学院

刘　华　南宁富莱欣生物科技有限公司

朱德艳　荆楚理工学院

前言

工程教育的核心是实践，目前食品科学与工程类专业教学普遍存在实践教学薄弱、工程性相对缺失的问题，主要表现为实践教学体系不完善、创新创业能力训练环节偏少、学科建设基础化导致重理论轻实践等。2015 年，教育部联合国家发展改革委和财政部出台了《教育部　国家发展改革委　财政部关于引导部分地方普通本科高校向应用型转变的指导意见》，指出行业急需能解决生产实际问题的工程人才，而大学生们也渴望实现自己的社会价值。因此，对学生实践能力和创新能力的培养至关重要。

作为一种基于实践经验的探索性教学模式，案例教学已成为培养高层次应用型人才的重要方式之一。这种培养方式极大改变了传统教学以书本为中心、从概念到概念的做法，使学生真正成为教学活动的主体，开展自主性、合作性、研究性及探索性学习。目前案例教学在食品相关专业本科课堂教学中应用较少，编者曾在课堂进行了试点，教学效果远超传统课堂。现有的案例开发均是以国内外发生的一些真实事件为原型进行加工，如在食品领域主要是与食品安全相关的事件，其他方面的案例非常少，特别是与实际生产相关的案例教学资源。因此，在践行 OBE 教育理念的基础上，编者以食品工艺相关课程为基础，联合西南大学、江苏大学、四川旅游学院、英博金龙泉啤酒（湖北）有限公司、上海海洋大学、阜阳师范大学、福建技术师范学院、中粮肉食（北京）有限公司、北京正博和源科技有限公司、南宁富莱欣生物科技有限公司等共开发食品生产实践案例 17 个。通过案例教学的实施，引发学生思考，经过自主查阅资料、讨论、辩论等环节后制定解决方案，并将案例延伸至学生综合实验、生产实习和毕业论文中，以提高学生解决生产实践问题和复杂工程问题的能力，真正培养高水平应用型人才。

本书前言由黄业传和张喜才编写，案例 1 由黄业传和郑刚编写，案例 2 由熊双丽编写，案例 3 由官青松和张喜才编写，案例 4 由陈清婵编写，案例 5 由汪一红编写，案例 6 由李蓉编写，案例 7 由赵宏强编写，案例 8 由张喜才编写，案例 9 由钱韻芳编写，案例 10 由黄业传和刘士健编写，案例 11 由张玉编写，案例 12 由赵天瑶编写，案例 13 由高献礼编写，案例 14 由索化夷编写，案例 15 由孙艺娇编写，案例 16 由王劲松、孙艺娇和刘华编写，案例 17 由朱德艳编写。全书由张喜才、陈清婵、张玉进行统稿，黄业传、熊双丽、朱德艳进行校稿。

在本书编写过程中，参考了国内外大量的论著、教材、文章、专利等相关材料，在此谨向被引用文献的作者表示衷心的感谢。本书的出版得到了湖北省“新工科”建设项目的支持。

由于作者水平和资料来源的局限，本教材难免会出现疏漏和欠妥之处，敬请读者指正，提出宝贵意见，我们将进一步修订和完善。

编者
2025 年 8 月

目录

案例 1

中式肉制品加工中亚硝酸盐的替代方案

案例摘要

本案例介绍了肉制品中亚硝酸盐的替代方案。通过介绍相关背景、亚硝酸盐超标和中毒案例、降低肉制品中亚硝酸盐的绿色加工技术，引导学生了解并掌握亚硝酸盐在肉制品加工中的作用、潜在危害及替代策略，培养学生查阅资料、主动思考与解决问题的能力，进而希望学生能够培养食品安全与质量控制意识、创新意识，并能灵活运用所学专业知识解决实际生产中存在的问题，以后更好地服务于食品行业。

第 1 节　案例解析

一、案例背景

1.腊肉及起源

腊肉迄今已有两千多年的历史，早在《周易注疏》中就记载有“晞于阳而炀于火，曰腊肉”。这句话的意思就是把肉放在阳光下暴晒去掉水分。腊肉的起源有不同的传说（**思政点 1**），如古代一农民，把吃剩的猪肉撒上食盐，第二天又将腌制一夜的猪肉用绳子吊挂起来；时值冬至，连日大雪，无法出门，其便将猪肉取下来用水煮后食用，发现味道不同一般，咸香可口。又如湖南、贵州一带的苗族长期隐居在我国西南一带深山，过着以打猎为生的日子；最初，他们将没有吃完的野猪肉挂在树上风干（**思政点 2**），等到食物短缺时再拿来食用。因为常在农历腊月制作，因此被称为“腊肉”。曾经，腊肉对普通民众来说是一种奢侈品，只有逢年过节才能食用；在物资匮乏的年代，国家实行“肉票”和“粮票”，对粮食和肉制品等物资限量供应（**思政点 3**）。

2.亚硝酸钠在肉制品加工中的作用

食品的色、香、味、形对吸引顾客至关重要，其中色位居首位。具体到腌腊肉制品，有一种物质对其色泽起着关键作用，又称为肉制品的美颜师，它就是亚硝酸钠。在肉制品中具有多方面作用：一是发色，其在肉制品中会发生还原反应，从而使肉制品呈现诱人的鲜红色；二是抑菌，其在 pH 4.5～6.0 范围内对金黄色葡萄球菌和肉毒梭菌的生长起抑制作用；三是腌制，促进肉制品腌肉风味的形成；四是螯合和稳定作用，在腌制过程中，其能使膨胀的胶原蛋白数量增多，从而增加肉的黏度和弹性；五是能防止脂肪氧化而产生的不良风味（**思政点 4**）。

3.亚硝酸钠基本性质与毒性

亚硝酸钠为白色或微黄色结晶或颗粒粉末，如图 1-1 所示，分子式 $NaNO_2$，无臭，味微咸，易吸潮，易溶于水，微溶于乙醇。其被称为食品添加剂中的剧毒物质，是所有食品添加剂中毒性最强的。

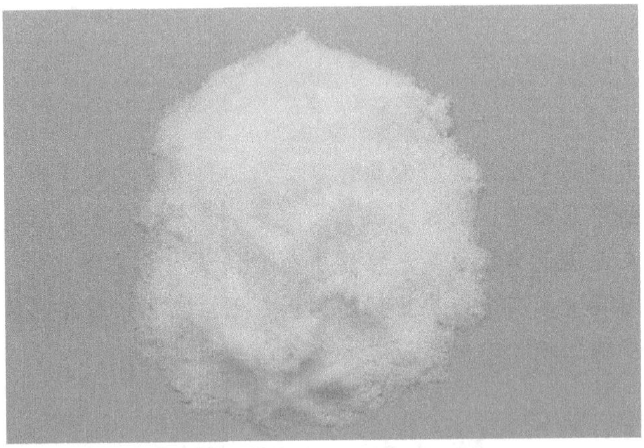

图 1-1　亚硝酸钠

亚硝酸盐的中毒分为急性中毒和慢性中毒。急性中毒主要是将亚硝酸盐当作食盐或白砂糖误食引起，或食物中加入过量的亚硝酸钠，潜伏期仅 0.5～1 h，主要症状为组织缺氧，表现为口唇、指甲及全身皮肤发绀，严重者死亡。其中毒机理为亚硝酸盐将血液中的二价铁离子氧化成三价铁离子，使正常的血红蛋白转变为高铁血红蛋白而失去携氧能力，人一次性摄入 0.2～0.5 g 亚硝酸盐将引起急性中毒。亚硝酸盐是合成亚硝胺类化合物的前体物质，亚硝胺致癌性极强，可引起多种肿瘤，如胃癌、食管癌、肝癌、结肠癌和膀胱癌等的发病可能与亚硝胺有关。在肉制品如香肠、午餐肉等加工过程中加入的硝酸盐和亚硝酸盐，可与肉制品中蛋白质分解产生的胺类物质发生反应，生成亚硝胺。特别是，当肉类或鱼类原料不新鲜时，蛋白质分解产生大量的胺类物质，生成的亚硝胺更多。食品中的硝酸盐和亚硝酸盐进入人体后，在适宜的条件下，与体内的胺类物质在口腔、胃、膀胱内合成亚硝胺。图 1-2 为常见的亚硝酸盐含量较高的食物，GB 2760—2024 中亚硝酸盐的使用范围和标准见表 1-1。

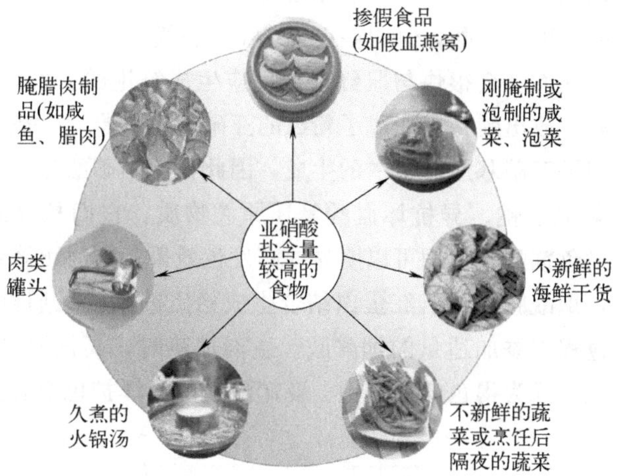

图 1-2 常见亚硝酸盐含量高的食物

表 1-1 亚硝酸盐在食品中的使用及残留量标准

食品分类号	食品名称	最大使用量/(g/kg)	备注
08.02.02	腌腊肉制品类(如咸肉、腊肉、板鸭、中式火腿、腊肠等)	0.15	以亚硝酸钠计,残留量≤30 mg/kg
08.03.01	酱卤肉制品类	0.15	以亚硝酸钠计,残留量≤30 mg/kg
08.03.02	熏、烧、烤肉类(熏肉、叉烧肉、烤鸭、肉脯等)	0.15	以亚硝酸钠计,残留量≤30 mg/kg
08.03.03	油炸肉类	0.15	以亚硝酸钠计,残留量≤30 mg/kg
08.03.04	西式火腿(熏烤、烟熏、蒸煮火腿)类	0.15	以亚硝酸钠计,残留量≤70 mg/kg
08.03.05	肉灌肠类	0.15	以亚硝酸钠计,残留量≤30 mg/kg
08.03.06	发酵肉制品类	0.15	以亚硝酸钠计,残留量≤30 mg/kg
08.03.08	肉罐头类	0.15	以亚硝酸钠计,残留量≤50 mg/kg

4.亚硝酸盐的护色机理[1]

原料肉的红色，是由肌红蛋白（Mb）及血红蛋白（Hb）所呈现的一种感官性质。由于肉的部位不同和家畜品种的差异，其血红素含量和比例也不一样。一般来说，肌红蛋白占 70%～90%，血红蛋白占 10%～30%。

为使肉制品呈鲜艳的红色，在加工过程中添加硝酸盐和亚硝酸盐。它们一般以混合盐的形式添加，硝酸盐在硝化细菌的作用下，还原成亚硝酸盐，亚硝酸盐在酸性条件下会生成亚硝酸，一般宰后成熟的肉因含乳酸，pH 值在 5.6～5.8 的范围，所以不需外加酸即可生成亚硝酸。亚硝酸分解产生的 NO 会很快与肌红蛋白反应生成鲜艳的、红色的亚硝基肌红蛋白，亚硝基肌红蛋白遇热后，放出巯基，变成了粉红的亚硝基血色原。生成的硝酸，不仅可使亚硝基被氧化，而且抑制了亚硝基肌红蛋白的生成，因此在使用硝酸盐与亚硝酸盐的同时常使用 L-抗坏血酸、L-抗坏血酸钠、异抗坏血酸等还原性物质，它们是食品发色助剂，其本身并无发色功能，但与发色剂配合使用可以明显提高发色效果，同时可降低发色剂的用量而提高产品安全性。此外，烟酰胺可与肌红蛋白结合生成稳定的烟酰胺肌红蛋白，难以被氧化，故在肉类制品的腌制过程中添加适量的烟酰胺。生肉加热时，高铁肌红蛋白因氧化而变性，导致红色生肉急剧变色，成为褐色的加热肉。亚硝酸盐的具体护色机理如图 1-3 所示。

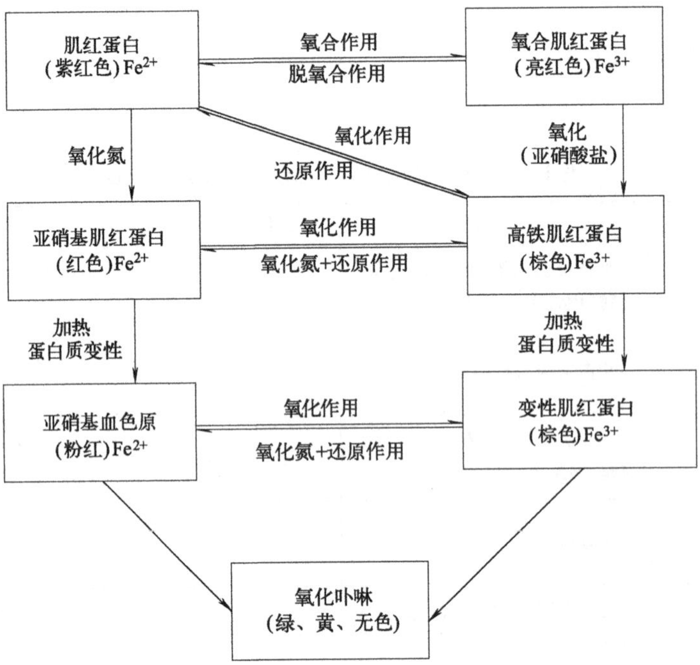

图 1-3　亚硝酸盐护色机理

二、亚硝酸盐超标可能面临的处罚

2015 年 8 月，四川省阆中 6 名消费者食用涂某制作的卤肉后，亚硝酸盐中毒，该地法院以生产、销售不符合安全标准的食品罪判处涂某有期徒刑 10 个月，缓刑 1 年，并禁止被告在缓刑期内从事食品类生产、销售工作。2014 年 11 月起，镇江的戚某租赁一处民房用于加工猪头肉，超限量使用亚硝酸钠，2017 年 9 月，执法部门扣押了加工点的猪头肉 25 kg，经检测，提取的肉样本中亚硝酸盐含量为 328.7 mg/kg。法院以生产、销售不符合安全标准的食品罪判处戚某有期徒刑 1 年，缓刑 1 年，并处罚金 1 万元，同时禁止其在缓刑期内从事食品生产、销售及相关活动（**思政点 5**）。表 1-2 和表 1-3 是河南商丘对熟肉制品亚硝酸盐的抽检结果[2]。

表 1-2　不同场所熟肉制品中亚硝酸盐含量结果分析

样品来源	检测份数	合格份数	检出份数	检出率 /%	不合格份数	参考值 /(mg/kg)	结果范围 /(mg/kg)	合格率/%
超市	142	140	35	24.6	2	≤30	1.9～37.9	98.6
农贸市场	143	133	46	32.2	10	≤30	3.6～137.8	93.0
流动商贩	142	126	58	40.9	16	≤30	3.6～218.9	88.7
合计	427	399	139	32.6	28	≤30	1.9～218.9	93.4

表 1-3　不同年份熟肉制品亚硝酸盐含量结果分析

年份	检测份数	合格份数	检出份数	检出率/%	不合格份数	参考值 /(mg/kg)	结果范围 /(mg/kg)	合格率/%
2014 年	90	82	29	32.2	8	≤30	4.3～218.9	91.1
2015 年	120	111	54	45.0	9	≤30	3.4～121.0	92.5
2016 年	110	107	23	20.9	3	≤30	1.9～34.0	97.3
2017 年	50	48	8	16.0	2	≤30	6.5～122.9	96.0
2018 年	57	51	25	43.9	6	≤30	5.5～198.0	89.5
合计	427	399	139	32.6	28	≤30	1.9～218.9	93.4

早在 2012 年，为避免餐饮服务环节导致误食亚硝酸盐引发食物中毒，国家相关部门就发布了《禁止餐饮服务单位采购、贮存、使用食品添加剂亚硝酸盐的公告》，要求实现餐饮服务环节对亚硝酸盐有效禁用，确保餐饮服务食品安全。

三、亚硝酸盐的替代策略

1.肉制品新型发色技术[1]

（1）氨基酸护色技术

某些氨基酸和多肽对肌红蛋白有发色作用，效果随氨基酸与多肽的种类、pH 值的不同而异，如添加 0.1%～0.5%赖氨酸和精氨酸等量混合物，同时使用 10 mg/kg 的亚硝酸钠，灌肠制品的色泽好于单一的亚硝酸钠。

（2）NO 护色技术

向腌肉中直接加入 NO 溶液，能使产品产生稳定的色泽，NO 还有抑菌作用。如在肉制品中加 NO 饱和的 0.1%抗坏血酸溶液，亚硝酸盐残留最少，色泽好。

（3）CO 护色技术

CO 作为一种新型气体发色剂在国内外应用日益广泛，主要是利用气调包装，将待处理产品置于包装袋中进行发色，如牛肉放入含 CO 的气调包装袋中可将产品的有效保存期限由原来的3～7天延长至15～30天。在水产品中，尤其是在罗非鱼鱼片加工过程中的应用也日渐增多。

（4）亚硝基血红蛋白（HbNO）护色技术

将亚硝基血红蛋白应用于灌肠上，代替亚硝酸盐作为肉制品护色剂。研究表明，亚硝基血红蛋白6000 mg/kg、抗坏血酸500 mg/kg、烟酰胺300 mg/kg为效果较理想的组合，产品感官与对照组无明显区别，亚硝酸盐残留仅为对照组的1/9。

（5）蛋黄粉发色技术

一定量的蛋黄粉末可代替亚硝酸盐发色。蛋黄粉末中的硫化氢具有和亚硝酸盐相似的功能，易和肉中的血红蛋白结合，产生固定色素的效果。

（6）乙基麦芽酚和柠檬酸铁发色技术

选用乙基麦芽酚和柠檬酸铁作为发色剂，可达到长期护色的目的。两者混合后能起到良好的呈色效果，使产品呈现诱人的红色。

2.食品中亚硝酸盐部分替代或替代案例

（1）案例1：微生物与L-精氨酸协同发色技术

李沛军等[3]发明的发色剂由凝固酶阴性葡萄球菌的菌粉剂或菌悬液和L-精氨酸组成；使用时，凝固酶阴性葡萄球菌在肉制品中的接种量为10^6～10^7 CFU/g，L-精氨酸的添加量为0.6%～1.2%。凝固酶阴性葡萄球菌具有一氧化氮合酶，可以在加工肉制品中产生一氧化氮，从而形成红色的亚硝基肌红蛋白，L-精氨酸可进一步提升红色。

（2）案例2：木糖葡萄球菌A2发色技术

孔保华等[4]发现木糖葡萄球菌A2可转化高铁肌红蛋白生成亚硝基肌红蛋白，即腌肉红色素，为发酵法替代肉制品中亚硝酸盐提供一条可能的解决途径，可以替代肉制品中亚硝酸盐的呈色作用，减少其使用量，降低产品可能的致癌性。

能起到发色作用的微生物如表1-4所示[5]。

表1-4 发酵肉制品中微生物菌种

发色微生物	发色途径	发酵优势
植物乳杆菌	硝酸盐/亚硝酸盐还原途径	安全添加剂(GRAS)，可附着于表皮细胞，过氧化氢酶阳性
发酵乳杆菌	一氧化氮合酶途径	适量添加促进剂后发色能力较强，可有效替代亚硝酸盐
肉葡萄球菌	硝酸盐/亚硝酸盐还原途径	调节脂肪酸氧化和氨基酸分解代谢，促进风味产生
木糖葡萄球菌	硝酸盐/亚硝酸盐还原途径 一氧化氮合酶途径	过氧化氢酶、超氧化物歧化酶阳性，可减少酸败，生长优势明显
马胃葡萄球菌	硝酸盐/亚硝酸盐还原途径	血浆凝固酶阴性，硝酸盐还原酶酶活性较高，发色能力优良
腐生葡萄球菌	硝酸盐/亚硝酸盐还原途径 一氧化氮合酶途径	有氧和限氧条件下均能产生红色色素
弯曲乳杆菌	锌卟啉途径	锌卟啉色素稳定且色泽优良，是无亚硝酸盐发酵肉制品中的理想色素

（3）案例 3：复合替代物发色技术

席益民[6]在肉品腌制中，用下述亚硝酸盐替代物：红曲色素 4～5 份，甜菜红 0.7～1.3 份，山梨酸钾 4～6 份，D-异抗坏血酸钠 2～3 份，乳酸链球菌素 1.5～2.5 份，乳酸钠 9～11 份，纳他霉素 1～2 份，天然维生素 E 5～6 份，迷迭香提取物 1～2 份，鼠尾草精油 0.5～1.5 份，茶多酚 1～2 份，L-谷氨酸钠 15～16 份，5'-呈味核苷酸二钠 0.5～1.5 份，酵母提取物 40～43 份，三聚磷酸钠 4～5 份，乙基麦芽酚 0.5～1.5 份。在卤肉中替代亚硝酸盐，加入量为原料的 1.2%～2.5%，成品的口感和色泽品质极佳。

（4）案例 4：卤肉加工中亚硝酸盐替代组合配料的应用

杨春等[7]发明了一种在卤肉加工中替代亚硝酸盐的组合配料，按照每 100 质量份生肉的量，添加由以下质量份组成的替代物：

抑菌剂 0.18～0.25 份　　着色剂 1.6～2.3 份

抗氧化剂 0.01～0.02 份　　保水保嫩助剂 0.4～0.5 份

抗氧化助剂 0.06～0.11 份　　蔗糖脂肪酸酯 0.08～0.14 份

其中，抑菌剂由乳酸链球菌素和双乙酸钠混合组成，着色剂由红曲色素和焦糖色素组成，抗氧化剂是丁基羟基茴香醚与二丁基羟基甲苯的混合物，保水保嫩助剂为由焦磷酸钠、三聚磷酸钠、六偏磷酸钠、磷酸二氢钠混合组成的复合磷酸盐。

（5）案例 5：低硝泡菜香肠的创新制作方法

黄业传等[8]发明了一种低硝泡菜香肠的制作方法：①以红心萝卜和胡萝卜为原料，以植物乳杆菌、肠膜明串珠菌和戊糖片球菌的混合菌种为发酵菌种，发酵 24～48 h，分离得到泡菜水；②以苋菜为原料制备苋菜泥或苋菜冻干粉；③以猪肉、泡菜水、苋菜泥或苋菜冻干粉、干泡菜丁和调味辅料为原料制备香肠。在这项技术中，不添加亚硝酸钠，而是利用红色和橙色植物原料及发酵后泡菜水中存在的亚硝酸、硝酸、天然红色色素、乳酸菌、维生素 C 及抗氧化物质来替代传统香肠加工过程中添加的亚硝酸钠。同时将泡菜水和泡菜加入香肠中，开发了一种新口味的香肠，满足消费者的口感需求。

（6）案例 6：无亚硝酸钠添加腊肉的制作工艺

黄业传等[9]发明了一种无亚硝酸钠添加腊肉的制作方法：①以红色或橙色蔬菜为原料，以植物乳杆菌、肠膜明串珠菌和戊糖片球菌的混合菌种为发酵菌种，发酵 24～48 h，分离得到泡菜水；②将腌制辅料加入泡菜水中得到腌制液，采用腌制液对猪肉进行注射腌制并在猪肉表面涂抹干盐，腌制完成后，洗净表面的盐并滤干水分；③于 20～30 ℃条件下发酵 24～48 h；④对发酵后的猪肉进行液熏和干燥得到腊肉。在这项技术中，不添加亚硝酸钠，而是添加泡菜水进行腌制和发酵，其能在替代传统工艺中亚硝酸盐发色效果的前提下，显著降低成品腊肉中的亚硝酸盐含量，并提高腊肉品质。

（7）案例 7：利用超高压与辐照技术降低腊肉中亚硝酸盐含量

黄业传等[10,11]发现将腊肉通过超高压处理或辐照处理可以有效降低其中亚硝酸盐的含量。其中，超高压结合涂膜处理可将亚硝酸盐含量从对照组的 7.66 mg/kg 降低到 0.94 mg/kg；辐照处理也能降低腊肉在贮藏中的亚硝酸盐残留量，如图 1-4 所示。（**思政点 6**）

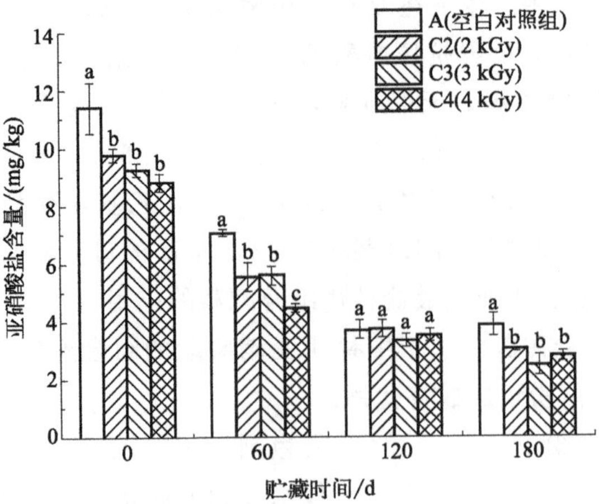

图 1-4　不同辐照剂量对低盐切片腊肉亚硝酸盐含量的影响

同一贮藏时间条件下，不同小写字母表示差异显著（$P<0.05$）；反之则差异不显著（$P>0.05$）

四、拓展

1. 泡菜中亚硝酸盐产生规律：2022 年，常州市民唐先生在食用家人腌制的咸菜后，突发恶心、嘴唇发绀等症状。他当天中午和晚上都吃了咸菜和白粥，半夜感觉头晕，以为是饿了，于是打开咸菜罐又猛吃了一顿。半夜一点多，出现了头晕、恶心、胸闷、气喘、四肢发麻等症状，到医院时，脸已发绀，医生展开了急救。其中毒的直接原因就是那罐咸菜，据了解，唐先生吃了近两斤咸菜。家里腌制的咸菜，尤其新鲜的咸菜很容易产生亚硝酸盐，包括变质腐烂的蔬菜也容易产生亚硝酸盐，吃了容易中毒。一般而言，在腌制后的中前期，亚硝酸盐含量达到最高峰，之后便开始下降。即便如此，生活中也应尽量少吃。图 1-5 为自然发酵与人工发酵酸菜中亚硝酸盐的变化规律。

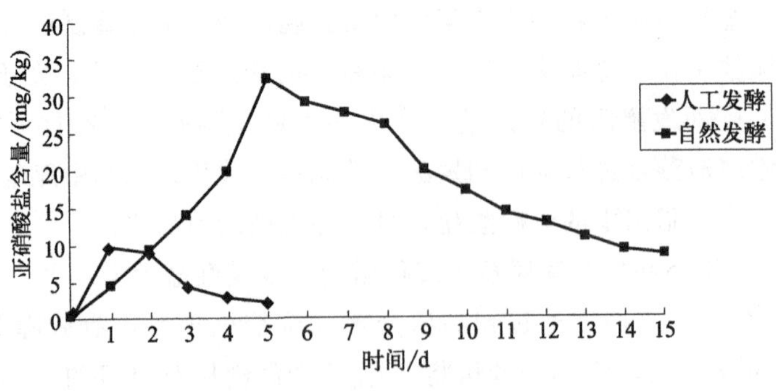

图 1-5　自然发酵与人工发酵酸菜中亚硝酸盐含量变化

2. 展示一些著名的腌腊肉制品（3～5 种）。

3. 制定低盐、低亚硝酸盐腊肉的配方和工艺，并在实验课中进行实践操作，操作后进行分组产品展示与讨论（综合实验中实操，**思政点 7、思政点 8**）。

4. 学习《健康中国行动（2019—2030 年）》相关条款，并在自己周围进行相关条款的宣传（课后任务，**思政点 9、思政点 10**）。

5. 以风干鸡或排骨香肠（或当地其他特色腌腊制品）为例，讨论传统食品现代化的途径（**思政点 11**）。

第 2 节　案例教学指导

一、教学目标

1. 培养学生查阅资料、文献，并能在阅读过程中进行总结、分析、凝练和提出问题的能力；培养学生分工协作和通过倾听、讨论、提问、讲解等形式学习知识、运用知识的能力。

2. 使学生更好地了解亚硝酸盐相关知识，并能将所学知识进行灵活运用、综合运用；能就相关生产实际问题进行解决方案设计，并初步将设计的方案用于生产实践；培养学生工程实践能力，并让学生认识到食品生产实践中创新能力的重要性。

3. 让学生认识到食品安全的重要性，在以后实际工作中更好地把关食品安全工作，并拒绝加工野生动物，形成良好的职业素养。

4. 增强学生对中国传统文化的认同感和民族自豪感，养成吃苦耐劳的精神，并自觉宣传《健康中国行动（2019—2030 年）》，引导周围的人形成健康的“大食物观”，践行必要的社会责任。

二、案例讨论前准备工作

1. 了解中国传统腌腊制品的起源、历史、分类及一些著名的腌腊制品。

2. 学生熟悉腌腊制品的初步加工工艺；了解亚硝酸盐在腌腊制品加工中的作用及其危害。

3. 了解亚硝酸盐在肉类食品中使用的相关法规、标准和要求。

4. 在阅读几个关于亚硝酸盐中毒的例子后，在充分查阅资料并小组讨论的基础上组内完成以下内容：

（1）目前降低肉制品中亚硝酸盐含量的方法有哪些？

（2）设计一个降低腌腊制品（以腊肉为例）中亚硝酸盐含量的方案。

三、案例分析要点

1. 腌腊制品的起源、历史、分类及加工要点。

2. 亚硝酸盐在肉制品中的作用、毒性及与亚硝胺的关系。

3. GB 2760—2024 中亚硝酸盐的相关规定、国家相关的监管措施。

4. 中毒相关案例、目前市场上肉制品中亚硝酸盐含量的调查结果。

5. 关于目前亚硝酸盐替代品的国内外研究进展及替代方案。

6. 传统腌腊制品如何实现现代化生产。

四、教学组织方式

1.问题清单

(1) 请介绍一下你家乡最有名的腌腊制品。

(2) 野猪等野生动物能不能加工成腌腊制品?

(3) 亚硝酸盐在肉制品中的作用是什么?

(4) 亚硝酸盐急性中毒的机制是什么?

(5) 三大致癌物质之一的亚硝胺是如何产生的?

(6) 硝酸盐和亚硝酸盐在肉制品中的使用和残留标准是什么?

(7) 哪些食物中亚硝酸盐含量较高?

(8) 肉制品中亚硝酸盐超标会面临怎么样的处罚?

(9) 餐饮企业现在是否允许使用亚硝酸盐?

(10) 亚硝酸盐发色的机理是什么?

(11) 常见的发色助剂有哪些?其如何参与发色?

(12)《健康中国行动(2019—2030年)》中与日常膳食有关的有哪些内容?

(13) 以风干鸡(或其他特色传统腌腊制品)为例,说明传统食品现代化的可行途径。

2.教学活动与过程

课前布置预习任务(见案例讨论前准备工作的1、2、3);第1节课,通过问卷调查和背景知识介绍后,发放几个亚硝酸盐中毒案例资料让学生阅读(案例解析"二、亚硝酸盐超标可能面临的处罚"),抽几位同学谈感受;然后布置任务,请学生设计一个降低腌腊制品(以腊肉为例)中亚硝酸盐含量的方案;第2、3节课,首先学生进行小组讨论、讲解,然后发放案例解析中的其他资料(案例解析"三、亚硝酸盐的替代策略");教师梳理和点评后发放延伸问题的资料(案例解析"四、拓展")。

3.课时分配(3学时,共135分钟)

(1) 在线上学习平台发放三个问卷调查。(5分钟)

① 你是否知道肉制品中亚硝酸盐的限量标准?A 知道　B 不知道

② 你是否经常吃加工肉制品?A 经常　B 偶尔　C 很少

③ 你是否介意吃添加了亚硝酸盐的肉制品?A 介意　B 不介意

(2) 背景知识介绍。(15分钟)

(3) 发放亚硝酸盐引起中毒的案例资料,让同学们阅读,并抽2位同学谈初步感悟;播放相关短视频2个。(20分钟)

(4) 布置课后任务:分组查阅降低肉制品中亚硝酸盐的措施,制定一个准备在实验中实施的解决方案,并分组讨论。(5分钟)

（5）学生查阅资料、文献，完成布置的任务；提交完成的任务给老师。（课后完成）

（6）进行小组汇报与讨论。（5组，共25分钟）

（7）教师进行点评、课堂提问、讨论、讲解、梳理。（35分钟）

（8）播放相应的视频资料，进行延伸问题的讨论，并展示相关产品，将展示的产品作为奖励发给表现优秀的同学。（30分钟）

4.讨论方式

采取小组讨论、小组汇报相结合的方式。

教师布置任务后，学生课后查阅、学习相关资料、法规，完成布置的任务，并进行小组讨论；课堂上抽取五个小组，每小组汇报本小组的主要观点，其他组学生提问并讨论。

小组讨论和小组汇报结束后，由教师采取提问、讨论、视频、讲解与实物展示相结合的方式进行梳理与总结。

五、课程思政设计

案例教学过程中，共设计了11个课程思政点，具体如表1-5所示。

表1-5 案例教学中课程思政设计

序号	教学环节	知识点	教学内容	思政点
1	课前	课前预习	了解中国传统腌腊制品及其历史	弘扬中华传统饮食文化，增强民族自豪感
2	课中	腌腊制品起源	目前市场上有部分野生动物加工成的腊味产品，历史上也有吃野味的习惯	生活中应该拒绝“野味”，工作中不能加工野生动物，带头遵纪守法
3	课中	腌腊制品起源	讲述“腊肉”“肉票”等历史故事	养成吃苦耐劳的精神，珍惜来之不易的美好生活
4	课中	亚硝酸盐的作用	亚硝酸盐虽然有毒，但在适量范围内，能提高腌腊制品安全性和品质	在生活中也是一样，应在合适的环境下充分利用每一个人的“长处”，为国家和社会做贡献
5	课中	亚硝酸盐危害	列举一些因亚硝酸盐超标导致的食品安全事例	以后工作中一定要严把食品安全关，深刻领悟“民以食为天，食以安为先”的道理，形成良好的职业道德
6	课中	亚硝酸盐替代品研究现状	结合教师科研和国内国际研究热点，介绍亚硝酸盐替代品的研究现状	培养同学们的探索精神和创新精神
7	课中	分组制定替代方案并实践	同学们分组制定亚硝酸盐的替代方案，并在实验课中进行实践	明白实践的重要性，并根据实践的结果不断改进，进而持续改进产品质量和安全性
8	课中	分组制定替代方案并实践	同学们分组制定亚硝酸盐的替代方案，并在实验课中进行实践	团队合作的重要性，方案设计和实践效果较好的均是大家通力合作、密切配合得来的结果
9	课后	课后复习与任务	学习《健康中国行动（2019—2030年）》相关条款	树立健康的“大食物观”

续表

序号	教学环节	知识点	教学内容	思政点
10	课后	课后复习与任务	结合《健康中国行动(2019—2030年)》相关条款,利用空闲时间,对周围人进行科普	引导民众形成低盐、低糖、低脂、低热等适合现代人的"大食物观"
11	课后	课后复习与任务	思考和讨论其他传统肉制品的现代化途径,完成相关作业题	培养学生独立思考和探索、创新精神

六、其他

1. 每次案例教学实施完成后进行教学反思,并找学生代表进行座谈,案例教学内容和教学方式做到持续改进和更新。

2. 课前建议申请智慧教室,以圆桌的形式进行本案例教学。

3. 课堂讨论和互动时间占总课程时长的70%以上。

4. 在案例具体应用时,可根据实际情况对时间分配和案例内容做适当调整;还可自行寻找一些配套的MOOC和视频资源。

附:提问参考答案

(1) 请介绍一下你家乡最有名的腌腊制品。

答:略。

(2) 野猪等野生动物能不能加工成腌腊制品?

答:不能,拒绝野味,也不能将野生动物加工成食品。

(3) 亚硝酸盐在肉制品中的作用是什么?

答:发色、抑菌、形成腌腊特殊风味、抗氧化、对产品起螯合和稳定作用。

(4) 亚硝酸盐急性中毒的机制是什么?

答:亚硝酸盐的急性中毒主要是将亚硝酸盐当作食盐或白砂糖误食而引起,或食物中加入过量的亚硝酸钠,潜伏期仅为0.5~1 h,主要症状有组织缺氧,表现为口唇、指甲及全身皮肤发绀,严重者死亡。其中毒机理为亚硝酸盐将血液中的二价铁离子氧化成三价铁离子,从而使正常的血红蛋白转变为高铁血红蛋白而失去携氧能力,人一次性摄入0.2~0.5 g亚硝酸盐将引起急性中毒。

(5) 三大致癌物质之一的亚硝胺是如何产生的?

答:亚硝酸盐是合成亚硝胺类化合物的前体物质,在肉制品如香肠、午餐肉等加工过程中加入的硝酸盐和亚硝酸盐,可与肉制品中蛋白质分解产生的胺类物质发生反应,生成亚硝胺。当肉类或鱼类原料不新鲜时,蛋白质分解会产生大量的胺类物质,生成的亚硝胺更多。

(6) 硝酸盐和亚硝酸盐在肉制品中的使用和残留标准是什么?

答:见GB 2760—2024。

(7) 哪些食物中亚硝酸盐含量较高?

答：主要为腌腊制品、腌菜酱菜、不新鲜的蔬菜（尤其是隔夜蔬菜）以及一些掺假食品。

（8）肉制品中亚硝酸盐超标会面临怎么样的处罚？

答：以生产、销售不符合安全标准的食品罪，视不同的情形，可能会面临有期徒刑（包括缓刑）、罚金、禁止其在缓刑期内从事食品生产、销售及相关活动的处罚。

（9）餐饮企业现在是否允许使用亚硝酸盐？

答：早在2012年，为避免餐饮服务环节发生误食亚硝酸盐引发食物中毒，国家相关部门就发布了《禁止餐饮服务单位采购、贮存、使用食品添加剂亚硝酸盐的公告》，要求实现餐饮服务环节对亚硝酸盐有效禁用，确保餐饮服务食品安全。

（10）亚硝酸盐发色的机理是什么？

答：亚硝酸盐在酸性条件下会生成亚硝酸，一般屠宰后成熟的肉因含乳酸，pH值在5.6～5.8的范围，所以不需外加酸即可生成亚硝酸；亚硝酸分解产生的NO会很快与肌红蛋白反应生成鲜艳的、红色的亚硝基肌红蛋白，亚硝基肌红蛋白遇热后，放出巯基，变成了鲜红色的亚硝基血色原。

（11）常见的发色助剂有哪些？其如何参与发色？

答：常使用L-抗坏血酸、L-抗坏血酸钠、异抗坏血酸等还原性物质作为食品发色助剂，其本身并无发色功能，但与发色剂配合使用可以明显提高发色效果，并抑制肌红蛋白的氧化，同时可降低发色剂的用量而提高其安全性。此外，烟酰胺可与肌红蛋白结合生成很稳定的烟酰胺肌红蛋白，难以被氧化，故在肉类制品的腌制过程中添加适量的烟酰胺。

（12）《健康中国行动（2019—2030年）》中与日常膳食有关的有哪些内容？

答：略。

（13）以风干鸡（或其他特色传统腌腊制品）为例，说明传统食品现代化的可能途径。

答：略。

参考文献

[1] 孙宝国．食品添加剂[M]．北京：化学工业出版社，2021.

[2] 轩伟，付传鹏，丁文燮．2014—2018年商丘市散装熟肉食品亚硝酸盐含量分析[J]．河南医学高等专科学校学报，2022，34(5)：575-578.

[3] 李沛军，黄攀，邵雪飞，等．一种替代加工肉制品中亚硝酸盐的发色剂：CN110800913B[P]．2023-03-17.

[4] 孔保华，马宏慧，刀新平．木糖葡萄球菌A2的高密度培养的培养基及培养方法：CN102329747B[P]．2012-12-26.

[5] 孔令杰，邓洁莹，吴莹，等．肉制品中替代亚硝酸盐发色微生物的作用机理及其应用研究进展[J]．食品科学，2023，44(11)：301-308.

[6] 席益民．一种替代亚硝酸盐的肉类加工方法：CN106071907A[P]．2016-11-09.

[7] 杨春，徐琳，韩基明，等．一种在卤肉加工中替代亚硝酸盐的组合配料：CN104000220A[P]．2014-08-27.

[8] 黄业传，张喜才，简清梅，等．一种低硝泡菜香肠的制作方法：CN115606756A[P]．2023-01-17.

[9] 黄业传，彭春雷，张喜才，等．一种无亚硝酸钠添加腊肉的制作方法：CN115590155A[P]．2023-01-13.

[10] 黄业传，张喜才，简清梅，等．一种低钠切片腊肉的加工方法：CN113229460A[P]．2021-08-10.

[11] Huang Y C，Xiong S L. Effect of high-pressure combined with coating on quality of sodium-reduced sliced smoke-cured bacon[J]. Journal of Food Processing and Preservation，2022，46：e16961.

案例2

全谷物食品品质改良技术

案例摘要

本案例首先分析了全谷物（全麦）食品的发展历程，国内外全谷物（全麦）食品的定义，相关产品加工生产的必要性、重要性、现状与发展趋势；再具体分析全谷物（全麦）食品加工的优势与劣势，强调其加工中存在的问题与解决办法；最后用育种改良技术、挤压物理改良技术、石磨磨粉物理改良技术、冷冻物理改良技术、蒸煮微波热物理改良技术、酶生物改良技术、发酵生物改良技术、发芽生物改良技术、外源添加改良技术9种具体改良技术，说明不同技术解决不同问题的创新应用效果，让学生切身感受创新作为促进食品工业发展和提高人民健康水平引擎的重要作用，激发学生对食品行业产业及食品科学创新发展的兴趣和探索精神，激励学生加强自主学习和创新思维与能力的培养和提升，增强学生职业责任感、使命感和科技报国的家国情怀，锻炼学生独立分析解决问题及团队协作的能力。使学生能正确描述全谷物（全麦）食品加工意义与品质要求，能在所学理论知识的基础上，充分考虑环境与可持续发展等因素，结合各种文献资料客观评价全谷物（全麦）食品加工关键点与难点，提出更优的、可行的、合理的加工工艺方案并实施。

第1节　案例解析

一、案例背景

1.中国全谷物（全麦）食品消费需求与行动

精加工谷物虽然口感好，但过度加工的谷物可导致B族维生素、矿物质和膳食纤维丢失，从而引起消费人群相应营养素摄入量不足，进而增加慢性非传染性疾病的发生风险。2018年中国健康与营养调查数据显示，我国超过80%的成年居民全谷物摄入严重不足，成年男性每日全谷物摄入量为13.9 g，女性为14.6 g，远低于推荐摄入量。2019年健康中国行动推进委员会印发的《健康中国行动（2019—2030年）》显示，我国居民的健康素养水平是14.18%，距离2030年全国居民健康素养水平不低于30%的目标仍有较大差距。大力发展全谷物及相关产业是践行《"健康中国2030"规划纲要》《粮食节约行动方案》的重要途径。中国居民膳食指南（2022）推荐中国居民平均每天应摄入全谷物和杂豆类50～150 g。2024年11月，中共中央办公厅、国务院办公厅印发的《粮食节约和反食品浪费行动方案》倡导粮食适度加工，合理确定加工精度，提高粮食资源的利用效率，鼓励加快发展全谷物产业。2024年12月，国家发展改革委等7个部门联合印发《国家全谷物行动计划（2024—2035年）》，坚持以大食物、大营养、大健康需求为导向，到2035年，人民群众对全谷物认知水平明显提高，全谷物在居民膳食消费中的比重明显增加，着力实施全谷物宣传引导行动、全谷物标准引领行动、全谷物科技创新行动（**思政点3**）。

2.全谷物

目前国际上没有统一的全谷物定义。1999年，美国谷物化学家协会（American Association of Cereal Chemists，AACC）对全谷物的定义是：完整、碾碎、破碎或压片的颖果，基本的组成包括淀粉质胚乳、胚芽与麸皮，各组成部分的相对比例与完整颖果一样。2002年，英国联合健康声称计划（Joint Health Claims Initiative，JHCI）在对全谷物健康声称时强调，全谷物是指所有谷物籽粒结构由胚乳、胚和麸皮组成的谷物。2004年，美国全谷物理事会（The Whole Grains Council，WGC）定义全谷物或由全谷物制成的食物含有全谷物种子的所有组成部分和天然营养组分。如果谷物已经加工过（如破碎、碾碎、碾压、挤压和/或蒸煮），食品应该提供与天然谷物种子含量相当的营养。2014年，欧盟健康谷物协会（Health Grain Forum，HGF）定义全谷物是指去除谷物的外壳等不可食部分后的完整、碾碎、破碎或压片的颖果，基本的结构学组成包括淀粉质胚乳、胚与麸皮的相对比例与天然完整颖果一致。允许在加工过程中有少量损失，但损失量不能超过谷物的2%，在去除细菌、霉菌、农药残留及重金属等杂质时，麸皮损失量不能超过10%。全球全谷物倡议国际工作组（WGI）于2021年在*Nutrients*上发表的论文《全谷物（用作食品原料）与全谷物食品的全球定义共识》将全谷物定义为"全谷物应由完整的、磨碎的、破碎的、剥落的或以其他方式加工的谷粒组成，在去除诸如外壳等不能食用的部分之后，所有的解剖学成分，包括胚乳、胚和麸皮，必须以与完整果核相同的相对比例存在"[1]。中国营养学会发布的团体标准《全谷物及全谷物食品判定及标识通则》（T/CNSS 008—2021）将全谷物定义为"经过清理但未经进一步加工，保留了完整颖果结构的谷物籽粒；或虽经碾磨、粉碎、挤压等加工方式，但皮层、胚乳、胚芽的相对比例仍与完整颖果保持一致的谷物制品。基于食品安全和质量控制的考虑，加工过程中允许有少量组分的损失，皮层损失不应超过3%"。《全谷物分类与标示要求》（LS/T 1105—2024）中将全谷物定义为"谷物或假谷物去除外壳等不可食用部分后保留具有完整颖果结构的籽粒，或再经碾磨、破碎、压片，经过或不经过发芽、发酵等方式加工，且胚乳、胚和种皮等解剖学组分的相对比例仍与完整颖果基本一致的谷物或假谷物"。其中，假谷物为"基本营养成分与谷物类似，能作为粮食的非禾本科草本植物的种子，包括但不限于蓼科草本植物荞麦、藜科草本植物藜麦、苋科草本植物籽粒苋等"。从英国、美国、中国等国家和组织的相关学术研究和标准来看，全谷物的定义主要是围绕种子的解剖学结构来描述的，其核心部分种皮、胚和胚乳与谷物本身存在的比例一致的谷物被称为全谷物。常见的由全谷物加工成的全谷物原料包括全麦粉、糙米、糙米粉、全谷物燕麦片、玉米全粉等。全谷物原料在加工过程中种皮和胚等解剖学组成部分的损失不应超过颖果总质量的2%（以干基计算）。

3.全麦粉

由完整小麦粒直接粉碎得到的全麦粉或通过回添法将麸皮与胚乳分离并分别对其进行粉碎，再将磨碎的麸皮和胚乳按其在小麦中的自然比例混合得到的全麦粉，在全谷物食品研究与市场上较为常见和普遍。不同国家对全麦粉的规定也不尽相同。2015 年，国家粮食局（现国家粮食和物资储备局）发布的行业标准《全麦粉》（LS/T 3244—2015）规定“以整粒小麦为原料，经制粉工艺制成的，且小麦胚乳、胚芽与麸皮的相对比例与天然完整颖果基本一致的小麦全粉”为全麦粉，将外观、气味、水分、灰分、总膳食纤维、烷基间苯二酚、脂肪酸值等作为全麦粉的品质检测指标，其中水分含量≤13.5%，灰分含量≤2.2%（以干基计算），总膳食纤维含量≥9.0%（以干基计算）。FDA（美国食品药品监督管理局）（21CFR 137.200—2013）规定，全麦面粉是将小麦（杜兰小麦除外）碾碎或切碎成片后，其中 90%及以上的物料能通过 8 号筛（2.36 mm），50%及以上的物料能通过 20 号筛（850 μm），水分含量不超过 15%，除水分以外的天然组分比例与小麦一致。加拿大食品及药物法规（FDR）规定，全麦面粉为将小麦通过碾磨和一定筛理分级，其中部分外麸皮或表皮可能已经分离，但所含小麦颖果的天然成分不少于加工小麦总质量的95%，水分含量不超过 15%，灰分介于 1.25%～2.25%之间（以干基计算），允许添加发芽小麦粉和酶等辅料[1]。

4.全谷物（全麦）食品的定义与分类

食品是指各种供人食用或者饮用的成品和原料以及按照传统既是食品又是中药材的物品，但是不包括以治疗为目的的物品。尽管各国很早都在研究生产和消费全谷物食品，但对其定义仍然没有完全统一。一般认为，全谷物（全麦）食品是以全谷物（全麦）为主要原料且达到一定比例，经过一定的加工手段获得的制品。国际上，通常按照全谷物原料在整个食品中的质量分数（以干基计算）的不同，区分“全谷物食品”和“含有全谷物的食品”。全谷物配料含量达到 50%及以上的谷物食品称为全谷物食品，全谷物配料含量为25%～50%（含 25%）的谷物食品称为含有全谷物的食品。丹麦对全谷物食品中全谷物含量也有明确的规定，每类食品中全谷物含量与总谷物含量的比例必须不低于一定的百分数，面粉、谷物和大米为 100%，面包为 50%（或 30%的面包总质量），意大利通心面为60%。考虑全谷物（全麦）的营养健康功效，广大学者和行业、企业都潜心致力于研发高全谷物含量的食品，广大消费者，尤其是亚健康人群更加喜爱全谷物食品。《全谷物及全谷物食品判定及标识通则》中规定全谷物食品配方中全谷物原料质量占成品质量的比例不少于 51%（以干基计）。考虑我国全谷物食品加工特点、消费习惯与文化等现状与发展趋势，我国对全谷物食品中全谷物原料进行了适当调整和降低要求，《全谷物分类与标示要求》（LS/T 1105—2024）中将全谷物制品规定为“以全谷物等为主要原料，经加工制成的、全谷物含量在 25%以上的谷物制品。包括全谷物米类制品、全谷物粉类制品、全谷物挂面及其他粮食加工品”。根据制品中全谷物原料的含量高低，将其分为三个类别，即“全谷物制品（100%）”、“全谷物制品（50%＋）”和“全谷物制品（25%＋）”。全麦食品已有全麦挂面、全麦面包、全麦馒头等（**思政点 1**）。

5.全谷物（全麦）食品的优点

全谷物食品主要成分为全谷物原料。全谷物原料未经精细化加工或仅经少量加工处理（如碾磨、破碎、压片等），仍保留胚乳、胚芽与麸皮（或称皮层）等结构，含有比精制后相关产品更多的糖类、膳食纤维、B 族维生素（如维生素 B_1、维生素 B_2、维生素 B_3、维生素 B_6、叶酸等）、矿物质（钾、镁、硒、铁等）及酚类化合物、阿魏酰化低聚糖、甾醇等植物化学物质，具有更好的抗氧化、抗炎、降血脂等多种生物学活性，有助于减肥及预防和改善高血压、高血脂等慢性疾病的发生风险和健康状况。全谷物食品和全麦食品含有相当量的全谷物和全麦，很好地保留了谷物种子的原有营养成分与比例，对心血管疾病、肠道炎症、2 型糖尿病、肥胖等慢性疾病的预防和控制具有积极的干预作用。

6.全谷物（全麦）食品的不足

尽管全谷物（全麦）食品的原料中有更丰富的矿物质和维生素等，但在全谷物原料麸皮等结构组织中也存在更多的不可溶性膳食纤维、高活性酶（蛋白酶、脂肪酶、多酚氧化酶）、脂类、β-葡聚糖、抗营养因子（植酸和单宁等）及化学污染物和生物毒素，影响其感官、加工、储藏性能和安全等。

不溶性膳食纤维在食品基质中会引起相分离，导致全谷物食品具有较硬的口感，颜色、质地不均匀，结构不稳定，羟基肉桂酸、阿魏酸等酚类化合物会产生苦味和涩味[2]。相比精加工谷物食品，全谷物（全麦）食品食用品质相对较差，消费者可接受度较低，货架期缩短，安全性降低。比如，全麦粉麸皮中的膳食纤维会稀释面筋蛋白，与面筋蛋白竞争吸水，在很大程度上抑制网状面筋的形成。在面团制作过程中，膳食纤维与面筋产生摩擦，造成面筋结构不均匀，降低面团稳定性[3]；脂类在全麦粉中会以水解酸败的方式开始降解，随后发生氧化酸败，严重影响全麦粉的感官品质和功能特性。脂质酸败后会产生小分子的醛、酮、酸等有刺激性气味物质，使得全麦酸败变苦，全麦粉苦涩黏牙，甚至对人体健康不利。脂类还会与蛋白质、氨基酸等发生共氧化，导致面团结构稳定性及营养特性降低。多酚氧化酶能在有氧环境下催化面粉中的酚类物质发生氧化反应，生成的醌类物质进一步氧化聚合或与蛋白质、氨基酸反应产生黑色素，发生酶促褐变。而且，多酚氧化酶活性增强，全麦粉的膨胀势、崩解值及峰值黏度均呈下降趋势，导致淀粉糊化品质降低，最终对面粉的耐储性产生影响。全谷物中单宁含量较多，单宁与一些必需金属离子如 Fe^{3+}、Zn^{2+}、Ca^{2+} 络合，生成不溶性复合物，使其不能被人体所利用，降低其生物利用率。另外，活性成分易在加工及贮藏过程中降解，造成转化或损失（**思政点 2**）。

7.全麦挂面

全麦挂面是以全麦粉为主要原料，添加水与其他辅料通过和面、醒面、压延、切条、烘干等过程制得的面制食品。综合来看，全麦挂面品质指标主要包括色泽、气味、口感、杂质等感官品质；酸度、总膳食纤维、烷基间苯二酚、总黄酮等化学性质；自然断条率、熟断条率及烹调损失率等加工品质；延缓氧化、降血脂、改善肠道微生态平衡及调节血糖等生物活性。由于胚芽和麸皮的存在，全麦挂面营养特性更好，酚类物质、总黄酮量、膳食纤维含量、挥发性风味物质含量和抗氧化活性更高，此外，全麦挂面的淀粉消化率更低，血糖指数也更低，可供糖尿病患者选择食用。面条产品占亚洲小麦总消费量的20%～50%，在亚洲以外的许多国家也备受欢迎。目前能很好满足消费者需求的市售全麦品种较少，而且麸皮中的纤维素和木质素导致相应全麦粉和食品中颗粒性较强，面条中的面筋网络不致密均匀，结构不稳定，蒸煮损失较高，口感相对较差。因此，开发口感好、营养价值高、货架期长、安全性高的全麦挂面具有重要意义。

二、全谷物（全麦）食品品质改良策略

全谷物食品感官、营养及安全性等与全谷物食品原料的物理、化学和生物学性能等密切相关。全谷物食品品质改良的重点是对全谷物食品原料品质的改善提升。

1.全谷物（全麦）食品加工改良技术

（1）育种改良技术

利用基因工程和生物育种改良谷物种子的大小、颜色、质地等感官性状，同时改变籽粒的化学成分，包括蛋白质、矿物质和维生素等，提升籽粒的营养价值，改善其加工与储藏性能。

（2）物理改良技术

物理改良技术高效、环保且保留营养成分效果好。现有物理改良技术包括热（蒸煮、烘烤、油炸等）、冷冻、干燥（自然晾晒、热风干燥、真空冷冻干燥、微波干燥、红外干燥、流化床干燥等）、膨化、非热物理加工（高压处理、超声处理、脉冲电场处理等）技术等。

（3）生物改良技术

生物改良技术包括发酵、酶解和发芽处理技术。生物加工技术利用外源酶或内源酶作用促使全谷物籽粒内部发生系列生物化学反应，有助于破坏谷物皮层结构的完整性。酶解处理可改善皮层结构质地，皮层纤维发生断裂，提升全谷物皮层结构的柔软性，增强加工性能。全谷物中酚类化合物、维生素、氨基酸和膳食纤维等生物活性物质的合成和释放，促进营养物质在人体内的吸收和利用。

（4）外源添加改良技术

将南瓜粉、蛋清类等天然物质或者添加剂，加入全谷物（全麦）中，改善原料色泽、粉质特性和结构特性等，从而改善原料的营养和加工性能。

2.全谷物（全麦）食品改良典型案例（思政点 4）

（1）案例 1：育种改良技术

唐晓珍等[4]评价自主选育的黑、紫粒小麦全麦粉的面条品质时发现：黑、紫粒小麦全麦粉面条制作时断条率≤5%，熟面条的质构指标中，黑粒麦面条的硬度最小，黏着性最大，且黏聚性、回复性、弹性大于紫粒麦面条而小于普通麦面条；紫粒麦面条的硬度最大，黏着性最小，且咀嚼度大于黑粒麦面条而小于普通麦面条。两种彩麦全麦粉面条中，黑粒麦面条富有弹性、口感较软，较受测试者欢迎。

（2）案例 2：挤压物理改良技术

刘艳香等[5]首先将粗麸、细麸和胚芽按各自出粉比例混合，制备麸胚混合料，再将其进行挤压处理（腔体温度 160 ℃、水分质量分数 17%、螺杆转速 275 r/min）后与小麦

芯粉混合成全麦粉进行挂面加工，结果发现：麸胚挤压稳定化处理对全麦挂面的宏量营养素、矿物元素的影响程度较小；有利于β-胡萝卜素、维生素B_2、植物活性组分的释放，不利于维生素B_6和叶酸的保持；亚油酸、α-亚麻酸、十一烷酸含量显著增加；有利于保持氨基酸含量，且部分氨基酸及总氨基酸含量显著增加；色泽品质得到改善，贮藏稳定性得以提高。与未处理的全麦挂面相比，麸胚经挤压稳定化处理的全麦挂面脂肪酸值和酸度分别显著降低了49%和53%，灰分、亚油酸、α-亚麻酸、β-胡萝卜素、维生素B_2、铁、钾、总酚、总黄酮和总膳食纤维含量分别显著增加了7%、10%、11%、41%、19%、9%、89%、13%、3%和3%（**思政点2**）。

（3）案例3：石磨磨粉物理改良技术

磨粉工艺和粒度对全麦挂面加工品质影响较大。常用的粉碎设备包括石磨、喷射磨、冲击磨、锤式旋风磨以及超微粉碎机。蔡梦迪[6]利用小麦经转速低、升温小的石磨逐次研磨、过筛可提高蛋白质、膳食纤维、胡萝卜素、维生素等物质保留率的优点，研究了不同粒度石磨全麦粉对全麦挂面的影响，结果发现：石磨全麦挂面中总膳食纤维、直链/支链淀粉比例及抗性淀粉含量更高，石磨全麦熟挂面中DPPH自由基、羟基自由基清除率及总还原力均高，血糖指数预测值低；随全麦粉粒度减小，其水分和蛋白质含量下降，损伤淀粉含量增加。120目全麦粉中钾、镁、锰、锌、总黄酮和总酚含量最高，且面团具有较好的吸水率和抗破坏性；160目全麦粉的淀粉颗粒结构破坏严重，面团弱化度显著增加。石磨全麦挂面在蒸煮品质、质构特性、抗氧化活性及控制血糖方面具有一定优势。通过响应面结合熵权法优化得到石磨全麦挂面最佳工艺：全麦粉粒度120目，食盐添加量0.85%，熟化时间15 min，加水量37%。在该条件下制备的全麦挂面烹调损失率为6.31%±0.11%，感官评分为92.33±2.52。挂面麦香浓郁，软硬适中，口感光滑，富有弹性。

（4）案例4：冷冻物理改良技术

全麦粉中的胚芽和麸皮使其物理化学性状发生部分改变。冷冻处理和冷冻贮藏均会导致冷冻全谷物食品冰晶发生变化，从而影响其品质。汪丽萍等[7]分析不同冻结温度对不同全麦粉替代率冷冻全麦馒头复蒸品质及组分性质的影响，结果发现：馒头的硬度和咀嚼性随全麦粉替代率（30%、50%、100%）的升高而增加，冻结温度和速率对淀粉糊化特性以及馒头质构特性、热特性、蛋白质等均有一定程度影响，冻结温度越低，冷冻速率越快，复蒸全麦馒头比容保持越好。−20 ℃下，30%、50%、100%替代率冷冻馒头复蒸后硬度均较新鲜馒头分别增加了25.68%、45.95%、33.18%；−80 ℃下，复蒸后馒头硬度最接近新鲜馒头。较低的冻结温度下，面筋蛋白二级结构破坏较小。冻结温度越低，全麦馒头内部的微观结构受损越小，复蒸后，其品质越接近新鲜馒头。

（5）案例5：蒸煮微波热物理改良技术

糙米是应用较多的一种全谷物食品，营养丰富，含有较多维生素、矿物质和多酚类物质，但由于种皮的存在，出现质地和口感不佳、煮熟所需时间较长、硬度较高等问题。关桦楠等[8]比较分析高压蒸煮和微波预熟处理对糙米品质的影响，结果发现：与未处理的糙米相比较，两种预处理方法均可提升淀粉、总糖和蛋白质含量，降低脂肪含量。与未处理的糙米相比，两种预处理后的糙米淀粉含量分别增加6.54%和8.41%，总糖含量分别增加20.88%和22.96%，蛋白质含量分别增加2.33%和4.91%，脂肪含量分别降低

27.93%和 26.90%；在降低糙米硬度方面，微波预处理好于高压蒸煮预处理，两者预处理后糙米的硬度分别比原糙米降低 48.77%和 42.50%。两种预处理方法均可使糙米淀粉颗粒变得更加疏松，更加有利于谷物与水分的接触，从而促进淀粉糊化，提升糙米品质，尤其是微波预处理的品质改善作用更加明显。

（6）案例 6：酶生物改良技术

屈路衡[9]研究了谷氨酰胺转氨酶、漆酶、葡萄糖氧化酶添加量对全麦挂面感官品质、蒸煮特性、质构特性、拉伸特性等的影响，发现三者质量分数分别为＜0.2%、0.1%、0.2%时可以有效改善全麦挂面的耐泡性。其中，谷氨酰胺转氨酶添加量为 0.2%时，对耐泡性的改善效果最好，与未处理挂面相比，浸泡后全麦挂面硬度提高 21.03%；漆酶添加量为 0.1%时，对全麦挂面的耐泡性改善效果最好，浸泡后硬度较未处理挂面提升 7.49%，但漆酶添加量为 0.3%时，却较未处理挂面降低 5.04%，适量添加酶制剂可以使得小分子量蛋白质亚基减少，大分子蛋白质亚基增多，蛋白质交联程度加深，从而改善全麦挂面的耐泡性。添加 0.1%漆酶的全麦挂面的蒸煮特性最好；添加谷氨酰胺转氨酶可促进蛋白质分子之间的交联，挂面中面筋网络包裹的淀粉吸水溶胀受到限制，使得全麦挂面的蒸煮损失与吸水率显著降低，该酶添加量为 0.2%时全麦挂面的蒸煮损失最低，添加量为 0.3%时全麦挂面的吸水率最低。添加 0.2%谷氨酰胺转氨酶全麦挂面的质构特性提升最大，硬度提升 604 g。

（7）案例 7：发酵生物改良技术

徐晨雅等[10]分别采用自然发酵、酒曲发酵、酵母发酵和酒曲酵母发酵，以分析发酵对全麦面团及半干面品质的负面影响。结果发现，麸皮发酵后对强结合水的束缚力减弱，弱结合水的可移动性增加，水分可能从麸皮迁移至蛋白质、淀粉中。与未发酵组相比，酒曲酵母发酵组的全麦半干面在蒸煮时吸水率增加，煮后硬度和黏附性降低，全麦半干面的内部结构疏松，出现孔隙结构，改善了全麦半干面的品质。同时，所有发酵组植酸含量均降低，酒曲酵母发酵后，植酸含量降低最显著；与未处理组相比，自然发酵、酒曲发酵、酵母发酵和酒曲酵母发酵组分别降低 15.60%、19.70%、38.85%和 41.72%。在多酚含量方面，与未发酵组相比，自然发酵组的多酚含量相当，其他三者分别增加 7%、10%和 18%，提高了全麦半干面的营养价值。

（8）案例 8：发芽生物改良技术

李明鹏等[11]通过研究小麦萌芽程度对全麦挂面蒸煮品质、质构特性及感官评价等食用品质的影响发现，随着小麦萌芽程度的加深，全麦挂面表面亮度呈现先升高后降低的趋势；与未处理组相比，50%和 100%全麦挂面干物质损失率均在萌芽初期（鼓泡至露白阶段）逐渐降低，在露白阶段达到最小，分别降低 36.77%和 21.02%，但 100%全麦挂面干物质损失率大于 50%全麦挂面；50%及 100%全麦挂面的断裂强度均在芽长 1/2 处达到最大值，分别增加 1.84 和 1.44 倍；全麦挂面的干物质吸水率在芽长 1/2 阶段达到最大，黏度及黏附能力在芽长 1/2 阶段达到最低，硬度及剪切力在芽长 1/4 阶段达到最大，弹性及感官评分则在芽长 1/2 阶段达到最大。综合来看，用小麦露白至芽长 1/2 阶段全麦粉制备的全麦挂面食用品质最佳。

（9）案例 9：外源添加改良技术

饶颖等[12]利用南瓜粉天然金黄色泽和丰富的营养成分，加入石磨全麦粉，探讨其对全麦馒头品质的影响，结果发现，全麦馒头最佳配方为小麦粉55%、全麦粉45%、南瓜粉10%、酵母2%，发酵时间40 min。该配方下制备的全麦馒头感官评分为97.23。最佳配方下的南瓜全麦馒头水分含量为44.86%，多酚含量为5.47 mg/g，黄酮含量为2.57 mg/g。该配方制作的馒头色泽金黄、香气突出、膨松可口，拥有南瓜和全麦特有的风味，适量添加南瓜粉可改善全麦馒头的色泽、风味，拓展南瓜在面制品的加工应用。

三、拓展

1. 思考：全麦挂面加工的影响因素有哪些？在实际加工中应该如何调控？

2. 请设计一个全谷物（全麦）食品综合改良方案，说明其原理和优势（**思政点4**）。

3. 学习《中国居民膳食指南（2022）》、T/CNSS 008—2021《全谷物及全谷物食品判定及标识通则》、T/CASME 1282—2024《全麦挂面》、LS/T 1105—2024《全谷物分类与标示要求》相关条款，并在自己周围进行相关条款的宣传（**思政点3、思政点4**）。

第2节　案例教学指导

一、教学目标

1. 了解全谷物（全麦）食品加工的必要性、重要性、先进性和不足性，能正确分析全谷物（全麦）食品研究与生产的重要意义，理解各类有益成分的重要作用，引导和强化学生健康饮食理念，提高自身健康素养，提升学生创新、绿色加工和可持续发展意识与思维，增强学生职业责任感、使命感和科技报国的家国情怀。

2. 能正确评价全谷物（全麦）食品品质，比较分析与精制谷物和麦类食品的区别，能够列举出常见的全谷物（全麦）食品种类，理解各种加工技术对全谷物（全麦）食品品质的影响。

3. 能不断强化自主学习习惯和思维养成，自觉收集、整理和分析各种资料，在所学理论知识的基础上，充分考虑环境与可持续发展等因素，提出切实可行且有效的全谷物（全麦）食品加工改良方案或者建议，并能有效实施。

二、案例讨论前准备工作

1. 了解国内外全谷物（全麦）食品起源、历史、分类及一些著名的全谷物（全麦）食品品牌（5～8个）。

2. 了解全麦挂面的相关标准和生产技术规程。

3. 熟悉全麦挂面的加工工艺和影响因素。

4. 小组阅读挂面与全麦挂面相关文献，结合了解的相关品牌全麦挂面，完成以下内容：

（1）请分享 3 个著名品牌的全麦挂面，写出具体公司名称、挂面配料表、营养标签和卖点，并有图片展示；

（2）设计一个全麦挂面改良方案。

三、案例分析要点

1. 全谷物（全麦）食品的内涵。
2. 全谷物（全麦）食品加工的重要意义。
3. 国内外现有全谷物（全麦）食品类型与著名品牌。
4. 全谷物（全麦）食品加工存在的难点与不足。
5. 全谷物（全麦）食品（全麦挂面）加工改良技术及其优缺点。

四、混合式教学设计与实施

1.教学设计

课程采用“线上+线下”混合教学模式，充分利用线上线下结合、课前课中课后结合，持续加强学生自主学习、思考和解决问题能力，强化老师“导”、学生“学”的学习共同体打造，通过简单到复杂问题，提升学习的挑战性和学生高阶创新思维能力。通过教学目标、课前问题引导、文献资料学习、案例分析与讨论、拓展讨论和课后学习的逻辑结构开展，师生首先明确和牢记教学目标，让整个学习和思考、价值-知识-能力-素质综合提升始终贯穿教育教学全过程。教学案例设计如图 2-1 所示。

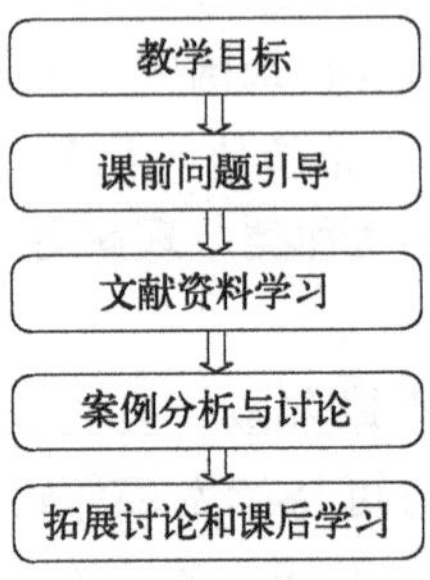

图 2-1 全谷物（全麦）食品加工教学案例设计

2.问题清单

（1）什么是全谷物和全谷物食品？

（2）全谷物（全麦）食品的优点有哪些？

（3）全谷物（全麦）食品的不足及其原因？

（4）简述全麦挂面的主要配方。

（5）全麦挂面的品质分析指标有哪些？

(6) 全谷物（全麦）食品改良方法有哪些？其原理分别是什么？

(7) 全麦挂面加工的影响因素有哪些？在实际加工中应该如何调控？

(8) 请设计一个全谷物（全麦）食品综合改良方案，并说明其原理和优势。

3.教学活动与过程

课前，发布教学目标与计划，让学生阅读资料、教学视频和讨论题目等，激发自主学习兴趣，帮助问题导向和持续改进的学习习惯的养成。课中，充分利用案例，通过内嵌问题和思政元素，围绕全谷物（全麦）食品创新加工使命与新技术，系统剖析、讨论和总结案例，让学生理解全谷物（全麦）食品开发与创新发展的重要意义，具备与之适应的能力与素养。课后，通过线上学习平台发布重要内容总结、课后作业与思考题，进一步巩固学习成果和激发学生职业认同和学习兴趣。主要教学阶段、学习平台及形式与教学过程如表2-1所示。

表2-1 全谷物（全麦）食品加工的混合式教学实施过程

教学阶段	学习平台及形式	教学过程
课前学习	线上学习平台： 1. 发布教学目标与计划 2. 阅读文献 3. 视频学习 4. 问题思考	1. 阅读文献(见参考文献，可适当再拓展) 2. 教学视频(挂面加工与改良相关视频) 3. 思考题目： (1)请分享3个著名品牌的全麦挂面，写出具体公司名称、挂面配料表、营养标签和卖点，并有图片展示。 (2)设计一个全麦挂面改良方案。 上课前交任课教师
课中学习	1. 课堂提问(线上学习平台) 2. 背景知识学习 3. 改良案例学习 4. 知识点总结 5. 思政元素切入 6. 小组讨论	1. 课堂提问(线上学习平台) 发放三个问卷调查： (1)你是否吃过全谷物(全麦)食品？A吃过　B没吃过。 (2)你是否经常吃？A经常　B偶尔　C很少。 (3)吃全谷物(全麦)食品好不好？为什么？(8分钟) 2. 学习全谷物(全麦)食品加工现状与趋势 从线上学习平台回答中巧妙引入： (1)什么是全谷物、全谷物食品原料与全谷物食品？ (2)全谷物(全麦)食品的优点有哪些？ (3)全谷物(全麦)食品的不足与加工难点？ (4)全麦挂面的主要配方？ (5)全麦挂面的品质分析指标有哪些？ 在问题分析解答中学习全谷物(全麦)食品加工与改良内涵和意义，同时切入思政点1～3。(22分钟) 3. 邀请3组同学分享全麦挂面改良加工技术方案，师生点评和互评。(15分钟) 4. 教师通过问题(6)[全谷物(全麦)食品改良方法有哪些？其原理分别是什么？]分析全谷物(全麦)食品加工改良技术典型案例(25分钟)；让学生重点学习相关典型案例，各小组讨论完善全麦挂面设计方案(20分钟)。 5. 小组汇报与讨论，重点分享方案的合理性、创新性。(5组，共25分钟) 6. 教师进行点评、课堂提问、讨论、讲解、梳理，课后作业布置，同时切入思政点1。(20分钟)

续表

教学阶段	学习平台及形式	教学过程
课后学习	线上学习平台等： 1. 作业练习 2. 阅读文献 3. 发布思考题和核心知识点总结	1. 发布作业，让学生做全谷物（全麦）食品与全麦挂面加工的相关习题。 2. 引导学生广泛学习相关文献，关注全谷物（全麦）食品加工的最新内涵、综合改良技术与经济性。 思考： （7）全麦挂面加工的影响因素有哪些？在实际加工中应该如何调控？ （8）请设计一个全谷物（全麦）制品综合改良方案，并说明其原理和优势。 3. 发布知识点总结 （1）重点内容 ① 全谷物（全麦）食品内涵、优缺点。 ② 全麦挂面的品质分析指标和主要配方。 ③ 全谷物（全麦）食品加工改良方法有哪些？其原理和优缺点。 ④ 全麦挂面加工的影响因素与控制方法。 （2）思政元素 ① 创新精神与素养：全谷物（全麦）食品的改良。 ② 社会责任感和家国情怀：全谷物（全麦）食品的开发与生产。 ③ 实事求是，具体问题具体分析：世界各国对全谷物（全麦）食品的认同点、定义不同。 ④ 事物的矛盾性与两面性：全谷物（全麦）食品的优点与缺点并存

4.讨论方式

采取小组团队学习、讨论、汇报相结合的方式。

本案例有两次讨论：第一次是在线上学习及查阅相关文献后，学生以团队的方式完成全麦挂面品质改良方案的初步设计；第二次是线下课堂，教师邀请 3 组同学进行展示，学生互评，教师再结合学生完成与讨论情况，阐释 9 个创新案例。在此基础上，所有小组学生再讨论完善方案，然后进行展示和观点表达，最后进行学生之间的提问与互评，以及教师点评与系统总结。

五、课程思政设计

案例教学过程中，共设计了 4 个课程思政点，具体如表 2-2 所示。

表 2-2　案例教学中课程思政设计

序号	教学环节	知识点	思政点
1	课前、课中	全谷物（全麦）及其食品制品的定义	发展的永恒性；实事求是、具体问题具体分析
2	课前、课中	全谷物（全麦）及其食品制品的缺点	事物的矛盾性与两面性，解决矛盾、问题的勇气与能力
3	课前、课中	全谷物（全麦）及其食品制品的优点与消费需求发展	人民健康观、自己的使命感和责任感
4	课前、课中、课后	全谷物（全麦）及其食品制品加工改良技术	创新精神、思维与素养；思考与探索、自主终身学习态度、能力与素养；团队协作精神与素养

六、其他

1. 相关文件资料查阅、线上学习及全麦挂面品质改良方案初步设计必须提前完成，上课前或者在线上学习平台提交，让任课教师充分了解学情。

2. 建议小班化课堂讨论，上课前完成分组，课堂学习最好在智慧教室中完成，便于学生相互讨论与交流。

3. 建议课堂讨论和互动时间占整个课堂的60%左右，训练学生的思维与表达能力。

4. 建议根据相关研究最新情况，适当补充新的案例与视频教学资源，让学生更加全面地了解与学习全谷物食品加工的最新技术与应用。

5. 每次案例教学完成后及时完成教学反思，并充分征求学生意见，持续完成教学内容、教学形式与教学评价等。

附：提问参考答案

(1) 什么是全谷物和全谷物食品？

答：目前没有完全统一的概念，一般认为：

①全谷物是由完整的、磨碎的、破碎的、剥落的或以其他方式加工的谷粒组成，在去除诸如外壳等不能食用的部分之后，所有的解剖学成分，包括胚乳、胚和麸皮，必须以与完整果核相同的相对比例存在。②全谷物食品是以全谷物为主要原料且达到一定比例，经过一定的加工手段获得的制品。

(2) 全谷物（全麦）食品的优点有哪些？

答：①营养和保健价值较精制谷物和麦类制品高，含有更高的糖类、膳食纤维、B族维生素（如维生素B_1、叶酸、生育酚等）、矿物质（钾、镁、硒等），及木酚素、酚酸、植酸等植物化学物质，具有更好的延缓氧化、抗炎、降血脂等多种生物学活性，有助于减肥和降低慢性疾病风险等。②适度加工可提高谷物类原料的高效利用率和成品率，减少资源浪费。

(3) 全谷物（全麦）食品的不足及其原因？

答：①耐储性不强。麦胚中含有活性较高的脂肪酶，使其十分不稳定，易导致全麦食品在储藏过程中受到外部条件变化的影响而发生酸败变质。②食用品质欠佳。麦麸添加会增加面团的形成和稳定时间，破坏面筋蛋白的稳定性和空间结构，导致全麦食品感官欠佳，导致大众消费意愿降低。③全麦食品加工特性不良。欧洲一些国家主要以烘焙食品为主，也符合全麦食品在国外流行的大趋势。在我国普遍以蒸煮类制品为主，在应用全麦粉加工的过程中，面条的断条率、烹调特性及馒头的醒发性等方面难以达到加工要求，导致我国全麦食品种类较少。④安全品质问题。麦麸表面易有虫卵、化学物质和微生物等外源污染物的残留，从而导致全麦食品被污染，存在安全隐患。

(4) 简述全麦挂面的主要配方。

答：全麦粉为主要原料，添加水与其他辅料。

(5) 全麦挂面的品质分析指标有哪些?

答: 全麦挂面品质要求包括感官品质、蒸煮和加工品质、化学营养保健品质等。

(6) 全谷物(全麦)食品改良方法有哪些?其原理分别是什么?

答: 基因、生物改良、物理改良、化学改良、外源添加等。原理略。

(7) 全麦挂面加工的影响因素有哪些?在实际加工中应该如何调控?

自己查阅资料,答案略。

(8) 请设计一个全谷物(全麦)制品综合改良方案,说明其原理和优势。

自己查阅资料,答案略。

参考文献

[1] 田晓红,翟小童,谭斌. 全谷物食品标准体系建设现状与发展方向[J]. 粮油食品科技,2024,32(1):50-58.

[2] 金征宇,江连洲,王兴国,等. 品质导向的粮油食品精准加工分子基础与调控[J]. 中国食品学报,2024,24(5):1-17.

[3] Han W,Ma S,Li L,et al. Impact of wheat bran dietary fiber on gluten and gluten-starch microstructure formation in dough[J]. Food Hydrocolloids,2019,95:292-297.

[4] 唐晓珍,位思清,马明,等. 山农大黑、紫粒小麦全麦粉面条的品质评价[J]. 中国粮油学报,2010,25(9):5-9.

[5] 刘艳香,汪丽萍,谭斌,等. 麸胚挤压稳定化处理对全麦挂面品质特性的影响[J]. 食品科学,2019,40(19):156-163.

[6] 蔡梦迪. 石磨全麦挂面工艺及特性研究[D]. 绵阳:西南科技大学,2023.

[7] 汪丽萍,吴远宁,李晓宁,等. 冻结温度对冷冻全麦馒头复蒸品质及组分性质的影响[J]. 粮油食品科技,2023,31(5):73-82.

[8] 关桦楠,吴永存,孙冰玉,等. 高压蒸煮及微波预熟工艺改良糙米品质的研究[J]. 食品工业科技,2022,43(8):204-211.

[9] 屈路衡. 全麦挂面的品质改良及货架期延长[D]. 无锡:江南大学,2022.

[10] 徐晨雅,郭晓,朱科学. 麸皮发酵对全麦面团及半干面品质的影响[J]. 中国食品学报,2022,22(9):145-152.

[11] 李明鹏,高琨,魏敏,等. 小麦萌芽程度对全麦挂面食用品质的影响[J]. 食品科学,2024,45(14):172-178.

[12] 饶颖,冯小平,郑静,等. 南瓜全麦馒头配方优化与营养特性分析[J]. 食品工业科技,2024,45(11):167-174.

案例3

啤酒生产中降低嘌呤类物质含量的工艺方案

案例摘要

本案例介绍了啤酒生产中降低嘌呤类物质含量的工艺方案。通过介绍相关背景、啤酒的生产原料及工艺、嘌呤物质与痛风的关系，引导学生了解并掌握降低啤酒嘌呤物质含量的方法及其机理研究，培养学生查阅资料、主动思考与解决问题的能力，进而培养学生的啤酒生产质量控制意识、创新意识，并使学生能灵活运用所学专业知识解决生产实际中存在的问题，成为啤酒行业乃至食品行业的专门高级人才。

第1节　案例解析

一、案例背景

1.啤酒起源

啤酒是人类最古老的酒精饮料之一，是继水和茶之后世界上消耗量排名第三的饮料。啤酒是主要以麦芽和水为原料，再加入啤酒花（包括酒花制品），经过酵母发酵酿制而成的一种含有二氧化碳和多种营养成分、低酒精度的饮料酒。公元前7000年，原始的啤酒就开始被酿造，在古代中国，也有类似于啤酒的酒精饮料，古人称之为醴（**思政点1**）。1972年在墨西哥举行的第九届国际营养食品会议上啤酒被正式列为营养食品，受到世界的瞩目。啤酒中的乙醇含量很少，所以喝啤酒不但不易醉人，适量饮用反而有益人体健康。啤酒含有丰富的营养物质，如糖类、维生素、蛋白质、矿物质等，素有“液体面包”之称，其生产工艺流程如图3-1所示。

图 3-1　啤酒的生产工艺流程

2.我国啤酒行业现状

19 世纪末，啤酒传入中国，彼时啤酒厂基本由国外企业控制。1904 年，在哈尔滨出现了中国人自己开办的啤酒厂东北三省啤酒厂。1949 年之前，中国啤酒厂数量稀少，基本由国外把持，原料依赖进口，消费群众尚未普及至全体人民。改革开放以来，中国的啤酒行业经历了快速成长。2013 年以来，我国啤酒产销量稳居世界第一（**思政点 2**），人均啤酒消费量达 34 L/a。本土知名品牌有雪花、青岛等，民族品牌金龙泉啤酒创始人李大红，对于大多数人来讲可能很陌生，但在荆楚之地和啤酒行业、无纺布行业，乃至商界来讲，是一个颇具知名度的人物，他不但是一名全国劳模，还被誉为“啤酒大王”，更让人折服的是他三次创业三次成功的励志故事（**思政点 3**）。

目前啤酒行业的供给能力已经完全覆盖消费能力，中低端市场的数量、价格竞争已经不再能为企业带来有效利润，产业结构升级，高端化产品推出将是趋势。但是啤酒的工艺复杂且已经十分成熟，工艺改良的阻力很大，一个新品种的开发需要研发人员坚持不懈地努力，经历多次试验（**思政点 4**）。

3.啤酒与痛风

痛风主要由血液中尿酸水平持续升高引起，是饮食、尿酸排泄不足、其他健康问题和遗传因素共同作用的结果。正常情况下，人体内尿酸含量为 1.0～1.2 g，每天代谢产生约 0.5 g，从食物中吸收约 0.1 g，同时通过尿液等形式排出约 0.6 g，从而维持体内尿酸平衡。但是当尿酸产生过多或者排泄减少时，即可产生高尿酸血症，过多的尿酸则会形成结晶，并沉积在关节、肌腱和组织周围，最终导致痛风发作。高尿酸血症的严重程度不同，其对身体的影响也不同。血液尿酸水平在 415～530 μmol/L，患痛风的风险为 0.5%，当高于 535 μmol/L 时，风险增加至 4.5%。

现代研究认为，饮用啤酒与血尿酸水平和痛风的形成存在着很高的依存关系。啤酒是以大麦芽、酒花、水为主要原料，经酵母发酵酿制而成的富含二氧化碳的低酒精度酒，其中含有的游离类嘌呤容易被吸收并快速生成尿酸，另外啤酒中较高含量的鸟苷酸也可代谢成嘌呤，从而容易引发痛风。而啤酒中存在的维生素 B_1 是嘌呤分解代谢催化因子，会导致人体血液中的尿酸含量迅速增加。此外，酒精还容易使体内乳酸堆积，抑制肾脏对尿酸的排泄，破坏尿酸平衡，导致尿酸积累并形成结石或引发痛风。随着国内啤酒消费量的增加，由饮用啤酒所带来的痛风等健康问题也日益突出。因此为了人民健康，研发低嘌呤含量的啤酒势在必行（**思政点 5**）。

国内外的研究者对降低啤酒嘌呤含量做了很多的研究[1]。首先要确定嘌呤含量的检测方法，当前较常用的嘌呤类物质检测方法包括：①高效液相色谱法（HPLC），该方法的主要优点为分辨率高、速度快、重复性好，色谱柱可重复使用，且操作可自动化，是食品和药物嘌呤类物质的通用检测方法；②反相离子对色谱法，该方法同时具备反相高效液相色谱和离子对色谱的优点，适用于离子型化合物以及中性化合物的分离；③毛细管区带电泳法，即通过毛细管区带电泳法分离样品中的嘌呤碱基，并检测 254 nm 处的紫外吸收来确定含量，该方法简单、快速，且测定啤酒样品前只需进行脱气和稀释处理。啤酒的原辅料中除去水外，均含有嘌呤类物质（包括游离嘌呤和嘌呤核苷），且啤酒在发酵过程中可产生大量嘌呤。去除嘌呤的研究分为两个方向，即降低原辅料的嘌呤含量和发酵完成后处理，现在市场上已经有主打低嘌呤的产品上市（**思政点 6**）。

二、降低啤酒中嘌呤含量的方法

目前，降低啤酒中嘌呤含量的方法主要有：①改变原辅料的配比；②原辅料进行预处理法；③酶降解法；④选育低嘌呤酵母和改变接种量；⑤高浓酿造稀释法；⑥酿造工艺控制；⑦后处理吸附法。

1.改变原辅料的配比

啤酒中的嘌呤来源主要是发酵的原料，啤酒的原料有大麦芽、水、酒花、啤酒酵母及辅料。这些物质主要以结合态存在于核酸中。研究表明，核酸含量为大麦干重的 0.2%～0.3%，在原辅料中，大麦芽是嘌呤物质的主要来源，如表 3-1 所示。可以在酿造前对原料进行选择，适当提高辅料比例，从而使总嘌呤含量下降。有研究采用全麦芽麦汁及含 20%、40%、60%比例辅料麦汁分别试验，经过测定最终产品总嘌呤含量发现，麦汁中总嘌呤含量随着辅料比例的提高而降低，从而证实了麦芽是啤酒中嘌呤类物质的主要来源。不同品种麦芽以及麦芽不同部位的总嘌呤含量，最大可相差 70 mg/g，其中差异最大的为黄嘌呤。

表 3-1 不同品种的原辅料中嘌呤含量[2]

样品序号	大麦芽总嘌呤含量/(mg/kg)	小麦芽总嘌呤含量/(mg/kg)	大米总嘌呤含量/(mg/kg)	玉米淀粉和糖浆总嘌呤含量/(mg/kg)	酒花总嘌呤含量/(mg/kg)
1	1175	81.7	43.0	21.4	537.2
2	1012	35.5	55.8	35.5	769.4
3	82	55.1	45.2	27.9	77

续表

样品序号	大麦芽总嘌呤含量/(mg/kg)	小麦芽总嘌呤含量/(mg/kg)	大米总嘌呤含量/(mg/kg)	玉米淀粉和糖浆总嘌呤含量/(mg/kg)	酒花总嘌呤含量/(mg/kg)
4	115	71.6	37.1	31.0	598.1
5	1007	96.3	51.7	—	552.7
6	992	77.9	60.3	—	638.6
7	963	53.2	45.6	—	512.6
8	855	48.4	52.9	—	644.9

小麦芽中总嘌呤含量低于大麦芽，虽然酒花总嘌呤含量也相对较高，但是由于用量较少，对最终嘌呤含量影响较小，建议将大麦芽用量降至原料总量的35%以下，采用一些非发芽谷物如大米等代替，或者添加玉米淀粉和糖浆。高辅料酿造可以大幅降低啤酒中的嘌呤含量，但是，由于麦芽比例降低，啤酒原有的麦芽香变淡，麦汁的组分也发生改变，总氮和α-氨基酸等营养成分的含量偏低，酵母生长所需的营养不足，从而影响酵母正常代谢，进而影响发酵性能。

2.原辅料预处理法

麦芽中的嘌呤物质主要存在于胚芽和麦皮中，去除麦芽中的胚芽和麦皮后，糖化麦汁中的嘌呤含量降低了37.9%，对麦芽进行脱皮去胚芽处理，可以从嘌呤的来源上极大限度降低其含量。

3.酶降解法

已知嘌呤核苷水解酶（PNHase）和嘌呤核苷磷酸化酶（PNPase）能降解嘌呤核苷。国外研究采用小牛脾脏嘌呤核苷磷酸化酶处理12.5°P麦汁，降解了麦汁中近60%的嘌呤核苷；将分离自人苍白杆菌的嘌呤核苷磷酸化酶加入粉碎麦芽中进行糖化试验，所制麦汁中未检出嘌呤核苷，以此麦汁制备的啤酒中总嘌呤含量约为27 mg/L，而对照试验约为75 mg/L。麦芽中的核苷酶含量很低，在糖化过程中核苷酶的降解作用有限。嘌呤核苷水解酶（PNHase）和嘌呤核苷磷酸化酶（PNPase）能够将嘌呤核苷转化为游离嘌呤，并在发酵过程中由酵母同化，从而降低啤酒中总嘌呤含量。但啤酒原料麦芽中的PNHase和PNPase含量极低。目前，已有研究人员在实验室中通过外源添加嘌呤核苷磷酸化酶对成品啤酒进行处理，且达到较好地降低嘌呤含量的目的。然而，添加外源酶分离纯化工序复杂，成本高，未能在工业生产中有所应用。日本三得利公司申请了两个专利，分别是选育细菌和真菌菌株生产核酸酶，分解啤酒中的嘌呤类物质。利用酶的方法分解嘌呤类物质，高效、快捷。但是该添加物属于食品添加剂的行列，现在对食品添加剂的控制越来越严格，因此外源酶的添加对低嘌呤啤酒的安全性提出了挑战。

4.选育低嘌呤酵母和改变接种量

在啤酒中嘌呤的来源有两个途径：一是来自啤酒生产原料，二是由啤酒酵母发酵产生。酵母在发酵初期，能够利用醪液中的嘌呤碱基，加快合成核酸类物质，从而缩短发酵时间，酵母几乎可以利用所有游离状态的嘌呤碱基，但却不能利用核苷酸和核苷等嘌呤类物质，以致啤酒中嘌呤类物质含量较高，成品啤酒嘌呤类物质含量可达40～100 mg/L。研究发现，不同啤酒酵母菌种对嘌呤的吸收能力存在较大差异。发酵后期酵母自溶会释放出一定量的嘌呤，接种量过大会增加发酵液中的嘌呤含量。因此，通过诱变的手段筛选一株低嘌呤啤酒酵母，选择活性较高的菌种并控制接种量，能够有效降低啤酒中的嘌呤含量，对啤酒生产企业和消费者具有重要的意义。

5.高浓酿造稀释法

高浓酿造稀释工艺是指在啤酒酿造过程中采用高于常规的麦汁浓度（16°P 及以上）进行发酵，最后加水稀释成正常浓度的啤酒生产工艺。将麦汁浓度提高后进行高浓酿造再稀释，成品啤酒中嘌呤含量相较于低麦汁浓度发酵啤酒有所降低，但是高浓酿造时较高的渗透压会影响酵母正常生长和发酵，出现成熟啤酒发酵液中酒精含量低、发酵度偏低等问题。高浓度的麦汁使渗透压升高，随着发酵的进行，酒精的浓度会比普通啤酒更高，酵母的生长繁殖环境越来越差，对酵母的活力产生不利影响，这将严重影响发酵的进行，甚至导致发酵失败，需要引起技术人员的重视。

6.酿造工艺控制

酿造工艺是影响啤酒质量和风味的重要因素之一。在酿造低嘌呤啤酒时，可采用一些特殊工艺来降低啤酒中的嘌呤含量。例如，在煮沸阶段，加入适量磷酸盐或柠檬酸盐等物质，可以与麦汁中的核酸结合成不易被酵母菌利用的复合物，从而降低麦汁中的嘌呤含量，同时发现煮沸温度和煮沸的时间对嘌呤含量也有显著影响。发酵温度对啤酒的风味和嘌呤含量有很大影响。在发酵过程中，随着温度的升高，酵母菌的嘌呤代谢途径发生变化，导致啤酒中的嘌呤含量增加。因此，在酿造低嘌呤啤酒时，应严格控制发酵温度，以降低酵母菌的嘌呤代谢率。发酵结束后，未灭活的酵母和煮沸后的相比，灭活后的酵母会提高啤酒中的嘌呤含量，因此要注意发酵过程中的酵母自溶问题。

7.后处理吸附法

啤酒的后处理是指在啤酒完成主要发酵过程之后，为了提高啤酒的品质、确保其稳定性和澄清度，以及为消费者提供更佳的口感和外观，所进行的一系列工艺处理步骤。在啤酒生产过程中，吸附剂能够有效提高啤酒的非生物稳定性，因而在后处理环节被广泛使用以除去啤酒中的蛋白质和多酚物质。嘌呤类物质和多酚、蛋白质一样具有某些特殊官能团，可被某些吸附剂吸附除去，因此，可以使用吸附剂吸附的方法降低啤酒中的嘌呤类物质含量。用于吸附啤酒中嘌呤类物质的吸附剂除了能有效吸附啤酒中嘌呤类物质外，还应该价格低廉、吸附作用快、操作简便，且不会破坏啤酒的风味和口感。食品工业中常用的吸附剂有活性炭、硅藻土、硅胶、聚乙烯吡咯烷酮（PVPP）和人造沸石等。选用合适粒度和吸附性能的吸附剂，如活性炭、壳聚糖、人造沸石、几丁质等，能够降低发酵液中的嘌呤类物质含量。对嘌呤核苷酸的吸附能力较强的吸附剂是活性炭和人造沸石，对啤酒的风味影响较大，而硅藻土对各种嘌呤的吸附能力都比较差，对啤酒风味影响小，目前还没有较为理想的专一吸附核苷酸和核苷的吸附剂。

适用于啤酒中嘌呤类物质吸附的吸附剂除了要求具有有效、专一吸收啤酒中的嘌呤类物质的特性外，还应该满足：①无毒、无味，对人体无害；②物理及化学性质稳定；③作用时间短，操作方便；④不影响啤酒理化指标及风味；⑤价格低廉、用量少。食品工业上常用的吸附剂有活性炭、沸石、壳聚糖、硅藻土、硅胶和分子筛等，却很难找到完全满足上述要求的吸附剂。许多天然材料吸附效果不理想。在众多的嘌呤类物质吸附剂中，壳聚糖是一种应用广泛、安全有效的食品级吸附剂。但其有耐酸性差以及非孔性等缺陷，这就给壳聚糖的应用带来极大的局限性，为了提高其对嘌呤的吸附能力以及在啤酒发酵液弱酸性环境下的稳定性，可以考虑将其进行化学改性处理。活性炭具有比表面积大、多孔等特点，其吸附性能也较为出色。活性炭具有发达的孔道结构且化学性质稳定、来源丰富、当吸附达到饱和状态后容易再生、对吸附装置没有腐蚀性等特点，是一种广泛运用的经济性良好的吸附剂，在食品工业中有很好的前景。嘌呤类物质是一种带碱性的高分子量的含氮有机物质，含有极性基团等，能被某些吸附剂作用。利用活性炭表面氧化改性的办法，强氧化剂对活性炭表面进行氧化改性，能够增加其含氧官能团的含量，增强材料表面的极性。此外，活性炭虽然吸附效果好，但因其颗粒较小，所以回收利用困难。因此可尝试制备出用于吸附啤酒中嘌呤物质的复合吸附剂。

8.应用案例

（1）案例1：原辅料控制技术

王吉龙[3]主要从原辅料的选择上对啤酒中嘌呤含量进行控制，测定了众多的原辅料，对原辅料含量进行全面的检测，同时对样品的处理方式进行了探讨。为了解决啤酒嘌呤问题，结合原辅料的检测结果及酵母吸收嘌呤的规律，采用酶法及加酸煮沸工艺提高麦汁中的游离嘌呤含量，从而利用酵母吸收嘌呤来降低啤酒嘌呤含量。

低嘌呤啤酒的生产工艺：原料配比大麦芽50%，玉米淀粉25%，玉米糖浆25%；玉米淀粉糊化处理，玉米淀粉：水=1：5（质量比），添加耐高温淀粉酶进行糊化；大麦芽糖化处理，大麦芽：水=1：4（质量比）进行糖化；麦汁浓度调节至适宜值，麦汁加入50%硫酸调节pH到1.5，煮沸90 min，进行嘌呤水解处理，水解后冷却，加入固体氢氧化钙将pH调回麦汁的初始pH；添加酒花进行煮沸，冷却过滤后，接种酵母进行发酵，在10 ℃左右发酵；发酵结束后采用硅藻土过滤。最终的产品嘌呤含量低于20 mg/L。

（2）案例2：吸附降低嘌呤含量技术

王晟楠[4]主要采用后处理吸附法降低啤酒中嘌呤物质的含量。通过复合因素实验得到改性活性炭的最佳制取条件为：硝酸浓度5%，改性温度90 ℃，改性时间4 h，在此条件下得到的改性活性炭对嘌呤混合标准溶液的嘌呤去除率为85.1%。单因素实验确定了改性活性炭的最佳吸附条件为：添加量为1.5 g/L，吸附时间1 h，吸附温度25 ℃，在此条件下改性活性炭对啤酒中嘌呤的吸附率达87.1%。最后将改性吸附剂添加至成熟发酵液中，稀释后清酒中嘌呤含量仅为6.9 mg/L，且感官、理化指标符合GB 4927—2008的要求。

（3）案例3：工艺改良控制嘌呤含量

陈绪然等[5]通过麦汁加酸（pH 1.5～2.0）煮沸工艺，控制发酵液酵母数量，减少竞争抑制，酵母、酒花的处理和选择等改进工艺可以降低啤酒中嘌呤类物质的含量，使成品啤酒的嘌呤含量达到25 mg/L以下，是普通啤酒的40%。这种改进工艺既减少了啤酒中嘌呤的含量又不失啤酒的本质特点。

（4）案例4：酵母改良降低嘌呤含量技术

于婗娉[6]对啤酒发酵酵母的菌株进行改良，通过诱变的手段筛选低嘌呤啤酒酵母。用15 mW的氦氖激光器（λ=623.8 nm）垂直照射酵母菌种（小管内）30 min，光斑直径3 mm，筛选到一株低嘌呤啤酒酵母菌V020。该菌株发酵性能好、遗传性能稳定，嘌呤产量较原菌降低43.48%，经过该菌株发酵的啤酒嘌呤物质含量在30 mg/L以下，并且应用至第八代，衰退迹象并不明显。

（5）案例5：原料控制结合工艺改良技术

李雅文等[2]针对低嘌呤啤酒处理后风味变淡的问题，通过降低大麦芽的使用量，增加嘌呤含量相对较低的小麦芽使用量，适当采用能够调节啤酒香气色度的特种麦芽——焦香麦芽，摒弃有一定嘌呤含量的含氮谷物类辅料，全部使用几乎无嘌呤的玉米淀粉和糖浆，玉米糖浆的使用占比为原料总量的55%～60%，选用进口斯拉德克香型酒花及精滤β-酸酒花油，采用煮沸结束后添加工艺，增强酒体香味，使得成品啤酒中的嘌呤含量显著降低，又降低了投入的成本，同时保证了啤酒各项理化指标及口感与传统啤酒没有显著差别，不会对啤酒持泡性指标带来负面影响。同时在糖化阶段，采用高温投料的方式，选择并控制糖化醪投料温度为38 ℃、糊化投料温度为50 ℃，防止麦芽过度溶解，赋予酒体醇厚感。选用活力较强的酵母菌种，增加死酵母排放频次。发酵完成后采用吸附剂处理，采用在过滤机中加入活性炭与硅藻土混合物的后处理工艺来进行过滤吸附。采用硅藻土过滤机初滤时，用硅藻土和活性炭进行预涂，每次预涂时活性炭按成熟酒液总质量的0.15%～0.25%添加，硅藻土使用量确保过滤面预涂层厚度为2.5～3 mm。助滤是在连续过滤时同时添加硅藻土、活性炭和硅胶进行过滤，其中活性炭按成熟酒液总质量的0.2%～0.4%添加，硅胶按成熟酒液总质量的0.02%～0.035%添加，硅藻土用量根据啤酒中所含悬浮粒子的大小和浓度而定。预涂和过滤过程中添加的硅藻土的粗细土比例可根据酵母菌和絮凝蛋白多少、发酵期长短和滤后清酒要求的浊度灵活搭配。

（6）案例6：基因工程技术

Hatanaka等[7]利用基因工程技术，以人赭杆菌为载体提取新型嘌呤核苷酶，加入啤酒发酵液中可以显著降低嘌呤物质的含量。

（7）案例7：固定化细胞技术

王成华[8]发明了一种低嘌呤金桂啤酒的制备方法，在煮沸工艺中添加金桂，使用固定化细胞处理降低嘌呤含量，制成一款具有金桂香味、低嘌呤含量的啤酒。该发明使用降嘌呤发酵乳杆菌制备固定化细胞，高效除去啤酒中肌苷、鸟苷等嘌呤类物质，以降低啤酒中嘌呤含量。结合广西桂林特色花种金桂，以花入酒，以特有的花香与低嘌呤的优势满足大众的需求，生产工艺简单，适合工业化生产。

（8）案例8：麦芽脱皮去芽技术

吕吉鸿等[9]（专利号CN 201110193596.8）在糖化中采用麦芽脱皮去芽技术，减少了麦汁中的核酸大分子物质，发酵中利用麦根降解残余的核酸物质，最终啤酒中嘌呤类物质含量控制到10.5 mg/L。

（9）案例9：酸化处理技术

荆楚理工学院与湖北金龙泉集团股份有限公司联合开发低嘌呤啤酒，筛选低嘌呤原料，加入柠檬酸盐，接着加入酒花煮沸，并加入酵母混合物进行发酵处理，这种工艺主要是通过酸化处理使啤酒中结合在核酸中的嘌呤分离，产生游离态的嘌呤组分，这些组分随后被酵母发酵利用，以达到降低啤酒中嘌呤含量的目的。最后，通过活性炭吸附和膜过滤处理来降低啤酒中的嘌呤含量。

三、拓展

1. 低嘌呤啤酒的发展方向：改良啤酒生产工艺可降低啤酒嘌呤含量，但是在一定程度上都会影响啤酒风味，因此，从上游产业即大麦的育种和种植入手是一个万全之策。以培育低嘌呤啤酒大麦品种为基础，搭配大麦低嘌呤栽培调控技术规程，从啤酒大麦的育种源头和生产过程“双管齐下”，降低大麦中的嘌呤含量。比如全球范围进行低嘌呤大麦种质资源籽粒的测定分析，挖掘控制大麦籽粒嘌呤积累与代谢的关键功能和调控基因，解析大麦籽粒嘌呤代谢的分子机制并开展低嘌呤大麦分子育种，分析不同大麦主要产区、农艺措施以及环境胁迫条件对大麦嘌呤积累与代谢的影响，明确影响嘌呤积累和代谢的关键环境和栽培管理因素，制定适宜大麦低嘌呤种植的栽培调控技术规程。

2. 展示低嘌呤啤酒产品（3～5 种）。

3. 制定低嘌呤生产的可行性方案，并在啤酒工艺学实验课以及湖北金龙泉集团股份有限公司的生产实习中进行实践操作（综合实践，**思政点 7**）。

4. 学习 T/IPIF 0009—2022《低嘌呤生态原浆啤酒》，并和产品做对照（课后任务，**思政点 8**）。

5. 每个小组对综合实验形成报告，讨论低嘌呤啤酒不同工艺的优缺点以及改进的措施（**思政点 9**）。

第 2 节　案例教学指导

一、教学目标

1. 培养学生查阅资料、文献，并能在阅读过程中进行总结、分析、凝练和提出问题的能力；培养学生分工协作和通过倾听、讨论、提问、讲解等过程学习知识、运用知识的能力。

2. 使学生更好地了解低嘌呤啤酒生产的相关知识，并能将所学知识进行灵活运用、综合运用；能就相关生产实际问题进行解决方案设计，并初步将设计的方案用于生产实践，培养学生工程实践能力。

3. 让学生认识到痛风等“啤酒病”，对消费者身体健康可能造成的严重威胁，从而加强啤酒品质和安全的意识，以及食品生产实践中创新能力的重要性。

二、案例讨论前准备工作

1. 学生熟悉嘌呤代谢与痛风相关知识；了解嘌呤物质结构及其在人体中的代谢，以及痛风发作的表现和原因。

2. 了解啤酒酿造的常规工艺以及低嘌呤啤酒的发展现状。

3. 了解啤酒中嘌呤的主要来源以及测定方法。

4. 了解啤酒中嘌呤的主要来源后，在充分查阅资料并小组讨论的基础上组内完成以下内容：

(1) 目前降低或者脱除啤酒中嘌呤类物质的方法有哪些？

(2) 设计一个低嘌呤啤酒生产工艺方案。

三、案例分析要点

1. 嘌呤物质的主要组成：嘌呤是一种无色结晶，易溶于水和醇类，难溶于非极性溶剂，其熔点为 217 ℃。嘌呤既能接受质子，也能解离出质子，属于两性物质。人体内的嘌呤主要包括腺嘌呤（Ade）、鸟嘌呤（Gua）、黄嘌呤（Xan）、次黄嘌呤（Hyp）。

2. 啤酒中的嘌呤类物质来源及在人体内的代谢路径。

3. 啤酒中嘌呤类物质的测定方法：毛细管区带电泳法、高效液相色谱法、反相离子对色谱法。

4. 低嘌呤啤酒的国内外研究进展。

5. 部分企业低嘌呤啤酒生产工艺方案介绍。

6. 结合教师本人科研实际介绍对降低啤酒中嘌呤类物质所做的一些工作。

7. 延伸 1：制定一个低嘌呤啤酒的生产工艺流程。

8. 延伸 2：请同学们思考如何在尽量不损失啤酒的风味和营养成分的前提下，合理设计工艺流程，降低啤酒中的嘌呤物质含量。

四、教学组织方式

1.问题清单及提问顺序、资料的发放顺序

(1) 回顾生物化学知识，简述嘌呤物质的种类以及结构。

(2) 简述人体内嘌呤的来源及其与痛风的关系。

(3) 简述啤酒中嘌呤的检测方法。

(4) 简述啤酒中嘌呤物质的来源。

(5) 简述国内外降低啤酒中嘌呤类物质的主要方法。

(6) 简述降低啤酒嘌呤的各种方法的优缺点。

(7) 啤酒中嘌呤物质含量高低的标准是什么？

(8) 简述低嘌呤啤酒今后发展的方向。

资料发放顺序为：背景知识介绍后，第一次课后 30 分钟发放啤酒生产工艺以及有关嘌呤物质含量的资料让学生阅读，并观看相关视频，然后布置任务：让学生课后查阅、学习相关资料、法规，并完成布置的任务；第二次课首先让学生进行讨论、讲解，然后发放案例解析中的其他资料；最后发放延伸问题的资料。所有资料均发放在线上学习平台上。

2.课时分配（共 100 分钟）

(1) 线上学习平台上发放三个问卷调查。(5 分钟)

① 你是否了解啤酒品牌金龙泉？A 了解　B 不了解

② 你是否经常购买啤酒？A 经常　B 偶尔　C 很少

③ 你是否了解痛风的发作原因？A 了解　B 不了解

④ 你在选购啤酒的时候，如果有低嘌呤啤酒和普通啤酒，你会怎么选择？A 低嘌呤啤酒　B 普通啤酒　C 不是很在意

（2）背景知识介绍。（10 分钟）

（3）发放低嘌呤啤酒研究的案例资料，同学们阅读，并抽 2 位同学谈初步感悟；播放相关短视频 1 个。（15 分钟）

（4）布置课后任务：分组查阅降低啤酒嘌呤含量的措施，并制定一个准备在实验中实施的解决方案，最后分组讨论。（5 分钟）

（5）学生查阅资料、文献，完成布置的任务；提交完成的任务。（课后完成）

（6）进行小组汇报与讨论。（5 组，共 25 分钟）

（7）教师进行点评、课堂提问、讨论、讲解、梳理。（25 分钟）

（8）播放相应的视频、MOOC 资料，并进行延伸：①啤酒生产工艺；②啤酒中嘌呤物质的产生与控制；③低嘌呤啤酒产品展示，并对相关知识进行随机抢答，展示的产品作为奖励发给表现优秀的同学。（15 分钟）

3.讨论方式

采取小组讨论、小组汇报相结合的方式。

教师布置任务后，首先学生课后查阅、学习相关资料、法规，完成布置的任务，并进行小组讨论；课堂上抽取 5 个小组，每小组汇报本小组的主要观点，其他组学生提问并讨论。

小组讨论和小组汇报结束后，由教师采取提问、讨论、视频、MOOC、讲解与实物展示相结合的方式进行梳理与总结。

五、课程思政设计

案例教学过程中，共设计了 9 个课程思政点，具体如表 3-2 所示。

表 3-2　案例教学中课程思政设计

序号	教学环节	知识点	教学内容	思政点
1	课前	课前预习	啤酒是人类的伟大发明，讲述啤酒与社会发展	培养学生勇于探索、积极创新的精神
2	课中	中国啤酒的发展	了解中国啤酒发展历程，经过多年的不断摸索，牢牢占据世界第一啤酒生产大国的地位	激发学生的爱国主义精神
3	课中	中国的啤酒品牌故事	讲述雪花、金龙泉等品牌历史故事	激发同学们的民族自豪感，培养学生勇于探索、不断突破自我的精神
4	课中	啤酒发酵工艺	讲述啤酒的生产工序复杂、不确定因素多，开发新品种非常不容易	培养坚持不懈的科学精神，遇到挫折或困难时，能够不畏惧、不退缩、勇往直前

续表

序号	教学环节	知识点	教学内容	思政点
5	课中	嘌呤与痛风	讲述痛风发生的原因以及对人体的影响，以及啤酒中嘌呤物质的来源	培养大健康意识，作为食品专业人员肩负维护人民营养与健康的重任
6	课中	低嘌呤啤酒发展现状	结合啤酒工艺和最新科研成果，介绍低嘌呤啤酒的研究现状	鼓励同学们勇于创新、坚持不懈
7	课中	分组制定低嘌呤啤酒工艺方案并实践	同学们分组制定低嘌呤啤酒方案，并在实验课中进行实践	方案制定过程中，学生之间互相分享见解，分工协作，有助于培养学生的团结合作精神
8	课后	课后复习与任务	学习《低嘌呤生态原浆啤酒》标准	引导消费者注重品质和生态健康，使得啤酒行业朝着有利于广大消费者身心健康的趋势良性发展
9	课后	课后复习与任务	不改变原有风味的前提下，对啤酒低嘌呤工艺进行讨论，完成相关作业题	认识到事物的两面性；培养学生探索精神和创新意识

六、其他

1. 每次案例教学实施完成后，案例课堂结束时，与学生一起反思案例教学的过程和收获。

2. 保持灵活性，根据学生的反应和课堂进展调整教学计划，教学内容和教学方式做到持续改进和更新。

3. 课堂讨论和互动时间占总课程时长的50%以上。

4. 设定明确的评估标准，不仅要评估学生的知识掌握程度，还要评估他们的分析、沟通和团队合作能力。提供及时的反馈，帮助学生了解自己的进步之处和需要改进的地方。

附：提问参考答案

(1) 回顾生物化学知识，简述嘌呤物质的种类以及结构。

答：略。

(2) 简述人体内嘌呤的来源及其与痛风的关系。

答：人体内的嘌呤按来源分为内源性嘌呤和外源性嘌呤，前者来自体内核酸的分解，占总嘌呤的80%，后者主要来自食物，占总嘌呤的20%。含嘌呤物质的大分子和游离嘌呤碱总称为嘌呤类物质，食品中摄取的嘌呤除游离碱基外，主要以核酸、核苷酸和核苷的形式存在。人体内的腺嘌呤和鸟嘌呤水解脱氨分别生成次黄嘌呤和黄嘌呤，然后次黄嘌呤在黄嘌呤氧化酶的作用下可生成黄嘌呤，在人体内的最终代谢产物为尿酸。尿酸可由肠黏膜吸收进入体液内，并随尿排出，因此，尿酸是人体内嘌呤分解代谢产生的终产物。食物来源的嘌呤主要生成尿酸，基本上不能被机体利用。

痛风的发病原因：当人体每天尿酸的生成量和排泄量无法平衡时，会导致体内尿酸含量过高，尿酸盐在关节或肌腱周围沉积，出现尿酸盐结晶、沉积导致反应性关节炎或痛风石，严重的会导致肾功能衰竭。

（3）简述啤酒中嘌呤的检测方法。

答：毛细管区带电泳法：首先在分离嘌呤碱基时采用毛细管区带电泳，再使用紫外检测器在 254 nm 检测，主要优点是快速、简单、进样精度的要求比高效液相色谱法低。

高效液相色谱法（HPLC）：分辨率高于其他液相色谱法；速度快，一般几十分钟便可完成；重复性高；自动化操作，分析精确度较高；色谱柱可以反复利用。

反相离子对色谱法（RP-IPC）：同时具备反相高效液相色谱和离子对色谱的特点，还继承了反相液相色谱操作简单、柱效高等优点，采用反相离子对色谱法测定啤酒中的嘌呤类物质，具有准确度高、操作方便、精密度及回收率高的优点，并且可以一次性检测全部嘌呤类物质，因此也是分析啤酒中嘌呤类物质的理想方法。

（4）简述啤酒中嘌呤物质的来源。

答：麦芽是啤酒中嘌呤类物质的主要来源。在麦芽制备期间，大麦籽粒中的 DNA 和 RNA 降解产物为游离嘌呤和嘧啶碱基、戊糖和磷酸。这些游离碱基在啤酒发酵初期被酵母吸收利用，随后在发酵后期因酵母发生自溶而再次被释放到啤酒中。

（5）简述国内外降低啤酒中嘌呤类物质的主要方法。

答：①改变原料和辅料的配比；②酶转化法，麦汁中的嘌呤核苷能用核苷酶进行降解，转化为游离嘌呤，提高麦汁中游离嘌呤在总嘌呤中的比例，再由酵母在发酵过程中同化，达到降低总嘌呤的目的；③高浓酿造稀释工艺，在啤酒酿造生产中采用比正常麦汁浓度更高的麦汁进行发酵，并在生产过程的后期用水稀释成正常浓度啤酒的工艺；④提高辅料占比，降低大麦芽用量，增加低嘌呤辅料（玉米淀粉、糖浆、大米）的比例；⑤后处理，在后处理环节加入合适的吸附剂，对嘌呤类物质进行吸附去除；⑥选用新型酵母菌种或控制接种量，不同啤酒酵母菌种对嘌呤的吸收能力存在较大差异。

（6）简述降低啤酒嘌呤的各种方法的优缺点。

答：目前国内外降低嘌呤的主要措施集中在改变生产工艺路线中原辅料比、高浓酿造稀释、吸附后处理等方法上，虽然有一定效果，但总嘌呤含量还比较高，且改变工艺导致经济成本增加。通过改良生产工艺可降低啤酒嘌呤含量，往往还会影响啤酒风味。从啤酒大麦的育种源头入手，降低大麦中的嘌呤含量，是经济且长远降低啤酒嘌呤含量的措施，但是育种周期较长，且有很多未知风险。

（7）啤酒中嘌呤物质含量高低的标准是什么？

答：广东省知识产权投融资促进会组织相关企业单位和专家共同起草了《低嘌呤生态原浆啤酒》团体标准。历经一年多的时间，经过多次文献分析、会议沟通、意见修改，最终于 2022 年 10 月 31 日正式发布实施。该团标的发布，使低嘌呤生态原浆啤酒的认定有据可依，目前认定的标准为嘌呤含量低于 25 mg/100 g、氨基酸含量高于 1 g/L。

（8）简述低嘌呤啤酒今后发展的方向。

答：略。

参考文献

[1] 胡金成，李德超，曹又新．低嘌呤啤酒及其酿造工艺技术[J]．啤酒科技，2004(11)：10-11.

[2] 李雅文，刘助水，刘继声，等．低嘌呤啤酒的研究[J]．中外酒业·啤酒科技，2016(1)：26.

[3] 王吉龙．低嘌呤啤酒工艺的开发研究[D]．泰安：山东农业大学，2014.

[4] 王晟楠．啤酒酿造中降低嘌呤类物质的工艺技术研究[D]．贵阳：贵州大学，2015.

[5] 陈绪然，张建早．通过酿造工艺降低啤酒中嘌呤类物质[J]．中外酒业，2021(17)：5-7.

[6] 于娓娉．激光诱变选育低嘌呤啤酒酵母[J]．酿酒，2015，42(06)：55-58.

[7] Hatanaka H，Ashikari T，Ogawa J. Purine nucleosidase：US6066484[P]. 2000-05-23.

[8] 王成华．一种低嘌呤金桂啤酒的制备方法：CN 202111481049. X[P]. 2022-03-18.

[9] 吕吉鸿，贺子福，郭泽峰．利用麦根生产低嘌呤啤酒的方法及其产品：CN201110193596. 8[P]. 2012-07-18.

案例 4

传统发酵豆制品生产中低盐化工艺探索

案例摘要

本案例介绍了传统发酵豆制品低盐化工艺探索的案例。通过介绍相关背景、食盐超标危害、降低传统发酵调味品食盐含量的绿色加工技术，引导学生了解并掌握食盐在发酵调味品加工中的作用、高盐摄入的危害及减盐策略，培养学生查阅资料、主动思考与解决问题的能力，进而希望学生能够培养食品生产工艺优化意识、创新意识，并能灵活运用所学专业知识解决生产实际中存在的问题，以后更好地服务于食品行业。

第 1 节　案例解析

一、案例背景

1.传统发酵豆制品简介

大豆富含蛋白质、氨基酸、维生素和矿物质等营养成分，同时还含有异黄酮、γ-氨基丁酸、皂苷和卵磷脂等天然活性物质，是多种营养素的优质来源。在我国，大豆主要用于加工豆制品，我国的豆制品主要分为非发酵豆制品和发酵豆制品。非发酵豆制品是指以大豆为原料，经过浸泡、打浆、煮浆及成型等工序生产的食品，主要包括经熏制、卤制和冷冻等过程制成的食品。发酵豆制品是指以大豆、大豆制品及其加工副产物为发酵基质，在一种或多种微生物作用下制备具有特定风味和形态的食品或者调味品。中国传统的发酵豆制品，主要包括豆豉、腐乳、酱油和豆酱 4 大类（**思政点 1**）。豆豉是中国传统特色发酵豆制品调味料。豆豉以黑豆或黄豆为主要原料，利用毛霉、曲霉或者细菌蛋白酶的作用，分解大豆蛋白质，达到一定程度时，加盐、加酒、干燥等，抑制酶的活力，延缓发酵过程而制成。酱油是中国传统的调味品，用豆、麦、麸皮酿造，色泽红褐色，有独特的酱香，有助于促进食欲。腐乳又称豆腐乳，是在豆腐切块的基础上，经接种、腌制、加料等工序制成的传统调味品。根据发酵时微生物的不同，可将腐乳分为毛霉型腐乳和根霉型腐乳 2 大类。腐乳富含蛋白质、糖类以及维生素等人体所需的多种营养元素。豆酱又称黄酱、大酱，是以大豆、面粉和食盐等为主要原料，通过微生物发酵酿造的一种呈半固体黏稠状调味品。黄豆酱的颜色偏深，味道偏咸，但它却能为菜肴增添一种独特的酱香。

2.高盐摄入对人体有危害

研究显示，过去 40 年，中国成年人平均每日食盐摄入量达 10 g 以上，高于世界卫生组织（WHO）建议的平均每日食盐摄入量（5 g）[1]。摄入过多的食盐会增加患高血压、心脏病、肾脏病、胃癌、脑卒中及原发性脑出血等风险。随着健康意识不断增强，人们对食品健康化的追求不断提高。《“健康中国 2030”规划纲要》《国民营养计划（2017—2030 年）》明确提出，到 2030 年全国人均每日食盐摄入量降低 20%；《中国食品工业减盐指南（第二版）》对于酱油的减盐目标是酱油中钠含量需在 2025 年前降低 10%，2030 年前累计降低 20%。《中国居民膳食指南科学研究报告（2021）》提出继续把减盐控油作为优化膳食结构的重要部分，为减少膳食中盐分的摄入量，降低酱油中的盐分刻不容缓（**思政点 2**）。传统发酵豆制品的食盐含量往往较高，大量食用可能增加高血压等疾病的患病风险，因此降低传统发酵豆制品的食盐含量逐渐引起了人们的关注（表 4-1）。

表 4-1 部分发酵豆制品的食盐含量

名称	食盐含量(质量分数)	名称	食盐含量(质量分数)
东北黄豆酱	9.71%～16.71%	市售酱油	11%～19%
郫县豆瓣酱	20%	腐乳	6.2%～14.7%
什锦酱油	26%以上		

资料来源：范智义，邓维琴，李恒，等．传统发酵调味品低盐化的研究进展［J］．中国调味品，2020，45（7）：194-200.

3.食盐在传统发酵豆制品中的作用

传统发酵调味品中的食盐可抑制发酵过程中的有害微生物，直接或间接促进发酵体系耐盐与嗜盐有益菌生长，控制发酵进程并为产品提供必要的咸味，在发酵调味品生产制作过程中具有重要意义（**思政点 3**）。因此，单纯降低发酵中所用盐水的食盐含量，虽然能显著提高发酵速度，但会降低发酵和储存中盐对有害微生物的抑制，使发酵过程难以控制，水解过度，导致豆瓣酱、腐乳等产品失去完整的形态，并显著改变产品的风味特征。同时，低盐发酵调味品在生产、储存和销售中较易发生杂菌污染，增加了发酵难度和安全风险。总体来看，相比于高盐产品，低盐发酵调味品在发酵过程中蛋白质、脂肪等大分子分解更快，质地软烂，成品的酸度更高，还原糖含量、pH 更低，腐败菌含量显著增加，其生物胺等内源性危害物的含量也有可能增加（**思政点 4**）。然而，在膳食低盐化的大背景下，最大限度地降低产品的食盐含量已成为低盐发酵调味品生产的最终目的。由于食盐的重要作用，低盐发酵调味品的制作往往需要采取一系列措施，以尽可能减轻由食盐含量过低引起的风味改变和品质劣化（**思政点 5**）。

二、传统发酵调味品低盐化的关键技术

1.利用功能菌强化发酵

相较于高盐体系，低盐发酵体系中的微生物构成显著改变，导致发酵调味品风味改变和安全风险增加。因此，传统的自然接种无法满足高品质低盐发酵调味品生产的要求，需通过接种含有功能性微生物的发酵剂，使有益的发酵菌种快速增殖形成优势，促进风味物质的产生，并抑制有害微生物的繁殖和有害代谢产物的积累。接种发酵剂在低盐发酵调味品中的应用已较为广泛，多项研究已经表明，接种发酵剂可显著提高低盐发酵调味品的感官品质。例如，从泡菜、酸菜发酵液中筛选出的耐盐乳酸菌与5%葡萄糖水添加到减盐酱醪中发酵酱油，可制备出盐质量分数为12%、各项理化指标均符合中国台湾地区标准的减盐酱油[2]。将嗜盐四联球菌和鲁氏接合酵母以同时接种和顺序接种的方式添加到初始盐质量分数为10%的减盐发酵酱油中。研究表明，嗜盐四联球菌和鲁氏接合酵母间产生拮抗作用，嗜盐四联球菌仅在鲁氏接合酵母存在下增殖，但鲁氏接合酵母的生长受到抑制[3]。鲁氏接合酵母可促进醇的形成，并在受到抑制时产生了更复杂的香气特征。为控制二者在减盐酱油发酵过程中的顺序接种和活性，可采用水包油包水（$W_1/O/W_2$）双乳液的方法。鲁氏接合酵母和嗜盐四联球菌分别进入双乳液的内部（W_1）和外部（W_2）。在双乳液的作用下，减盐酱醪具有与高盐（18%）组相似的微生物组成和理化特性，并具有与标准酱油相同的香气特征，证明在不影响酱油品质的情况下生产减盐酱油的可行性[4]。

2.使用食盐替代物

在生产中利用不含钠的物质在功能和感官上替代食盐，也是发酵调味品降盐的常用手段。乙醇因其杀菌作用而被用作一种常用的食盐替代物，不仅能抑制有害微生物的生长，其本身也可在发酵过程中参与发酵体系中风味物质的生成，从而在一定程度上改善发酵调味品的感官特性。然而，发酵过程中过量添加乙醇，会抑制发酵物料中酶的作用和有益微生物的生长。研究表明[5]，在发酵调味品发酵过程中添加过多乙醇，会明显减缓pH下降和蛋白质分解的速度，从而减缓发酵过程。利用乙醇部分或全部替代味噌发酵过程中添加的盐，发现乙醇添加量为15%（食盐含量0%）时，对霉菌、乳酸菌具有杀灭作用；对低盐酱油发酵过程的研究发现，相对于盐，乙醇对蛋白酶活性的抑制作用较弱，对产品中氨基酸态氮的生成影响较小，但对淀粉酶的抑制作用相对较强，因此添加乙醇的低盐酱醅中还原糖的生成明显受到抑制，乙醇对酵母的生长也具有强烈的抑制作用[6]。不过，通过优化发酵过程中乙醇的添加量，或添加一定的保护剂，可在降低食盐含量的同时，维持甚至提高发酵调味品的感官品质。不过，由于价格较高，添加乙醇会显著增加发酵调味品的生产成本，考虑利用乙醇作为食盐替代物生产低盐发酵调味品时，应当充分权衡产品成本与效益。

氯化钾是一种传统的食盐替代物，在替代食盐方面具有很长的应用史，其价格相对便宜，且对于低盐的健康食品来说，氯化钾还能够提供人体必需的钾离子。氯化钾可以在发酵阶段加入酱醅中代替部分甚至全部食盐，也可以在成品中直接添加以达到增强咸味、有利呈味的效果。将氯化钾代替全部氯化钠用于酱油的发酵中，研究发现，相对于同浓度的

氯化钠，氯化钾对蛋白酶、淀粉酶的抑制作用相对较低，但抑菌效果相对较弱。氯化钾的咸度大约仅为食盐的1/3，且氯化钾的添加往往会给产品带来不愉快的苦涩味，一般需要通过额外添加赖氨酸、牛磺酸以及呈味核苷酸进行口味修饰[7]。

低盐或无盐发酵调味品食盐含量较低，往往缺乏必要的咸味，导致鲜味与咸味的失调，影响产品质量，新型咸味剂的应用在一定程度上解决了这一问题。咸味氨基酸与咸味多肽是在20世纪70年代陆续发现的，主要包括甘氨酸甲酯和甘氨酸乙酯盐酸盐、鸟氨酰牛磺酸盐酸盐、鸟氨酸-β-丙氨酸盐酸盐等。与氯化钾相比，这些新型咸味剂咸味纯正，并且具备增加鲜味的功能。用咸味多肽鸟氨酰牛磺酸盐酸盐和甘氨酸乙酯盐酸盐代替酱油中50%的盐，能够获得与市售传统酱油相似甚至相同的感官品质[8]。

3.膜分离技术脱盐

对于酱油等液态发酵调味品，也有一部分研究通过膜分离技术脱去传统高盐产品中的一部分食盐以实现低盐化的目的（表4-2）。膜分离是食品工业中提纯与净化的常用技术，根据分离原理可分为过滤（包括反渗透、纳滤、超滤和微滤等）和渗析。膜分离脱盐的过程中不可避免地伴随着小分子或具有解离性质的风味成分的损失，因此利用膜分离技术脱盐的关键在于脱除一部分盐分的同时尽可能保留产品中的风味和营养物质。根据膜分离原理的不同，所需控制的操作参数也不同。其中，离子交换膜法是维持酱油质量最好的脱盐法。但是脱盐法设备投资大、生产成本高，一般企业难以用于规模化生产，限制了减盐酱油产品的生产。

表4-2　减盐酱油脱盐法

分类	原　理	优/缺点	应用国家
离子交换膜法	将高盐酱油选择性去除一价强电解质，去除酱油盐分	极高的选择渗透性，酱油成分损失少	日本、韩国等
离子阻滞树脂法	树脂具有吸引酱油中盐（离子）的作用，去除酱油盐分	酱油香气可被除去，感官品质较低	日本
减压浓缩法	在加温和减压条件下蒸发高盐酱油中的挥发性成分、水分等进行浓缩，将浓缩析出的食盐结晶分离出来	挥发性成分损失大、风味差	日本
纳滤法	纳滤膜利用介于反渗透和超滤之间的压力将盐分从酱油中分离出来	回收重复利用率高，绿色环保，前景广阔	中国、日本等

资料来源：蒋木培．减盐酱油生产研究进展［J］．农产品加工，2022，557（15）：92-97.

离子交换膜是一层离子交换树脂膜（厚度0.1～0.6 mm）。颗粒状离子交换树脂在颗粒的内部和表面吸附离子，除非再生，否则不会洗脱吸附离子，但当它们成为薄膜时会产生离子渗透性。阴阳离子交换膜具有分别让阴、阳离子透过的特性。

如图4-1所示，在其运行过程中，在直流电场的作用下，酱油原料液中氯离子和钠离子分别定向移动通过电渗析设备组件中的阴膜和阳膜，进入浓缩室而被去除[9]。在电渗析过程中存在氨基酸态氮和可溶性固形物的损失。酱油中的挥发性风味物质主要是醇类、醛类、酸类、酮类及酚类等。在电渗析处理过程中，酱油中风味物质的损失主要存在于：部分风味物质会在整个物质扩散过程中有所损失；离子交换膜上会吸附部分挥发性物质；

部分风味物质可能会在电渗析过程中随着盐析而沉淀；在电渗析后半段时期，淡化室和膜表面的离子浓度的大幅度下降，可能会使得部分风味物质被电解。

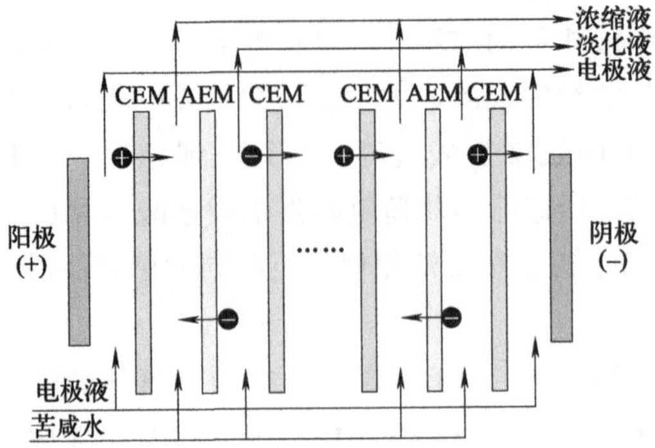

图 4-1 离子交换膜法原理[9]

CEM—阳离子交换膜；AEM—阴离子交换膜

4.其他低盐发酵调味品的生产技术

除了上述 3 种生产低盐发酵调味品的关键技术外，实际生产中还存在一些其他的技术手段用来保证低盐产品的质量（**思政点 6**）。例如，酱油生产可使用高盐酱油代替盐水混入酱油曲中进行发酵，获得固形物含量较高的酱油后再进行稀释，在风味物质不减少的前提下实现降盐，这不失为生产低盐酱油简便而可靠的方法。

在强化发酵方面，利用发酵大米代替部分食盐制作食盐含量为 4%的低盐豆豉，发现添加 10%和 15%发酵大米能够显著提高后发酵过程中的乙醇和乳酸发酵程度。发酵大米的低盐豆豉，其感官评分明显高于市售高盐产品[10]。

在抑制有害微生物活动方面，发酵工序前采用 0～15 kGy 的 γ 射线辐照低盐发酵黄豆酱（食盐含量 8%、6%，发酵菌种米曲霉），研究表明[11]，γ 射线辐照显著抑制了低盐发酵引起的产品生物胺增加，进行辐照后的低盐发酵黄豆酱与非辐照高盐发酵黄豆酱（食盐含量 12%）的生物胺水平相当。将物料与成曲置于高温高压条件下（50～70 MPa，50～60 ℃）进行短时间发酵，可抑制有害微生物生长，获得风味良好的无盐味噌。

在成品脱盐方面，通过在酱油中加入冰核活性细菌野油菜黄单胞菌（*Xanthomonas campestris*）使酱油在－25 ℃形成冰核，在冷冻浓缩的同时使酱油中的盐以共结晶的形式被去除，该方法可将酱油食盐含量降至 8.6%，而对酱油的风味没有显著改变[12]。

三、传统发酵豆制品减盐案例

1.案例 1：添加乳酸菌和酵母菌制备低盐酱油

张雁凌等[13]将熟大豆、小麦面粉和大米淀粉按 7∶1∶1 的比例混合，接种 0.2%的米曲霉，在 30 ℃环境下培养 2 d，随后加入 12%的盐水混合制成酱醪。在酱醪中加入嗜盐四联球菌 TS71 和鲁氏接合酵母 A22，在室温下发酵 3 个月，得到低盐酱油。分析测试发现，总酸、总酯含量和酒精度升高，酱油的香味更加浓郁，生物胺含量降低。

2.案例 2：固态发酵工艺制备减盐酱油

张振斌[14]确定了新型减盐酱油发酵工艺，选用米曲霉沪酿 3.042 作为种曲，添加量 0.3%～0.5%，以豆粕和炒小麦 6∶4 比例混合作为原料，制曲 48 h；盐水浓度 10%，配以原料干重 1.1 倍的盐水混合，封口后将酱醪罐放入初始温度为 42 ℃培养箱中；在发酵初期的前 3 天，每天超声 10 min，在第 3 天添加 1.0×10^{6} CFU/mL 乳酸菌；在第 7 天混合添加鲁氏接合酵母（S 酵母）、球拟酵母（T 酵母）共 2.5×10^{6} CFU/mL，混合比例为 1∶1；随后降温至 30 ℃，再每两天升温 1 ℃至 41 ℃后持续发酵，发酵周期 35 d。此发酵工艺下的新型减盐酱油的食盐含量为 9.1 g/100 mL，符合减盐酱油要求。

3.案例 3：运用替代法制备低盐酱油

郭彩慧等[15]将大豆和面粉按 4∶1（质量比）比例混合均匀，并拌入米曲霉曲精（质量为大豆＋面粉的万分之四），掺拌均匀，使米曲霉均匀地分布在营养物中，28 ℃培养 44 h。将成曲和浓度为 23%盐水以 1∶2.2（质量比）放入发酵容器中。发酵过程采用高盐稀态发酵工艺中的一贯型发酵工艺，在发酵过程中控制温度为 42 ℃左右进行恒温发酵，2 个月酱醪即可成熟，在发酵前 2 周每天淋油 1 次，之后每周淋油 1 次。过程中分别用氯化钾和乙醇代替食盐，低盐酿造酱油。用氯化钾与氯化钠按质量比 4∶6 混合，配制成浓度为 23%的盐溶液，以此代替常规的 23%食盐水；用含 5%乙醇和 18%氯化钠的混合溶液，代替常规的 23%食盐水，其他条件不变，进行发酵，可以获得色、香、味整体品质良好的低盐酱油。

4.案例 4：低盐豆酱的制备方法

李心智等[16]发明了一种低盐豆酱调味料，其步骤为：将大豆清洗、浸泡、蒸煮后与小麦粉混合，接入米曲霉混合培养得到成曲；将成曲粉碎后加入水混合为调制好的黄豆曲，加入中性蛋白酶、风味蛋白酶在 55 ℃±2 ℃摇床中 200～250 r/min 振荡酶解 9 h 得酶解液，酶解过程中先加入中性蛋白酶酶解 1 h 后再加入风味蛋白酶，中性蛋白酶、风味蛋白酶的用量分别为调制好黄豆曲的 0.5%（质量分数）、0.3%（质量分数）；将酶解液于 85 ℃以上水浴灭酶后冷却，加入活性干酵母后在 28～32 ℃的摇床中 200～250 r/min 振荡发酵 44～52 h，活性干酵母的用量为酶解液的 0.1 %（质量分数）；发酵后的黄豆酱液置于 90 ℃±2 ℃热处理即获得低盐豆酱调味料。

5.案例 5：降低豆豉盐度的发酵方法

李雄波等[17]发明了一种降低豆豉盐度的发酵方法，主要步骤为：按豆类∶盐水为 1∶1.5 的质量比混合，充分浸泡后沥干，得到泡发好的原料；将得到的原料平铺于曲盘中，曲盘放入种曲机中 105～115 ℃蒸煮，蒸煮结束后通入无菌压缩空气冷却至 30～35 ℃，然后利用无菌压缩空气向种曲机内吹入纯种米曲霉种曲，无菌培养至曲料表面长满白色菌丝且略微变黄，得到低杂菌成曲；向低杂菌成曲中加入适量食盐混匀，控制发酵体系中含盐量为 6%～8%，并在开始发酵前接种乳酸菌和酵母菌，然后置于密闭不锈钢控温发酵罐中发酵，在 25～30 ℃条件下厌氧发酵 1～2 个月，得到半成品豆豉；向半成品豆豉中加入适量香辛料、白酒提取液和甘草提取物，混合均匀后于 40～45 ℃，继续厌氧发酵 20～30 d，得到低盐豆豉产品。

6.案例 6：低盐发酵黄豆酱

肖龙泉等[18]制得的低盐发酵黄豆酱微生物的生长更加旺盛，有利于改善豆酱的风味。具体方法为：豆与水以 1∶1（质量体积比，按 g/mL 计）的配比于 25 ℃条件下浸泡 12 h，大豆的完全吸水率可达到 2.1 倍。隔水蒸煮黄豆约 45 min，直至豆粒完整，有弹性，手搓可成粉且无夹生，颜色为黄褐色。再将面粉与米曲霉按 10000∶4 的比例混合，然后和蒸熟冷却到 45 ℃左右的黄豆以 4∶1 的比例混合。将拌好的大豆放入恒温培养箱中，调节温度为 30 ℃培养 60 h，并在大豆上面盖一层湿润的纱布，从而使制曲过程中的霉菌获得适宜的空气和湿度。将黄豆和盐水（低盐浓度为 10%）按质量比 1∶1 加入已用沸水煮 10 min 的玻璃罐中，置于 30 ℃培养箱中发酵 14 d。

7.案例 7：乳酸菌发酵生产低盐腐乳

马艳莉等[19]采用乳酸菌发酵产酸制备豆坯，接种雅致放射毛霉进行前发酵，不经历盐腌过程，并在后发酵汤料中添加乳酸菌 LB01 和丁酸梭菌 BP01 发酵生产低盐腐乳。将豆腐坯整齐摆入蒸笼中，喷洒雅致放射毛霉孢子悬浮液，在 28 ℃、相对湿度 90%的环境中培菌 48 h，制得毛坯，将 12 块毛坯凉花、搓毛后，不经腌制直接装入 340 mL 玻璃瓶中，加入 140 mL 青方腐乳汤料，分别加入 5 mL 浓度为 1×10^6 CFU/mL 的乳酸菌和丁酸梭菌悬液，25～28 ℃保温后发酵 45 d，即为低盐腐乳。

8.案例 8：低盐腐乳发酵工艺

钟小廷等[20]将经过筛选除杂的大豆浸泡 10 h，磨浆，煮浆，点浆，压榨得到白胚。将制得的毛霉菌悬液喷洒在白坯表面，温度 25～28 ℃，湿度 90%～95%，培养时间 32～36 h，得到腐乳毛坯。在发酵温度 30 ℃、毛坯质量与汤汁体积比 1∶1.5、汤汁盐分 11 g/100 mL、汤汁酒精度 13%vol 的条件下，发酵周期 35 d。产品的总酸为（0.289±0.04）g/100 g，氨基酸态氮含量为（0.510±0.07）g/100 g，pH 为 6.82±0.28，货架期为（13.5±0.32）个月。

四、拓展

1. 低盐化改造是传统发酵调味品产品升级及现代化改造的重要课题之一，优良菌种强化发酵、利用食盐替代物及成品脱盐作为目前发酵调味品低盐化改造的主要手段，可有效减少食盐添加量、降低引发的安全品质问题，对生产风味良好且食盐含量低的发酵调味品具有一定的参考价值。由于发酵酱类调味品的产品形态和成分有所差别，因此在产品的低盐化研究中还需要结合具体的产品形式，选择适当的方法。

2. 展示一些著名的传统发酵豆制品（3～5 个）。

3. 制定一种低盐传统发酵豆制品的配方和工艺，并在实验课中进行实践操作，操作后分组进行产品展示与讨论（综合实验中实操，**思政点 7**）。

4. 学习《中国居民膳食指南科学研究报告（2021）》相关条款，并在自己周围进行相关条款的宣传（课后任务，**思政点 8**）。

5. 以豆酱或腐乳为例（或当地其他特色发酵豆制品），讨论传统发酵食品现代化的途径（**思政点 9**）。

第2节　案例教学指导

一、教学目标

1. 在培养学生广泛阅读文献的基础上，使学生掌握当今食品发酵与酿造的研究方向，能够获取食品发酵与酿造的前沿知识，进而促进其开拓与创新。

2. 培养学生查阅文献和分析总结的能力；培养学生善于思考、互相讨论、有效沟通、分工合作等学习能力。

3. 使学生更好地了解发酵豆制品相关知识，并能将所学知识灵活运用、综合运用；能就相关生产实际问题进行解决方案设计，并初步将设计的方案用于生产实践，培养学生工程实践能力。

4. 让学生认识到食品营养对食品加工的重要性，在以后实际工作中要尽量考虑食品质量满足膳食营养的要求。

5. 让学生认识到食品生产实践中创新发挥的重要作用。

二、案例讨论前准备工作

1. 学生熟悉发酵豆制品的初步加工工艺，了解食盐在发酵调味品中的作用。

2. 了解低盐在发酵豆制品生产中带来的问题。

3. 了解摄入过多的食盐所产生的健康风险，在充分查阅资料并小组讨论的基础上组内完成以下内容：

(1) 目前降低发酵豆制品中食盐含量的方法有哪些？

(2) 设计一个降低酱油中食盐含量的方案。

三、案例分析要点

1. 中国成年人平均每日食盐实际摄入量，世界卫生组织（WHO）建议的平均每日食盐摄入量。

2. 食盐在发酵豆制品中的作用、单纯降低食盐含量对产品的危害。

3. 目前市场上发酵豆制品中食盐含量的调查结果。

4. 目前食盐替代品在发酵豆制品生产应用的研究进展。

5. 利用功能菌发酵生产减盐酱油的研究进展。

6. 利用脱盐技术实现低盐化酱油的方法概述。

四、教学组织方式

1.问题清单及提问顺序、资料的发放顺序

(1) 请介绍一种你熟知的发酵豆制品。

（2）食盐在发酵豆制品中的作用是什么？

（3）减少食盐加入量的危害是什么？

（4）降低食盐含量会对发酵豆制品的安全和品质产生什么影响？

（5）低盐发酵调味品标准是什么？

（6）简述目前已知的降低发酵食品食盐含量的方法。

（7）简述接种功能菌对发酵豆制品的作用。

（8）常用食盐替代物有哪些？

资料发放顺序为：课前布置预习任务（见案例讨论前准备工作的1、2、3）；第一节课问卷调查和背景知识介绍后，发放几个高盐摄入风险案例资料让学生阅读，并观看两个相关视频，然后布置任务，让学生学习相关资料中（案件解析中“二、传统发酵调味品低盐化的关键技术”），并设计一种低盐发酵豆制品工艺方案；第二次和第三次课首先学生进行小组讨论、讲解，然后发放案例解析中的其他资料（案例解析中“三、传统发酵豆制品减盐案例”），老师对各小组进行点评，并提出延伸问题。所有资料均发放在线上学习平台上。

2.课时分配（3学时，共135分钟）

（1）线上学习平台上发放三个问卷调查（5分钟）。

① 你是否知道平均每日食盐摄入量的限量标准？A 知道　B 不知道

② 你是否经常食用发酵豆制品？A 经常　B 偶尔　C 很少

③ 你是否介意发酵豆制品中的食盐含量多少？A 介意　B 不介意

（2）背景知识介绍。（15分钟）

（3）发放高食盐摄入风险和低盐酱油的案例资料，同学们阅读这些资料，并抽2位同学谈初步感悟；播放相关短视频2个。（20分钟）

（4）布置课后任务：分组查阅降低酱油中食盐含量的措施，并制定一个准备在实验中实施的解决方案，并分组讨论。（5分钟）

（5）学生查阅资料、文献，完成布置的任务，提交完成的任务给老师。（课后完成）

（6）进行小组汇报与讨论。（5～7组，共35分钟）

（7）教师进行点评、课堂提问、讨论、讲解、梳理。（30分钟）

（8）播放相应的视频，并进行延伸：①确保低盐酱油食品安全的设计方案；②提高低盐酱油风味品质的设计方案；③相关产品展示，鼓励学生发表新的设计方案。（25分钟）

3.讨论方式

采取小组讨论、小组汇报相结合的方式。

教师布置任务后，首先学生课后查阅、学习相关资料、法规，完成布置的任务，并进行小组讨论；课堂上抽取5个小组，每小组汇报本小组的主要观点，其他组学生提问并讨论。

小组讨论和小组汇报结束后，由教师采取提问、讨论、视频、MOOC、讲解与实物展示相结合的方式进行梳理与总结。

五、课程思政设计

案例教学过程中，共设计了9个课程思政点，具体如表4-3所示。

表 4-3 案例教学中课程思政设计

序号	教学环节	知识点	教学内容	思政点
1	课前	课前预习	了解中国传统发酵豆制品及其特点	弘扬中华传统饮食文化，增强民族自豪感
2	课中	人均每日食盐摄入量	了解中国人均每日食盐摄入量，过度摄入食盐的危害	了解中国膳食指南，增强健康意识，理解降低食盐摄入量重要性
3	课中	食盐在发酵豆制品中的重要作用	食盐有促进有益菌生长，控制发酵进程的作用	以食盐的作用为例，虽然高盐带有危害，但在加工过程中食盐具有重要的作用。这说明事物往往具有两面性，要辩证地看待，不能以偏概全
4	课中	低盐发酵对产品的影响	单纯降低盐含量，会改变产品风味，增加发酵难度和安全风险	低盐发酵，并不是直接降低食盐含量这么简单，既要保持产品质量又要降低食盐含量，鼓励学生从不同角度探索低盐发酵方法
5	课中	低盐化的研究现状	结合国内国际研究热点，介绍低盐发酵的研究现状	鼓励同学们有探索精神和创新精神
6	课中	总结低盐化方法	低盐化方法主要是弥补食盐降低带来的安全及品质问题	在选择方法的时候要根据实际情况灵活运用，要结合具体情况具体分析
7	课中	分组制定替代方案并实践	同学们分组制定低盐发酵豆制品的方案，并在实验课中进行实践	明白实践的重要性，发挥团队合作作用
8	课后	课后复习与任务	学习《中国居民膳食指南科学研究报告(2021)》相关条款	树立健康的"大食物观"
9	课后	课后复习与任务	思考和讨论其他传统发酵食品的现代化途径	培养学生的思考、探索和创新精神

六、其他

1. 课后反思教学效果，对学生进行问卷调查和面对面沟通，进一步完善教学内容和教学方法。

2. 教学案例内容适当在期末考试中体现，加深学生印象，也能提高学生自主学习的主动性。

3. 课前建议申请智慧教室，以圆桌的形式进行本案例教学。

4. 课堂以学生为主，老师为辅，大部分时间让学生表达，通过讨论、汇报、回答问题等形式。

附：提问参考答案

(1) 请介绍一种你熟知的发酵豆制品。

答： 略。

(2) 食盐在发酵豆制品中的作用是什么？

答：①可抑制发酵过程中的有害微生物；②促进耐盐与嗜盐有益菌生长；③控制发酵进程；④提供咸味等。

(3) 减少食盐加入量的危害是什么？

答：①减少对有害微生物的抑制；②发酵过程难以控制；③较易发生杂菌污染；④增加发酵难度和安全风险等。

(4) 降低食盐含量会对发酵豆制品的安全和品质产生什么影响？

答：①质地软烂；②成品的酸度高；③还原糖含量、pH低；④腐败菌含量增加等。

(5) 低盐发酵调味品标准是什么？

答：目前低盐发酵调味品领域尚没有统一的食盐含量标准，因此在现有的研究中，只要最终产品的食盐（钠）含量相比于传统工艺有明显降低，都可以称之为低盐化或低盐发酵调味品。

(6) 简述目前已知的降低发酵食品食盐含量的方法。

答：主要手段有优良菌种强化发酵、利用食盐替代物及成品脱盐（膜分离技术等）。

(7) 简述接种功能菌对发酵豆制品的作用。

答：①促进风味物质的产生；②抑制有害微生物的繁殖；③减少有害代谢产物的积累等。

(8) 常用食盐替代物有哪些？

答：乙醇、氯化钾、甘氨酸甲酯盐酸盐、甘氨酸乙酯盐酸盐、鸟氨酸-β-丙氨酸盐酸盐、鸟氨酰牛磺酸盐酸盐、甘氨酸乙酯盐酸盐。

参考文献

[1] 赵国忠．酱油风味与酿造技术[M]．北京：中国轻工业出版社，2020.

[2] 张俊淋．低盐酱油发酵技术的开发[D]．中国台湾：虎尾科技大学生物科技研究所，2011.

[3] Devanthi P V P, Linforth R, Onyeaka H, et al. Effects of co-inoculation and sequential inoculation of *Tetragenococcus halophilus* and *Zygosaccharomyces rouxii* on soy sauce fermentation[J]. Food Chemistry, 2018 (24): 1-8.

[4] Devanthi P V P, Linforth R, Ei Kadri H, et al. Water-in-oil-in-water double emulsion for the delivery of starter cultures in reduced-salt moromi fermentation of soy sauce[J]. Food Chemistry, 2018(25): 243-251.

[5] Chiou R Y Y. Salt-free miso fermentation using ethanol, sugars, and polyols[J]. Journal of Food Science, 1999, 64 (5): 918-920.

[6] 宋小焱，陈丰，曾小波，等．液体发酵中以乙醇代盐生产低盐酱油的研究[J]．中国酿造，2007，26(10)：36-38.

[7] Segawa D, Nakamura K, Kuramtsu R, et al. Preparation of low sodium chloride containing soy sauce using amino acid based saltiness enhancers [J]. Bioscience, Biotechnology, and Biochemistry, 1995, 59(1): 35-39.

[8] Kuramitsu R, Segawa D, Nakamura K, et al. Further studies on the preparation of low sodium chloride-containing soy sauce by using ornithyltaurine hydrochloride and its related compounds[J]. Bioscience, Biotechnology, and Biochemistry, 1997, 61(7): 1163-1167.

[9] 董林，陈青柏，王建友，等．电渗析苦咸水淡化技术研究进展[J]．化工进展，2022，41(4)：2102-2114.

[10] Hu H, Hao J, Cheng Y, et al. Effect of fermented rice culture on the microbiological, biochemical and sensory characteristics of low salt douchi, a traditional Chinese fermented soybean condiment [J]. International Journal of Food Science & Technology, 2012, 47(4): 689-695.

[11] Tatsuo N, Takashi K. Salt-free miso production method, saltfree miso, hepatic function improvement agent, and hypertension improvement agent: US10111920[P]. 2015-10-01.

[12] Watanabe M, Tesaki S, Arai S. Production of lowsalt soy sauce with enriched flavor by freeze concentration using bacterial ice nucleation activity[J]. Bioscience, Biotechnology, and Biochemistry, 2014, 60 (9): 1519-1521.

[13] 张雁凌，张雁南，刘刚．乳酸菌和酵母菌的添加对

低盐酱油品质的影响[J]. 中国调味品，2020，45(12)：45-47+51.

[14] 张振斌．新型减盐酱油及固态发酵工艺的开发与研究[D]. 天津：天津科技大学，2021.

[15] 郭彩慧，马卫玲，宋明翰，等．替代法低盐酿造酱油品质研究[J]. 食品安全质量检测学报，2021，12(14)：5553-5560.

[16] 李心智，林顺，刘希，等．一种低盐豆酱调味料的制备方法：CN202310651576.3[P]. 2023-10-20.

[17] 李雄波，鲍永碧，邓维琴，等．一种降低豆豉盐度并提升风味的快速发酵方法：CN202311869233.0[P]. 2024-03-12.

[18] 肖龙泉，何苗，江鹏，等．低盐接种发酵对黄豆酱的发酵过程的影响[J]. 中国调味品，2021，46(10)：83-86.

[19] 马艳莉，刘亚琼，夏亚男，等．乳酸菌豆坯发酵生产低盐腐乳品质及生物胺含量研究[J]. 中国食品学报，2017，17(04)：265-271.

[20] 钟小廷，郭川川，张林，等．低盐腐乳发酵工艺优化[J]. 食品工业，2022，43(10)：92-96.

案例5

咖啡生豆脱咖啡因方案

案例摘要

本案例介绍了咖啡中咖啡因脱除的方案。通过介绍相关背景、咖啡因过量摄入的危害、降低咖啡因在咖啡中含量的加工技术，引导学生了解并掌握咖啡因在饮料加工中的作用、潜在危害及替代策略，培养学生查阅资料、主动思考与解决问题的能力，进而希望学生能够培养食品安全与质量控制意识、创新意识，并能灵活运用所学专业知识解决生产实际中存在的问题，以后更好地服务于食品行业。

第1节　案例解析

一、案例背景

1.低因咖啡豆

低因咖啡豆是指被去除大部分咖啡因的咖啡豆，实际上它消除了咖啡豆中97%左右的咖啡因，剩下3%左右咖啡因。一般咖啡生豆水分含量为12%，咖啡因含量为1.2%，有的咖啡因含量会高达2.4%，而根据国际认定的标准，经过低因处理的咖啡生豆，所含咖啡因质量不得超过生豆的0.1%。也就是说100 g低因咖啡豆的咖啡因含量不得超过0.1 g。

2.咖啡因基本性质与作用

咖啡因（caffeine），又称马黛因、瓜拉纳因子、甲基可可碱，是一类黄嘌呤生物碱化合物。咖啡因是一种天然的杀虫剂（**思政点1**），存在于60余种植物（如茶树、咖啡树、瓜拉纳以及巴拉圭冬青等）的果实、叶片和种子中。纯咖啡因无嗅，微苦，呈白色粉状或无色至白色针状结晶；水合物可在空气中风化，80 ℃失去结晶水；大鼠经口LD_{50}为192 mg/kg，一般被认为是安全的[1]。咖啡因是一种中枢神经兴奋剂，可影响神经系统的活性，其在体内的代谢符合化学动力学一级反应，过程非常复杂。现如今，咖啡因已广泛用于食品、医药和化工等领域，尤其是可乐型及含咖啡因的能量型饮料行业，但有关咖啡因的报道备受关注，也饱受争议。

（1）咖啡因的生理功效：正面生理功效

咖啡因作为咖啡中最重要的生物活性物质，具有提神抗疲劳、抗氧化、抗炎、促进脂肪分解、改善记忆与认知功能等作用。咖啡因可直接作用于人体的大脑皮层，对人类的生理系统有诸多有利影响，对健康且未怀孕的成人是安全的[2]。

① 兴奋神经，机能促进。咖啡因可兴奋呼吸中枢以及血管运动中枢，是一种“机能促进剂”。咖啡因对神经系统的兴奋作用被认为是通过拮抗中枢神经系统腺苷受体实现的，其作用原理是基于对中枢神经的刺激效应，使得细胞环磷酸腺苷（cAMP）含量升高，有利于儿茶酚胺的合成与释放，从而对心血管系统产生正性调节作用。翟心慧等[3]采用细胞外电极引导法和离体心脏灌流法观察咖啡因对中华大蟾蜍离体坐骨神经干及离体心脏的影响，结果证实咖啡因有兴奋神经及强心作用。此外，咖啡因能够使肌肉自由收缩，增加肌腱的力量，降低运动阈值，增加身体灵活度，提高运动能力。

② 提升认知能力。咖啡因能够引起“心理能量”的增加，具有提升认知的能力，即集中精力和解决问题。咖啡因的功效受剂量影响十分明显，对视觉注意力系统有着差异化的作用，而这种作用会影响脑区中介导视觉注意力的咖啡因、腺苷和多巴胺的相互作用。此外，Barry 等[4]探讨了一个随机双盲单一口服咖啡因（80 mg）或安慰剂的交叉研究，结果表明咖啡因与生理和行为能力的激发有关，对注意力障碍综合征等疾病治疗很有帮助。

③ 保护心脑血管。咖啡因可抑制环磷酸腺苷转化为环磷酸鸟苷，从而扩张血管，增加管壁弹性，促进血液循环。有报道称咖啡因的摄入量与男性帕金森病发生率的下降有关，但其对于妇女的影响暂不太清楚，推测是受绝经后雌激素的影响[5]。

④ 支持早产婴儿呼吸。咖啡因能够敏感地刺激机体脑干呼吸中心，从而影响 CO_2 的释放。作为一种腺苷受体拮抗剂，它是临床治疗早产儿呼吸暂停常用的一种呼吸兴奋剂。Montandon 等[6]认为咖啡因治疗对新生儿呼吸的影响直到成年后可能会继续存在，尤其是在预产期的咖啡因治疗易改变婴儿呼吸控制系统的神经调节，但对人类而言，咖啡因治疗新生儿呼吸暂停目前是安全的。

⑤ 利尿，减肥。咖啡因具有利窍除湿的功效，可促进肾脏机能，排出体内多余的钠离子，提高排尿量（高达 30%），改善腹胀水肿，有助于减重瘦身。咖啡因不仅能够通过提高肾中尿液水的滤出率和刺激膀胱这两条途径来实现利尿作用；还可以提高肝脏对物质的代谢能力，增强血液循环，比如通过对肾脏的刺激作用使酒精由尿液迅速排出人体，从而达到解除酒精中毒的目的。此外，咖啡因能够通过增加交感神经的活性提高人体消耗热量的速率并刺激脂肪分解。

⑥ 其他。咖啡因不仅常与解热镇痛药品配伍，以增强其镇痛的功效，还能够刺激交感神经，促使胃肠分泌胃酸和蠕动激素，从而增进食欲，有助消化。咖啡因能够促进交感神经兴奋且抑制副交感神经，避免副交感神经兴奋而引发气喘发作。其内含单宁，可脱臭，消除蒜味、肉味，且少量的咖啡因可使人精神振奋，心情愉快，缓解忧郁。

（2）咖啡因的生理功效：负面生理功效

长期慢性或一次性大剂量（＞400 mg）摄入咖啡因会出现一系列的身体与心理的不良反应，比如过度兴奋、神经过敏、焦躁、失眠、心悸、震颤、脑代谢紊乱等。

① 过度兴奋。较大剂量的咖啡因能够兴奋下级中枢和脊髓。Boeck 等[7]研究指出长期慢性摄入咖啡因会导致儿童和青少年产生睡眠障碍和依赖成瘾性（**思政点 2**）；对啮齿类动物而言，摄入的咖啡因可能会跟多巴胺类的精神兴奋剂一样产生生理交叉致敏作用。FDA 规定咖啡因的无作用剂量为 40 mg/(kg · d)，该剂量比正常摄入剂量高出 8～10 倍，因此，可以认为咖啡因对人类而言是安全的，即使过量其副作用也是暂时且可以恢复的。

② 致畸作用。咖啡因能够迅速透过胎盘，使得孕鼠胎儿产生腭裂、趾或脚畸形、脑膜膨出、脊柱裂、无眼、无下颌、骨化不全、发育迟缓等畸变（**思政点 3**）。潘晓靓等[8]研究表明，孕前和孕期咖啡因暴露可致小鼠受孕延迟、死胎、胎鼠宫内发育迟缓、胎儿生长受限（FGR）。因此，孕妇并不适合饮用咖啡。

③ 其他。咖啡因不仅会抑制十二指肠对钙质的吸收、增加尿中钙的排出（**思政点 4**），还将促进胃酸的分泌。因此，持续高剂量的摄入会导致消化性溃疡、糜烂性食管炎以及胃食管反流病（**思政点 5**）。有研究[9]称，哺乳期妇女过量饮茶或饮用浓茶会致使咖啡因通过乳汁间接被婴儿吸收，从而引起婴儿呼吸加快和胃肠痉挛，同时，咖啡因能够诱发孕妇妊娠中毒、新生儿残疾以及更年期妇女的失眠、心跳过速和月经紊乱等症状；高剂量的摄入可增加妊娠期妇女流产及出现相关独立妊娠症状的风险。

二、低咖啡因咖啡豆的育种

陈中花等[10]对 42 份云南小粒咖啡种质资源进行鉴定评价，测定小粒咖啡的咖啡因、绿原酸、胡芦巴碱等品质性状。表型性状是植物最直观的特征，对表型性状的遗传多样性进行分析是作物育种工作的基础。表型相关性分析结果表明，种子纵径、侧径与百粒重、绿原酸含量呈极显著正相关；出米率与百粒重、绿原酸含量呈极显著正相关；脂肪与种子侧径、绿原酸含量呈极显著正相关；4-阿魏酰奎宁酸含量与种子侧径、百粒重、出米率呈极显著负相关。但是，种子纵径、侧径与咖啡因含量相关性不显著（**思政点 6**）。因此，通过育种降低咖啡生豆中的咖啡因含量不可行（表 5-1）。

表 5-1　咖啡种质资源 11 个品质性状多样性分析

性状	平均值	最大值	最小值	标准差	变异系数/%	遗传多样性指数
蛋白质	12.37	13.79	10.75	0.66	5.35	1.96
脂肪	13.30	17.46	10.43	1.50	11.28	1.99
咖啡因	0.69	0.82	0.45	0.07	10.67	1.98
胡芦巴碱	0.11	0.12	0.09	0.01	6.33	1.74
绿原酸	1.95	2.60	1.20	0.35	17.81	2.02
新绿原酸	0.28	0.33	0.22	0.03	10.55	1.89
隐绿原酸	0.58	0.69	0.46	0.05	9.11	1.96
异绿原酸 A	0.17	0.22	0.12	0.02	12.20	2.01
异绿原酸 B	0.19	0.24	0.15	0.02	12.56	1.97
异绿原酸 C	0.24	0.30	0.17	0.03	13.62	2.01
4-阿魏酰奎宁酸	0.36	0.64	0.20	0.10	26.52	1.91

三、咖啡因的脱除

1.咖啡因的脱除策略

（1）超临界 CO_2 萃取（SC-CO_2）

SC-CO_2 技术是近年来发展起来的一项新型分离技术，利用压力和温度对超临界流体溶解能力的影响作用选择性地分离提纯目标物质，具有高密度、低黏度的特性。目前研究较多的是 SC-CO_2（临界温度 31.06 ℃、临界压力 7.39 MPa）萃取技术，具有无毒、不易燃、价格低廉、最大程度保持原材料有效成分等优点。

（2）微波增强真空冰水中提取法

微波辅助提取（MAE）是利用微波的激活作用，使得样品基质内目标成分快速、高效地分配到溶剂中而被分离提取（**思政点 7**），其中萃取溶剂的选择至关重要。微波增强真空冰水中提取法（MVIE）是在真空冰水条件下借用微波辅助萃取的一种先进技术。Lou 等[11]研究证实，MVIE 能够有效地选择性脱除绿茶中的咖啡因。

（3）高压辅助萃取法

高压辅助萃取是相平衡、化学反应及分子结构转化等共同作用的结果，其原理基于 3 个方面：①升压时，溶剂快速渗入细胞内；②保压时，有效成分充分溶解在溶剂中；③卸压时，溶解了有效成分的溶液从细胞内释放出来，从而达到分离纯化的目的，常用于中药中生物活性物质的提取。该方法提取率高、用时短、耗能低。

（4）活性炭法

活性炭含有大量微孔和巨大的比表面积，其对茶多酚和咖啡因都有一定的吸附作用，且吸附速度不同。王平等[12]探讨了活性炭吸附脱除茶叶提取液中咖啡因的最佳工艺条件。

（5）试剂浸除法

试剂浸除法是目前应用最广泛的一种。用二氯甲烷作溶剂，将咖啡豆中的咖啡因溶解并携带出来，溶剂可以有选择地溶解物质，不会把咖啡豆中所有物质全部去掉，但不可避免地会残留在咖啡豆里。咖啡豆烘焙时温度高达 200 ℃，这些残留的化学溶剂会被气化蒸发而散失，不会对人体构成危害。李嘉荣等[13]以中等烘焙咖啡豆为原料，以咖啡因为指标，对咖啡因进行提取去除。结果表明，丙二醇体积分数 75%、液料比 15：1［体积（mL）/质量（g）］、回流时间 87 min、回流温度 100 ℃、超声功率 200 W、超声时间 5 min 条件下，咖啡因提取量为 9.28 mg/g（咖啡粉）。因此，这也是一种较好的咖啡因脱除方式。此外，电子烟烟液中添加的传统的咖啡提取物大多数是以水、乙醇等为溶剂进行提取，再通过蒸发浓缩、喷雾干燥等手段获得咖啡提取物粉末，最后复溶到甘油/丙二醇中。然而，以上制备过程存在步骤烦琐、完全烘干溶剂费时耗能、水提物复溶于甘油/丙二醇时部分成分无法溶解等问题。丙二醇作为电子烟烟液的主要成分之一，以它为主要提取溶剂制备咖啡提取物可直接用于电子烟生产，从而避免上述问题，降低能耗，节省成本。

2. 咖啡因脱除相关案例

（1）案例 1：咖啡因的检测

Belay 等[14]用二氯甲烷提取咖啡豆的咖啡因，并用（紫外-可见吸收）（UV/VIS）光谱仪在 272 nm 和 274.7 nm 处测定了咖啡因的含量，该方法快速、简便，且采用了高斯拟合技术，以消除测定中光谱可能的干扰。

（2）案例 2：咖啡因的提取

王国莉等[15]以咖啡壳为试验材料，以咖啡因得率为考察指标，采用超声波提取法提取咖啡壳中的咖啡因，运用响应面法优化提取工艺，并采用铁氰化钾还原法测定咖啡因的还原力（**思政点 8**）。结果表明：从咖啡壳中提取咖啡因的最优工艺条件为料液比 1∶40 质量（g）/体积（mL）、功率 70 W、浸提温度 80 ℃、浸提时间 35 min，此条件下的咖啡因得率为 0.93%；咖啡壳中的咖啡因具有一定的抗氧化活性，但与维生素 C 相比，其抗氧化活性较弱。

（3）案例 3：低咖啡因咖啡的制备

肖虎等将咖啡生豆与 70～75 ℃水混合后，超声 2～6 h，将咖啡豆干燥、晾晒得低因咖啡豆；提取的咖啡水溶液用于制备咖啡酸味物质和含绿原酸提取物。然后将低因咖啡豆烘焙后研磨、过筛得低因咖啡粉。用 20 倍 80～85 ℃热水浸泡，过滤得低因咖啡原味液；滤渣加 20 倍 80～85 ℃热水超声 15～30 min，过滤得低因咖啡液制作咖啡饮品，真空干燥或冻干做速溶低因咖啡[16]。

四、拓展

1. 随着科技的不断进步，咖啡因的脱除与纯化不仅拓宽了咖啡、茶叶等食品市场（**思政点 9**），广泛应用于医药配伍、增效和标记，还成功推广到了化妆、洗护及减肥类等化工产品的生产，引领了新的消费趋势。目前，脱咖啡因的技术不仅有热水快速脱除、溶剂萃取（如氯甲烷、醋酸乙酯等）、离子沉淀、吸附分离等传统方法，还有 SC-CO_2、酶法降解咖啡因等新型方法，其中，热水快速脱除法的选择性较弱，在咖啡因脱除过程中易导致其他风味成分的损失，溶剂萃取法和离子交换法等只适用于茶提取液中咖啡因的脱除，且仅能用于低咖啡因速溶茶和液体饮料的生产，而文章提到的 SC-CO_2、高压、微波、活性炭、臭氧剂以及高效连续色谱柱吸附等先进的辅助技术更为便捷、灵敏、高效，是咖啡因脱除技术发展的新趋势。总体而言，咖啡因脱除技术的研究与应用需要综合考虑原料的性质、产品的类型以及环境对产品安全性影响等因素，在现有的研究基础上，合理建立多种方法配用，力争探索出既能保持传统产品特色，又安全、环保、高效率、低成本、强可操作性的工艺技术。

2. 展示低咖啡因咖啡（**思政点 10**）。

3. 制定低咖啡因咖啡的配方和工艺（**思政点 11**），并在实验课中进行实践操作，操作后进行分组品鉴和讨论。

第 2 节　案例教学指导

一、教学目标

1. 培养学生查阅资料、文献，并能在阅读过程中进行总结、分析、凝练和提出问题的能力；培养学生分工协作和通过倾听、讨论、提问、讲解等过程学习知识、运用知识的能力。

2. 使学生更好地了解咖啡、咖啡因及低因咖啡的相关知识，并能将所学知识进行灵活运用、综合运用；能就相关生产实际问题进行解决方案设计，并初步将设计的方案用于生产实践，培养学生工程实践能力。

3. 让学生认识到食品安全的重要性，在以后实际工作中更好地把关食品安全工作。

4. 让学生认识到在食品生产实践中创新能力的重要性。

二、案例讨论前准备工作

1. 学生熟悉咖啡、精品咖啡及意式咖啡的初步加工工艺；了解咖啡因在咖啡制备中的作用及过量的危害。

2. 了解与咖啡因在饮料食品中使用相关的法规、标准和要求。

3. 了解几种咖啡的咖啡因含量后，在充分查阅资料并小组讨论的基础上组内完成以下内容：

(1) 目前降低咖啡中咖啡因含量的方法有哪些？

(2) 设计一种低因咖啡冲煮的方案，进行低因咖啡的制备及风味品鉴。

三、案例分析要点

1. 了解 GB 2760—2024 中咖啡因的相关规定、国家相关的监管措施。

2. 保健食品中盐酸硫胺素、维生素 B_6、盐酸、烟酰胺和咖啡因的测定。

3. 出口饮料中维生素 C 和咖啡因检验方法。

4. 目前咖啡因脱除的国内外研究进展。

5. 部分咖啡因脱除的方案介绍。

6. 结合教师本人科研介绍对低因咖啡的一些研究工作。

7. 延伸 1：制定一个低因咖啡冲煮、品鉴的方案。

8. 延伸 2：低因咖啡的生产和控制措施。

四、教学组织方式

1.问题清单及提问顺序、资料的发放顺序

(1) 咖啡因在咖啡中的作用是什么？

(2) 咖啡因过量产生危害的机理是什么？

(3) 咖啡因在饮料中的使用和残留标准是什么？

(4) 哪些食物中咖啡因含量较高？

(5) 饮料中咖啡因超标会面临什么样的处罚？

(6) 咖啡因在加工时如何添加比较合理？

资料发放顺序为：背景知识介绍后，第一次课后 30 分钟发放几个咖啡因过量的案例

资料让学生阅读，并观看两个相关视频，然后布置任务，让学生课后查阅、学习相关资料、法规，并完成布置的任务（案例解析中“二、低咖啡因咖啡豆的育种”）；第二次课首先学生进行讨论、讲解，然后发放案例解析中的其他资料（案例解析中“三、咖啡因的脱除”）；最后发放延伸问题的资料（案例解析中“四、拓展”）。所有资料均发放在线上学习平台上。

2.课时分配（共120分钟）

（1）线上学习平台上发放三个问卷调查（5分钟）。

① 你是否知道饮料中咖啡因的限量标准？A 知道　B 不知道

② 你是否经常饮用咖啡饮料？A 经常　B 偶尔　C 很少

③ 你是否介意饮用加工中添加了咖啡因的饮料？A 介意　B 不介意

（2）背景知识介绍。（10分钟）

（3）发放咖啡因过量引起危害的案例资料，同学们阅读，并抽2位同学谈初步感悟；播放相关短视频2个。（20分钟）

（4）布置课后任务：分组查阅降低咖啡中咖啡因含量的措施，并制定一个准备在实验中实施的解决方案，并分组讨论。（5分钟）

（5）学生查阅资料、文献，完成布置的任务；提交完成的任务给老师。（课后完成）

（6）进行小组汇报与讨论。（5组，共25分钟）

（7）教师进行点评、课堂提问、讨论、讲解、梳理。（35分钟）

（8）播放相应的视频、MOOC资料，并进行延伸：①低因咖啡的配方；②咖啡生豆处理过程中，咖啡因的脱除控制；③相关产品展示，并将展示的产品作为奖励发给表现优秀的同学。（20分钟）

3.讨论方式

采取小组讨论、小组汇报相结合的方式。

教师布置任务后，首先学生课后查阅、学习相关资料、法规，完成布置的任务，并进行小组讨论；课堂上抽取五个小组，每小组汇报本小组的主要观点，其他组学生提问并讨论。

小组讨论和小组汇报结束后，由教师采取提问、讨论、视频、MOOC、讲解与实物展示相结合的方式进行梳理与总结。

五、课程思政设计

案例教学过程中，共设计了11个课程思政点，具体如表5-2所示。

表5-2　案例教学中课程思政设计

序号	教学环节	知识点	教学内容	思政点
1	课前	课前预习	了解咖啡因在植物中存在的意义	树立健康的“大食物观”
2	课中	咖啡因的危害	长期慢性过量摄入咖啡因会导致儿童和青少年产生睡眠障碍和依赖成瘾性	儿童和青少年要避免过量饮用咖啡

续表

序号	教学环节	知识点	教学内容	思政点
3	课中	咖啡因的危害	咖啡因能够迅速透过胎盘，使得孕鼠胎儿产生腭裂、趾或脚畸形、脑膜膨出、脊柱裂、无眼、无下颌、骨化不全、发育迟缓等畸变	孕妇也要避免饮用咖啡
4	课中	咖啡因的危害	咖啡因不仅会抑制十二指肠对钙质的吸收、增加尿中钙的排出，还将促进胃酸的分泌	正常成年人日常生活中要控制咖啡的饮用量
5	课中	咖啡因的危害	持续高剂量的摄入会导致消化性溃疡、糜烂性食管炎以及胃食管反流病	树立健康的"大食物观"
6	课中	咖啡豆中的咖啡因含量	结合教师科研和国内国际研究热点，介绍咖啡因在不同咖啡豆中的含量分布现状	鼓励同学们有探索精神和创新精神
7	课中	分组讨论咖啡因脱除方案	同学们分组讨论咖啡因脱除方案	明白实践的重要性，并根据实践的结果不断改进，持续提升产品质量和安全性
8	课中	分组讨论咖啡因脱除方案	同学们分组讨论咖啡因脱除方案	团队合作的重要性，方案设计和实践效果较好的各组均是大家通力合作、密切配合得来的结果
9	课后	课后复习与任务	低咖啡因咖啡的应用范围	增强专业自豪感
10	课后	课后复习与任务	品鉴低咖啡因咖啡	身体力行
11	课后	课后复习与任务	制定低咖啡因的配方和工艺	培养学生应用技能

附：提问参考答案

（1）咖啡因在咖啡中的作用是什么？

答：咖啡因是咖啡浆果生长过程中用于抵抗病虫害而分泌的物质。

（2）咖啡因过量产生危害的机理是什么？

答：①刺激中枢神经：会导致精神过度兴奋、肌肉抽搐等；

②血压升高：会引起交感神经兴奋，同时促进血管收缩；

③心律失常：容易诱发心律失常，伴随心跳加快的症状；

④其他影响：还可能会出现消化性溃疡、焦虑等危害。

（3）咖啡因在饮料中的使用和残留标准是什么？

答：咖啡因在可乐型碳酸饮料中最大使用量为 0.15 g/kg。

（4）哪些食物中咖啡因含量较高？

答：茶叶及其制品、咖啡及其制品。

（5）饮料中咖啡因超标会面临什么样的处罚？

答：若咖啡因含量超标，可能违反相关法律，面临法律责任。

（6）咖啡因在加工时如何添加比较合理？

答：在符合国标的前提下，适量添加。

参考文献

[1] 丁晓雯，周才琼．保健食品原理[M]. 重庆：西南师范大学出版社，2008.

[2] Glade M T. Caffeined——not just a timulant [J]. Nutrition，2010，26(10)：932-938.

[3] 翟心慧，王志华，吴清华，等．咖啡碱对蟾蜍坐骨神经干动作电位和离体心脏活动的影响[J]中国应用生理学杂志，2008，24(4)：397-398，467.

[4] Barry R J，Clarke A R，Johnstone S J，et al. Caffeine effects on resting-statearousal in children [J]. International Journal of Psychopysiology，2009，73(3)：355-361.

[5] Palacios N，Weisskopf M，Simon K，et al. Polymorphisms of caffeine metabolism and estrogen receptor genes and risk of Parkinson's disease in men and women[J]. Parkinsonism & Related Disorders，2010，16(6)：370-375.

[6] Montandon G，Kinkead R，Bairam A. Adenosinergic modulation of respiratory activity; Developmental plasticity induced by perinatal caffeine administration [J]. Respiratory Physiology & Neurobiology，2008，164(1-2)：87-95.

[7] Boeck C R，Marques V B，Valvassori S S，et al. Early long term exposure with caffeine induces cross sensitization to methylphenidate with involvement of DARPP-32 in adulthood of rats[J]. Neurtoxicology and Teratology，2008，30(5)：440-447.

[8] 潘晓靓，刘冬琳，孟巍，等．咖啡因暴露对小鼠胚胎发育的影响[J]. 武汉大学学报(医学版)，2008，29(2)：165-168.

[9] 赵卉，杜晓．低咖啡碱茶的研究进展[J]. 华中农业大学学报，2008，27(4)：564-568.

[10] 陈中花，黄丽芳，安娜，等．42 份云南小粒种咖啡种质资源鉴定评价[J]. 分子植物育种，2024：1-16.

[11] Lou Z，Er C，Li J，et al. Removal of caffeine from green tea by microwave-enhanced vacuum ice water extraction[J]. Analytica Chimica Acta，2012(716)：49-53.

[12] 王平，陶春妙，朱兴一，等．活性炭吸附法脱除茶叶提取液中咖啡因的工艺研究[J]. 浙江工业大学学报，2010，38(4)：360-364.

[13] 李嘉荣，李旭，罗春燕，等．以丙二醇为溶剂制备咖啡提取物[J]. 食品与发酵工业，2023：1-14.

[14] Belay A，Ture K，Redi M，et al. Measurement of caffeine in coffee beans with UV/vis spectrometer [J]. Food Chemistry，2008，108(1)：310-315.

[15] 王国莉，黄齐林，严亚铃，等．咖啡壳中咖啡因的提取工艺及其抗氧化活性研究[J]. 食品科学，2023，13：201-205.

[16] 肖虎，黄林，张梅，等．一种连续超声水处理制备低因咖啡的方法及其综合利用：CN114126413B [P]. 2023-12-01.

案例6

油炸食品加工中反式脂肪酸含量的控制措施

案例摘要

本案例介绍了油炸食品加工中反式脂肪酸含量的控制措施。通过介绍反式脂肪酸的结构和膳食来源、反式脂肪酸对人体的危害、降低油炸食品中反式脂肪酸的加工新技术，引导学生了解并掌握反式脂肪酸的产生与测定、潜在危害及控制策略，培养学生查阅资料、主动思考与解决问题的能力，进而希望能够培养学生食品安全与质量控制意识、创新意识，并能灵活运用所学专业知识解决生产实际中存在的问题，以后更好地服务于食品行业。

第 1 节　案例解析

一、案例背景

脂肪是人类的三大宏量营养物质之一，由 C、H、O 三种元素组成。脂肪酸是构成脂肪的组成部分，分为饱和脂肪酸和不饱和脂肪酸。当碳链双键中两个氢原子位于两侧时，不饱和脂肪酸被称为“反式”构型，分子呈线形结构（图 6-1）。当不饱和脂肪酸存在反式构型时被称为反式脂肪酸（trans fatty acid，TFA），即分子结构中含有一个或多个反式构型双键的不饱和脂肪酸（**思政点 1**）。

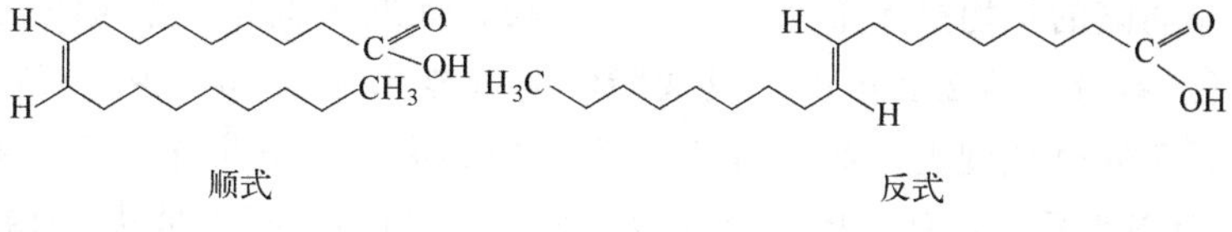

图 6-1　顺式和反式油酸的分子结构

膳食中的 TFA 主要分为两类：一类是天然型，即反刍动物反式脂肪酸（ruminant trans fatty acid，rTFA），另一类是工业加工型，即工业反式脂肪酸（industrial trans fatty acid，iTFA）。rTFA 主要由反刍动物（如牛、羊等）瘤胃中的微生物与不饱和脂肪酸（主要是亚油酸和 α-亚麻酸）发生生物氢化反应时产生，占反刍动物总脂肪酸含量 2%～5%[1]。食品中的 iTFA 则主要来源于氢化植物油。由于天然植物油中存在许多顺式不饱和脂肪酸，有热稳定性差、易氧化、易腐蚀等特点，因此人们对食用油脂采用氢化加工和精炼脱臭等工艺，以此得到氧化稳定性增强、在常温下保持半固体状态的产品。但由于氢化加工、脱臭等工艺在高温下进行，一部分双键发生位置异构转变为反式构型，这种副产物即为 iTFA。甚至在部分氢化植物油中 iTFA 的含量可高达 60%。此外，不恰当的烹调习惯，如加热过度或煎炸频繁也会产生 iTFA（表 6-1）。

表 6-1 食品中反式脂肪酸含量

样品种类	TFA 检出值	样品种类	TFA 检出值
奶茶	1.01%	蛋挞	3.08%
威化饼干	0.98%	炸薯条	2.42%
夹心蛋糕	1.08%	食用油	79 mg/100 g

随着研究的深入，TFA 已经被认定为影响健康的危险因素。大量研究表明，TFA 的摄入量与心血管疾病、肥胖症、糖尿病、抑郁症、部分癌症等疾病的发生发展密切相关[2-4]。大量摄入 TFA 会导致机体血脂水平升高、胆固醇代谢异常，使机体低密度胆固醇含量升高[5]。一篇关于美国大型前瞻性队列研究的分析发现，利用 TFA 供能替代 2% 的糖类供能会导致冠心病发病风险增加 23%。另一篇针对队列资料的剂量-反应分析显示 TFA 与心血管疾病发生风险之间存在正相关关系，并进一步估计每日 TFA 供能比每增加 2%，该风险都会增加 16%。世界卫生组织报道过量摄入 TFA（每日摄入量大于总能量摄入量的 1%）导致全球每年约有 50 万人死于冠心病，并使心脏病风险增加 21%，死亡率增加 28%。

二、目前我国居民反式脂肪酸摄入水平及监管政策

1.我国居民目前反式脂肪酸摄入水平（思政点 2）

2002 年中国居民营养与健康状况调查（俗称“全国营养调查”）的食物消费数据显示，全国总人群的平均 TFA 摄入量为 0.39 g/d，供能比为 0.16%，其中城市居民的平均 TFA 摄入量和供能比分别为 0.52 g/d 和 0.25%，高于农村居民。2011 年北京、广州两城市 TFA 食物消费典型调查数据相比于 2002 年，在平均膳食摄入量（0.55 g/d）和供能比（0.30%）上均略有上升。根据国家食品安全风险评估中心（CFSA）2022 年的报告，中国居民反式脂肪酸的平均摄入量为 0.3～0.5 g/d，远低于世界卫生组织（WHO）建议的限值（<1%总能量，约 2.2 g/d）。反式脂肪酸供能比为 0.16%～0.3%（WHO 建议<1%），整体处于安全范围内。2023 年上海疾控中心调查：城市居民反式脂肪酸供能比降至 0.24%，但奶茶爱好者日均摄入量可达 1.2 g。农村地区摄入量从 2019 年的 0.4 g/d 降至 2023 年的 0.28 g/d。

2.食品标注“零反式脂肪酸”，就不含反式脂肪酸吗?

很多食品的包装上会标注“零反式脂肪酸”，有时候，这成为一些食品的卖点。标注“零反式脂肪酸”，就不含反式脂肪酸吗？根据我国《食品安全国家标准　预包装食品营养标签通则》(GB 28050—2025）中规定，当反式脂肪酸≤0.3 g/100 g（固体）或100 mL（液体）时，营养成分表中反式脂肪酸含量可标示为“0”。因此，并不是声称“零反式脂肪酸”就代表不含反式脂肪酸，只是含量较低。此外，食品安全标准与监测评估公司网站显示，食品中天然存在的反式脂肪酸不要求强制标示，企业可以自愿选择是否标示。

3.我国限制 TFA 的现行监管政策

WHO 提出了两种策略控制 TFA。第一种是限制每 100 g 食品中总脂肪中 iTFA 含量不超过 2 g；第二种是强制禁止生产或使用部分氢化油（PHO）[6]。我国虽然未对所有食品采取上述策略，但是也针对重点种类食品（婴幼儿食品、预包装食品）制定了多项规定来控制其中 TFA 的含量。如《食品安全国家标准　婴儿配方食品》(GB 10765—2021）和《食品安全国家标准　较大婴儿配方食品》(GB 10766—2021）中明确规定“不应使用氢化油脂”。又如，《食品安全国家标准　预包装食品营养标签通则》(GB 28050—2025）规定，食品配料含有或生产过程中使用了氢化和（或）部分氢化油脂时，在营养成分表中还应标示出反式脂肪（酸）的含量。配料中含有以氢化油和（或）部分氢化油为主要原料的产品，如人造奶油、起酥油、植脂末和代可可脂等，也应标示反式脂肪（酸）含量，但若上述产品中未使用氢化油的，可由企业自行选择是否标示反式脂肪酸含量。同时，《中国居民膳食指南（2022 年）》提议，中国居民每日 TFA 摄入量不应超过 2 g。但我国对植物油、糕点、面包等食品在食品安全国家标准中并未提出相应的限制措施。

三、油炸食品中反式脂肪酸含量的控制措施

1.反式脂肪酸形成机理

天然存在的 TFA 主要来自牛、羊等反刍动物中，乳制品中也含有少量的反式脂肪酸，这些反式脂肪酸主要是由反刍动物摄入的饲料中含有的不饱和脂肪酸经过生物氢化反应生成的。实际上大部分反式脂肪酸都是在食品加工过程中形成的。为了烹饪食物，人们常常用高温油进行烹调，而加热或用高温炸制油会导致食物中的反式脂肪酸浓度迅速上升。此外，氢化油是工业生产反式脂肪酸的主要来源，它是部分油脂中的不饱和双键发生了异构化反应从而转化为反式脂肪酸。氢化油常常被应用于各式烘焙食品中，在市售产品中，威化饼干、夹心蛋糕、蛋黄派、代可可脂及巧克力制品、冰淇淋、炸薯条、蛋挞等食品中反式脂肪酸含量较高，这些样品标签上均有“人造奶油”“起酥油”“氢化植物油”“植脂鲜奶油”“植脂末”等字样（**思政点 3**)。

2.反式脂肪酸的测定方法

脂肪酸的测定方法目前主要有红外光谱法（IR)、紫外光谱法（UV)、气相色谱法（GC)、液相色谱法（LC)、质谱法（MS）等[7]。而反式脂肪酸的测定方法主要有红外光谱法和气相色谱法两大类。红外光谱法被广泛地用于反式脂肪酸含量的测定。反式双键上的氢原子在波长 10.3 μm 处有特征吸收峰，而顺式双键上的氢原子在 3.3 μm 及 6.1 μm 处有吸收峰，在 10.3 μm 处无显著吸收。通过对比测定，可以计算出反式脂肪酸的含量。

红外吸收光谱法是早期使用的一种测定反式脂肪酸的方法，用于检测天然油脂、精炼或氢化动植物油脂脂肪酸及脂肪酸酯中是否存在反式脂肪酸。它能够准确地确定独立双键的数量。但是，这种方法对检测微量的反式脂肪酸有困难，只有当反式脂肪酸的总量不低于1%时，才可以对其进行定量测定。在气相色谱法中，目前普遍采用的动植物油脂分析方法是柔性熔融硅胶气液色谱（GLC）柱与灵敏的火焰离子化检测器（FID）相结合的方法。使用气相色谱法对油脂中的脂肪酸进行测定的一般步骤是：先将油脂中的脂肪酸提取出来，然后测定油脂的酸价，以便确定脂肪酸甲酯的制备方法［这些方法包括三氟化硼（BF_3）甲酯化法、碱式甲酯化法、酸催化甲酯化法］，再对这些脂肪酸进行甲酯化处理，最后采用气相色谱法进行测定。在测定反式油酸时，要对 $C_{18:1}$ 甲酯的顺、反异构体进行分离[8]。

3.反式脂肪酸的控制措施

（1）控制烹饪条件

食品在烹饪的过程中，较高的烹饪温度和较长的烹饪时间都会导致反式脂肪酸的产生。随着油炸时间延长和油炸温度升高，鸡腿中的反式脂肪酸含量越高，因此要注意控制烹饪条件。同时，反复煎炸也会增加反式脂肪酸的产生量。在日常烹饪加工中，应尽量避免油炸或高温等烹饪方式，掌握合适的烹调时间和温度，并减少反复煎炸的次数。

（2）选择合适的油脂

在同样的烹饪温度下，油脂中所含不饱和脂肪酸的含量和反式脂肪酸的生成有一定的关系。油中的不饱和脂肪酸含量越高，反式脂肪酸越易生成。因此，选择反式脂肪酸含量较低的油脂，如橄榄油、部分花生油、大豆油、菜籽油、葵花籽油、玉米油、芝麻油及山茶油。用富含多不饱和脂肪酸的油替代部分氢化油最好；也可以用富含单不饱和脂肪酸的油替代，尽量避免使用含反式脂肪酸多的氢化油。

（3）改进油脂和食品生产工艺

在油脂的加工过程中，主要由氢化加工和精炼过程这两个阶段产生反式脂肪酸油脂，在选择性氢化工艺方面严格控制油脂部分氢化反应条件，选择合适的催化剂、超临界流体氢化反应器、添加天然食品抗氧化剂，从而将 TFA 的含量控制在最低。通过使用化学法酯交换、酶法酯交换等方法生产零反式脂肪酸油脂。

降低食用油脂中的反式脂肪酸含量，可以采用以下措施。①油脂脱臭过程精炼油中反式脂肪酸含量与精炼时间和温度有关。脱臭温度低和滞留时间短可以把反式脂肪酸含量降到最低并保证油品质量。由于物理精炼的最后阶段采用高温，所以反式脂肪酸的含量在物理精炼过程的结束阶段急剧上升，而化学精炼的反式脂肪酸的含量小于1%。②加强对氢化过程的控制可以通过调整氢化工艺参数，如高压、低温、高氢浓度、控制好催化剂和反应时间，把氢化油的反式脂肪酸含量控制在最低限度。③在油脂工业中减少使用氢化技术的措施有：采用先进的生物工程技术；在油脂中加入增稠剂来调节油脂的塑性；提高抗氧化剂的活性；将极度氢化油脂与非氢化油脂混合；将非氢化油脂与高饱和的油基进行酯交换；将稳定性较高的油脂与部分氢化的油脂混合，这样在减少反式脂肪酸的同时，又可以降低饱和脂肪酸的含量[9,10]。

（4）控制含反式脂肪酸食品的摄入

反式脂肪酸的加入具有增添食品酥脆的口感、延长食品保质期等优点，烘焙、油炸等食品往往含有工业生产的反式脂肪酸，而这些反式脂肪酸往往以“氢化油”“人造奶油”“起酥油”等字样存在于食品标签中，因此增加对含有反式脂肪酸食品的了解，熟知其产生的途径和方式，尽量避免或减少选择反式脂肪酸含量较高的“垃圾食品”，从自身控制反式脂肪酸的摄入[10]。

（5）热加工过程中抗氧化剂的加入

热加工过程中反式脂肪酸的形成与脂质氧化相关，热氧化过程中产生的中间物质可能为热诱导异构化反应提供底物。抗氧化剂的添加可以在一定程度上抑制 TFA 的形成。油炸过程中，不饱和脂肪在自由基的催化作用下可以通过自由基反应机理发生双键的顺-反异构化产生 TFA。抗氧化剂则能通过吸收氧化反应产生的自由基，来有效阻断自由基链式反应，进而抑制 TFA 的形成。一般抗氧化剂清除自由基能力越强，其对反式脂肪酸抑制作用越大。食品工业中常用来消减热加工过程中反式脂肪酸生成的天然抗氧化剂主要有迷迭香提取物、茶多酚、叶黄素、鼠尾草酸、谷维素等[11]。然而，需要注意的是许多天然抗氧化剂不耐热，在传统油炸高温条件下易降解，从而难以发挥抑制脂质氧化和异构化的作用。此外，部分天然抗氧化剂的添加还会对产品的风味和口感产生一定负面影响，并不适合在食品体系中大量添加。

（6）油炸新技术的应用

可以采用新型油炸技术，尽量降低油炸温度、缩短油炸时间，控制油炸过程中反式脂肪酸的生成。典型的就是真空油炸技术。在真空油炸过程中，水的沸点显著降低，使得食物在较低的温度（90～120 ℃）下便可以实现快速脱水、熟化，较低的加热温度和近似真空的加工环境能够最大限度控制脂质的氧化进程以及异构化反应，从而有效控制反式脂肪酸等危害物的生成。

四、反式脂肪酸控制策略

1.油炸过程中加入天然抗氧化剂

段章群等公开了一种煎炸用食用油及其制备方法和应用[12]，所述煎炸用食用油包括：食用基础油、迷迭香提取物和槲皮素，其中的食用基础油通过添加天然抗氧化剂迷迭香提取物和天然抗氧化活性物质槲皮素，可以显著提高食用基础油在煎炸油条过程中的氧化稳定性。具体地，在煎炸油条过程中，该食用油的营养组分多不饱和脂肪酸的下降趋势明显减缓，风险因子反式脂肪酸和极性化合物的生成得到较为明显的抑制。添加的天然抗氧化活性物质安全、营养、健康，极具产业化应用前景。

2.非热或冷等离子加工技术

为了减少油脂氢化工艺中生成的 TFA 含量，可以在较低的环境压力下，利用等离子场中产生的氢离子，实现油脂的部分加氢反应，减少能耗，从而实现油脂的改性[13]。有研究者提出了一种针对豆油的新型部分氢化加工技术来替代传统的催化加氢工艺技术，即利用氮气和氢气的气体混合物在等离子场内通过高压大气冷等离子体（HVACP）生产部分氢化大豆油，实现了对大豆油的改性。饱和脂肪酸的质量分数增加至 12%，不饱和脂肪酸的质量分数减少至 16.2%，且未检测出 TFA 的生成[14]。

3.酶法降解技术

该技术利用脂肪酶来选择性地降解油脂中的 TFA，从而减少油脂中 TFA 含量用于生产零或低 TFA 的产品。酶法具有选择性高、绿色可持续的优点，符合国家绿色发展的观念，在油脂加工工业中有较好的应用前景。目前，已发现南极假丝酵母脂肪酶 A（CAL-A）、光脱羧酶等多种酶类可用于减少或控制油脂中 TFA 的含量[15]。

五、拓展

1. 油炸鸡腿中反式脂肪酸的变化规律：棕榈油连续使用时间对鸡腿皮层和精肉中 TFA 含量有较大的影响。采用棕榈油对油炸鸡腿肉上色时，主要所含的 TFA 为 $C_{18:1}9\,t$。另外，在鸡皮中有少量的 $C_{16:1}9\,t$，未发现 $C_{14:1}9\,t$、$C_{18:1}11\,t$、$C_{22:1}13t$ 这几种反式脂肪酸。对于鸡腿皮层部分，油炸后皮层吸收棕榈油，使其所含的反式脂肪酸含量升高。而对于鸡腿精肉中的反式脂肪酸含量，仅 $C_{18:1}9\,t$ 随棕榈油连续使用时间增加呈上升趋势；在 160～200 ℃的范围内，油炸温度与反式脂肪酸含量无显著相关性，这可能是由于油炸鸡腿上色时间短。另外，棕榈油使用后期油炸鸡腿所吸收的油量减少也可能是原因之一，油脂连续使用时间对其所含的 TFA 形成和变化的作用更大。

2. 完成一个低反式脂肪酸的油炸食品生产工艺，并实物展示。

3. 制定一个低反式脂肪酸的控制措施方案，并在实验课中进行实践操作。（课后作业，课程实验中实操，**思政点 4**）

第 2 节　案例教学指导

一、教学目标

1. 培养学生查阅资料、文献，并能在阅读过程中进行总结、分析、凝练和提出问题的能力；培养学生分工协作和通过倾听、讨论、提问、讲解等过程学习知识、运用知识的能力。

2. 使学生更好地了解反式脂肪酸相关知识，并能将所学知识进行灵活运用、综合运用；能就相关生产实际问题设计解决方案，并初步将设计的方案用于生产实践，培养学生工程实践能力。

3. 让学生认识到食品安全与营养的重要性，在以后实际工作中更好地把关食品安全工作。

4. 让学生认识到在食品生产实践中创新能力的重要性。

二、案例讨论前准备工作

1. 熟悉一般油脂食品加工工艺流程；了解其中反式脂肪酸的危害。

2. 了解反式脂肪酸在油脂食品中使用的相关法规、标准和要求。

3. 了解几个关于反式脂肪酸危害的例子后，在充分查阅资料并进行小组讨论的基础上组内完成以下内容：

（1）目前降低油脂食品中反式脂肪酸的方法有哪些？

（2）设计一个降低油脂食品中反式脂肪酸含量的方案。

三、案例分析要点

1. 反式脂肪酸的结构和膳食来源。

2. 我国居民反式脂肪酸的摄入水平调查。

3. 反式脂肪酸对人体健康具有哪些危害及我国国标 GB 28050—2025 中对油脂食品中反式脂肪酸的限量标准。

4. 目前降低反式脂肪酸含量的国内外研究进展。

5. 部分降低反式脂肪酸的工艺介绍。

6. 延伸 1：制定油条中降低反式脂肪酸含量的新工艺。

7. 延伸 2：食用油加工中如何控制反式脂肪酸的生成。

四、教学组织方式

1.问题清单及提问顺序、资料的发放顺序

（1）什么是反式脂肪酸？

（2）反式脂肪酸的膳食来源主要是什么？

（3）反式脂肪酸对人体健康有哪些危害？

（4）与食品中反式脂肪酸限量标准相关的国标有哪些？

（5）目前我国居民摄入反式脂肪酸的水平如何？

（6）国内外对反式脂肪酸的摄入有哪些监管措施？

（7）油炸食品中是如何形成反式脂肪酸的？

（8）目前国内外降低油脂食品中反式脂肪酸的研究进展如何？

资料发放顺序及课程安排：课前布置预习任务［问题清单（1）～(3)］，第 1 节课后发放几个反式脂肪酸对人体危害的资料让学生阅读（案例解析中“一、案例背景”和“二、目前我国居民反式脂肪酸摄入水平及监管政策”），并观看两个相关视频，然后布置任务，即设计油炸食品中降低反式脂肪酸水平的措施；第 2、3 节课，首先让学生进行讨论、讲解，然后发放案例解析中的其他资料（案例解析中“三、油炸食品中反式脂肪酸含量的控制措施”），教师进行梳理和点评后发放延伸问题的资料（案例解析中“四、反式脂肪酸控制策略”和“五、拓展”）。

2.课时分配（3 学时，共 135 分钟）

（1）在线上学习平台上发放三个问卷调查。（5 分钟）

① 你是否知道反式脂肪酸？A 知道　B 不知道

② 你是否经常吃油炸食品？A 经常　B 偶尔　C 很少

③ 你是否介意油炸食品中反式脂肪酸的含量？A 介意　B 不介意

（2）背景知识介绍。（15 分钟）

(3) 发放反式脂肪酸对人体危害的案例资料，同学们阅读，并抽 2 位同学谈体会；播放相关短视频 2 个。(20 分钟)

(4) 布置课后任务：分组查阅降低油炸食品中反式脂肪酸含量的措施，并制定一个准备在实验中实施的解决方案，并分组讨论。(5 分钟)

(5) 学生查阅资料、文献，完成布置的任务；提交完成的任务给老师。(课后完成)

(6) 进行小组汇报与讨论。(5 组，共 30 分钟)

(7) 教师进行点评、课堂提问、讨论、讲解、梳理。(35 分钟)

(8) 播放相应的视频资料，并进行延伸：①反式脂肪酸如何形成及测定；②油炸食品中反式脂肪酸的产生与控制；③相关产品展示，并将展示的产品作为奖励发给表现优秀的同学。(25 分钟)

3.讨论方式

采取小组讨论、小组汇报相结合的方式。

教师布置任务后，首先学生课后查阅、学习相关资料、法规，完成布置的任务，并进行小组讨论；课堂上抽取五个小组，每小组汇报本小组的主要观点，其他组学生提问并讨论。

小组讨论和小组汇报结束后，由教师采取提问、讨论、视频、讲解与实物展示相结合的方式进行梳理与总结。

五、课程思政设计

案例教学过程中，共设计了 4 个课程思政点，具体如表 6-2 所示。

表 6-2 案例教学中课程思政设计

序号	教学环节	知识点	教学内容	思政点
1	课前	课前预习	了解目前我国居民饮食中反式脂肪酸含量	深刻领悟“民以食为天，食以安为先”的道理，形成良好的职业道德
2	课中	油脂精制	反式脂肪酸的概念、分类及危害	树立健康的“大食物观”
3	课中	油脂食品的加工	常见油脂食品产品生产工艺流程，食品中反式脂肪酸的来源	培养学生善于思考、不断探索的科研精神
4	课后	课后复习与任务	思考和讨论如何降低油脂食品中反式脂肪酸的含量	培养学生的思考、探索和创新精神

六、其他

1. 每次案例教学实施完成后进行教学反思，并找学生代表进行座谈，案例教学内容和教学方式做到持续改进和更新。

2. 课前建议申请智慧教室，以圆桌的形式进行本案例教学。

3. 课堂讨论和互动时间占总课程时长的 60%以上。

附：提问参考答案

（1）什么是反式脂肪酸？

答：当碳链双键中两个氢原子位于两侧时，这种不饱和脂肪酸为“反式”构型，分子呈线性结构，这种不饱和脂肪酸被称为反式脂肪酸（TFA），即分子结构中含有一个或多个反式构型双键的不饱和脂肪酸。

（2）反式脂肪酸的膳食来源主要是什么？

答：膳食中的 TFA 主要分为两类：一类是天然型，即 rTFA，另一类是工业加工型，即 iTFA。rTFA 主要由反刍动物（如牛、羊等）瘤胃中的微生物与不饱和脂肪酸（主要是亚油酸和 α-亚麻酸）发生生物氢化反应产生，占反刍动物总脂肪酸含量 2%～5%。食品中的 iTFA 则主要来源于氢化植物油。

（3）反式脂肪酸对人体健康有哪些危害？

答：TFA 的摄入量与心血管疾病、肥胖症、糖尿病、抑郁症、部分癌症等疾病的发生发展密切相关。研究发现，大量摄入 TFA 会导致机体血脂水平升高、胆固醇代谢异常，使机体低密度胆固醇含量升高。一篇关于美国大型前瞻性队列研究的荟萃分析发现，利用 TFA 供能替代 2%的糖类供能会导致冠心病发病风险增加 23%。

（4）与食品中反式脂肪酸限量标准相关的国标有哪些？

答：根据我国国家标准《食品安全国家标准　预包装食品营养标签通则》（GB 28050—2025），当反式脂肪酸≤0.3 g/100 g（固体）或 100 mL（液体）时，营养成分表中反式脂肪酸含量可标示为“0”。《食品安全国家标准　婴儿配方食品》（GB 10765—2021）和《食品安全国家标准　较大婴儿配方食品》（GB 10766—2021）规定，不应使用氢化油脂。

（5）目前我国居民摄入反式脂肪酸的水平如何？

答：目前我国居民平均每天吃的反式脂肪酸是 0.39 g，相当于供能比为 0.16%，远低于世界卫生组织的建议值（小于 1%）。

（6）国内外对反式脂肪酸的摄入有哪些监管措施？

答：WHO 提出了两种策略控制 TFA。第一种是限制每 100 g 食品中总脂肪中 iTFA 含量不超过 2 g；第二种是强制禁止生产或使用 PHO。我国虽然未对所有食品采取上述策略，但是也针对重点种类食品（婴幼儿食品、预包装食品）制定了多项规定来控制其中 TFA 的含量。

（7）油炸食品中是如何形成反式脂肪酸的？

答：为了烹饪食物，人们常用高温油进行烹调，而加热或用高温炸制油会导致食物中的反式脂肪酸浓度迅速上升。此外，氢化油是工业生产反式脂肪酸的主要来源，其是指部分油脂中的不饱和双键发生了异构化反应从而转化为反式脂肪酸。

（8）目前国内外降低油脂食品中反式脂肪酸的研究进展如何？

答：略。

参考文献

[1] 殷晗迪，刘元法，郑召君．油脂中反式脂肪酸来源及控制技术研究进展[J]．中国粮油学报，2025，40(02)：211-219.

[2] Oteng A B，Kersten S. Mechanisms of action of trans fatty acids[J]. Advances in Nutrition，2020，11(3)：697-708.

[3] 严靖，孙沁梅，冯琴．反式脂肪酸对血脂代谢异常相关疾病的危害及机制[J]．医学综述，2021，27(11)：2119-2123.

[4] Berkel C，Cacan E. *Trans*-10，*cis*-12 conjugated linoleic acid-and caloric restriction-mediated upregulation of CNDP2 expression in white adipose tissue in rodents，with implications in feeding and obesity[J]. Journal of Nutritional Biochemistry，2023，114：109269.

[5] 陈龙，王谊，程昊，等．油炸食品中潜在的几类危害物及其消减技术[J]．中国食品学报，2022，22(2)：336-339.

[6] 刘展任，陈波．国内外食品中反式脂肪酸的摄入水平与监管政策[J]．上海预防医学，2023，4：2-3.

[7] 张玲，姜莲华，张玉．食品中反式脂肪酸的危害、检测方法及防控研究[J]．现代食品，2023，29(06)：123-126.

[8] 迟华忠，安骏，顾怡，等．植物油中脂肪酸和反式脂肪酸同步检测的气相色谱分析方法[J]．粮食与食品工业，2024，31(05)：64-68.

[9] 李先玉，林书明，陈安安，等．高效节能脱臭塔降低精炼油中反式脂肪酸技术研究[J]．福建轻纺，2014，8(8)：35-39.

[10] 陈永芳，魏祯倩，刘政．如何降低反式脂肪酸对人体健康的危害[J]．肉类工业，2020，469(5)：49-52.

[11] 孙宝国．食品添加剂[M]．北京：化学工业出版社，2021.

[12] 段章群，柴成梁，朱莹丹．一种煎炸用食用油及其制备方法和应用：CN1166494430A[P]．2023-08-29.

[13] Pankaj S K，Keener K M. Cold plasma：background，applications and current trends[J]. Current Opinion in Food Science，2017，16：49-52.

[14] Yepez X V，Keener K M. High-voltage Atmospheric Atmospheric Cold Plasma(HVACP) hydrogenation of soybean oil without trans-fatty acids[J]. Innovative Food Science & Emerging Technologies，2016，38：169-174.

[15] Sorigué D，Légeret B，Cuiné S，et al. An algal photo-enzyme converts fatty acids to hydrocarbons[J]. Science，2017，357(6354)：903-907.

案例7

果酒酿造过程中甲醇含量的控制措施

案例摘要

本案例聚焦于果酒酿造过程中甲醇含量的控制措施。涉及果酒的酿造、果酒品质等相关内容。果酒是以新鲜水果为原料，经机械破碎、压榨，借助微生物的作用发酵酿制而成的低酒精度饮料。由于水果的成分因素，果酒发酵中不可避免产生甲醇。甲醇为一种无色、易挥发的液体，具备独特的酒精芳香，麻醉性较强，是一种神经毒物，对神经系统和血管系统的毒害作用尤为显著。所以本案例将带领学生通过案例解析掌握一些甲醇控制的措施，理解相关技术在果酒酿造这一现代食品工业中的重要性，为未来的酿酒食品工业发展提供一定参考。

第1节　案例解析

一、案例背景

果酒含有多种天然营养成分，如维生素、氨基酸、矿物质、酚类、萜类等物质，由于这些物质具有调节人体新陈代谢、促进消化、降低高血压等多种疾病的发病率等功效，对维持人体健康和调节身体机能等方面有重要作用。中国拥有悠久的酒历史和酒文化（**思政点1**）。果酒最早记录于《诗经》。唐王翰有诗流传千古："葡萄美酒夜光杯，欲饮琵琶马上催"，北宋苏轼在《洞庭春色赋》序言中写道："安定郡王以黄柑酿酒，名之曰洞庭春色"。元代时就有了葡萄酒、石榴酒、苹果酒等。作为历史悠久的饮品之一，果酒一直是人们喜爱的品种。中国酒文化源远流长，劳动人民对酒的感情很丰富（**思政点2**）。

1.甲醇的产生

在果酒发酵中，水果中果胶的水解与微生物的发酵作用往往会产生一定量的甲醇，这与原料中所加入的果胶酶与酵母菌的作用有较大的关联。甲醇作为果酒酿造过程中不可避免的产物，目前对其产生机理的研究主要集中于果胶分解代谢和甘氨酸代谢两个途径。

对于果胶分解代谢途径，果胶作为果酒中甲醇的主要前体物质，是一种存在于高等植物细胞壁中的多糖。水果中含有大量的果胶质，其中约70%的成分为半乳糖醛酸，在酶、热、微波等条件下加速果胶酶的降解反应，使半乳糖醛酸脱酯产生甲醇与果胶酸。发酵过程中，微生物产生的果胶酶也会进一步加快该反应的进行。几乎所有的酒精饮料都含有甲醇，其中葡萄酒和蒸馏酒中甲醇的含量相对较高，啤酒和谷物酒中的甲醇含量则非常少。

对于甘氨酸代谢途径，在果酒酿造中，酒精则来自酵母发酵，而酵母中的甘氨酸代谢途径多为以下两种：水果中的甘氨酸在酶的作用下产生一定量的甲醇；甘氨酸在甘氨酸脱羧酶作用下产生甲胺，再与亚硝酸反应生成甲醇。

2.甲醇产生的影响因素

（1）发酵温度

成品果酒中甲醇的含量与发酵温度密切相关，在适宜酵母生长的温度范围内，甲醇含量随着温度的升高而增加。有研究表明[1]，巨峰葡萄在不同的发酵温度时，主发酵温度越高，酒中甲醇含量越高，相较于24℃，于30℃发酵的葡萄酒甲醇含量增加了15%。研究者认为，这是因为温度适度升高，酵母菌以及相关酶的活性都有所提高，有利于果胶的分解，从而产生更多的甲醇。

（2）酿酒酵母的种属

酵母是酿造果酒的关键因素之一，不同酵母在发酵过程中的代谢途径会有一定差异，并通过这些复杂的代谢途径持续产生甲醇，因此不同酵母会对果酒中甲醇的含量产生重要影响。有研究者认为，这是因为不同酵母产生的果胶酯酶的活性不同。

（3）原料成分

酒中的甲醇主要是以果胶为主的原料分解产生的。目前常用发酵酒的水果中甲醇含量如表7-1所示。多项关于果胶的研究表明，各类水果的果胶含量及酯化程度存在显著差异，其中双子叶植物中的果胶含量相对较高，番茄类水果表皮中果胶的酯化程度相对较高等。

表7-1 部分水果中果胶含量

水果名称	果胶含量/%	水果名称	果胶含量/%
苹果	0.40～1.29	樱桃(甜)	0.57
草莓	0.56	桃	6.23
蓝莓	1.5	梨	2.0
葡萄	1.0		

（4）果胶酶种类

果胶酶是分解果胶物质的多种酶的总称，通常由黑曲霉发酵而成。在酿酒原料前处理过程中，可以加速果胶的分解，提高出汁率。这些果胶酶在果酒发酵过程中对果胶的水解程度不同，最终酒中甲醇的含量也会有所不同。研究发现，多聚半乳糖醛酸酶（polygalacturonase，PG）和果胶酯酶（pectinesterase，PE）在水解果胶的同时也能产生甲醇，其作用机理见表7-2和图7-1。水果在成熟过程中，硬度降低，也与多聚半乳糖醛酸酶和果胶酯酶等果胶酶活性增加密切相关。

表 7-2　多聚半乳糖醛酸酶、果胶酯酶产生甲醇的作用机理

酶名称	作用机理
多聚半乳糖醛酸酶(PG)	作用于可溶性果胶分子中的 α-1,4-糖苷键，分解生成少量甲醇
果胶酯酶(PE)	催化分解部分原果胶的同时产生游离的甲氧基，然后和发酵醪液中的 H^+ 结合生成甲醇

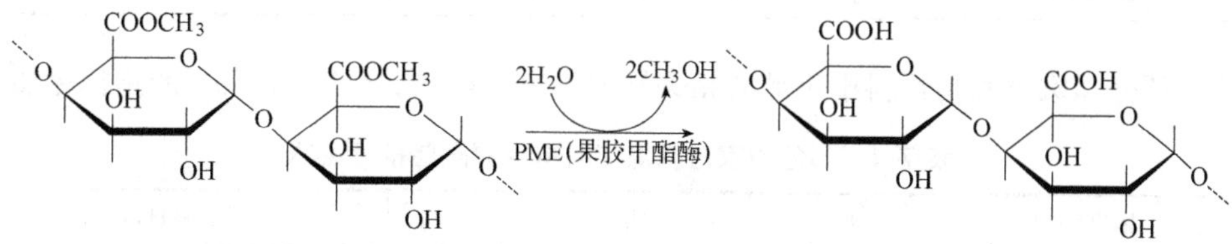

图 7-1　果胶甲酯酶的作用机理

3.甲醇的基本性质与毒性

甲醇为一种无色、易挥发的液体，具备独特的酒精芳香，麻醉性较强，是果酒等发酵酒中不可避免会微量存在的成分。果酒中甲醇的主要来源是酿酒原料及辅料中的果胶质，这种物质本质上是半乳糖醛酸聚糖，其侧链在特定条件下会发生酯化反应。甲醇为神经毒物，对神经系统和血管系统的毒害作用尤为显著。如图 7-2 所示，甲醇在体内经过一系列代谢过程，会产生甲醛这一中间产物，而甲醛迅速转化为甲酸。急性甲醇中毒时，体内甲酸含量的增加与失明风险呈正相关。甲醇在体内还能干扰某些氧化酶系统的正常功能，抑制糖的有氧分解过程，导致乳酸和其他有机酸以及甲酸的积聚。该过程可能诱发酸中毒，进一步加剧身体的代谢紊乱和器官损伤。通常白酒中含有微量甲醇，甲醇超标会对人体造成严重危害，给社会、家庭和个人带来巨大损失。

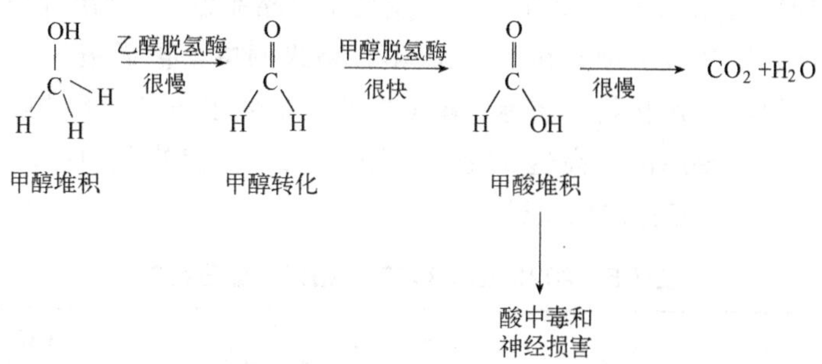

图 7-2　甲醇分解流程图

4.国内外对果酒中甲醇的相关规定

我国对蒸馏酒及其配制酒中甲醇含量有着明确的规定，如表 7-3 所示。在果酒和果露酒中，其甲醇含量的控制，可参照葡萄酒和配制酒的相关标准来执行。

表 7-3 不同产品类型果酒中甲醇含量的检测要求

产品类型	标准编号	甲醇含量限值/(mg/L)
白葡萄酒、桃红葡萄酒	GB/T 15037—2006	≤250
红葡萄酒	GB/T 15037—2006	≤400
以粮谷类为原料的酒	GB 2757—2012	≤0.6
其他原料的酒	GB 2757—2012	≤2.0
食用酒精	GB 31640—2016	≤150

国外部分国家对酒精饮料中甲醇的相关标准见表 7-4，与之相比，我国的指标更加严苛。

表 7-4 部分国家对酒精饮料中甲醇限量指标要求

国家法规	酒种	甲醇限量/(g/L)
日本	水果发酵酒	1.2
	配制酒	1.0
韩国(酒精饮料)	水果发酵酒	1.0
	配制酒	1.0
美国	白兰地	约 2.8
	白兰地	2.0
欧盟	葡萄蒸馏酒	2.0
	水果蒸馏酒	10.0
澳大利亚	白兰地	3.0
新加坡	白兰地	3.0

二、甲醇的毒性及其相关案例

1.不合格果酒甲醇抽检分析

市场监督管理部门 2021—2023 年内抽检发现不合格果酒 79 批次（表 7-5），果酒不合格原因涉及酒精度、甲醇等 8 项。在 79 批次不合格果酒中，被通报的原因主要涉及酒精度、有害污染物（甲醇、氰化物）超标、超范围或过量使用防腐剂和甜味剂。其中，酒精度是果酒不合格的最主要原因，高达 57 次，占比 72.2%，其次是甲醇，占比 13.6%，再为甜蜜素，占比 6.2%，三者占比超过 90%。

表 7-5 2021—2023 年不合格果酒部分名单

企业名称	涉及产品	涉及规格	违规项目	不合格批次	通报年份
重庆市某酒业有限公司	桑葚酒、猕猴桃酒、橙酒	750 mL/瓶，18%vol； 750 mL/瓶，13%vol； 500 mL/瓶，13%vol	甲醇	3	2022 年
委托生产企业名称：睢县某酒业有限公司；标称生产企业名称：商丘某饮品有限公司	天润桃花鲜米花酿、 天润桃花醉桂花酿发酵型果酒、 天润桃花醉百香果发酵型果酒	500 mL/瓶， 酒精度：8%vol	酒精度	3	2021 年

续表

企业名称	涉及产品	涉及规格	违规项目	不合格批次	通报年份
宁陕县某酒业有限公司	金色典范猕猴桃酒	酒精度:8%vol, 500 mL/瓶	酒精度	3	2021年
白河某食品有限公司	木瓜酒	730 mL/瓶, 酒精度:6%vol	酒精度	2	2022年
贵州某酒业发展有限公司	天泷神酒·刺梨酒	500 mL/盒,18%vol	酒精度	2	2022年
新疆某酒业有限责任公司	清焰高度葡萄蒸馏酒、 葡萄蒸馏酒	500 mL/瓶,50%vol; 250 mL瓶,46%vol	酒精度	2	2021年
河南省某葡萄酒有限公司	青梅酒	500 mL/瓶	酒精度	2	2021年
株洲某猕猴桃果酒酿造有限责任公司	猕猴桃果酒	酒精度:12%vol±1%vol, 375 mL/瓶	酒精度	2	2021年、 2022年
陕西某酒庄有限公司	梅子酒、 果酒·桑葚酒	酒精度:12%vol,375 mL/瓶; 酒精度:12.5%vol,750 mL/瓶	酒精度	2	2021年
新疆某酒业(集团)有限公司	杏子果酒	740 mL/瓶, 酒精度:6%vol±1%vol	酒精度	1	2022年

注：1. 表7-5中数据来源于各监管部门网站，只显示部分标称企业不合格的情况，具体名单可查询各市场监督管理局网站。

2. 特别声明：本篇内容所采用的原始数据均源自权威官方网站，数据客观真实。如相关抽检结果数据经政府有关部门核实及认定后确认有变更事实的，请及时联系。

2.果酒甲醇毒性案例

2019年湖南省岳阳市某一家果酒厂在制作果酒时，为了追求更高的产量和降低成本，使用了含有甲醇的原料。该果酒被大量消费者购买饮用，最终导致28人中毒、1人死亡的严重后果。涉事果酒厂被吊销营业执照，负责人和相关责任人被追究刑事责任。具体罚款金额和刑事责任未公开，但根据相关法律法规，负责人和相关责任人可能面临较大数额的罚款、有期徒刑甚至无期徒刑等刑事责任。

三、果酒酿造过程中甲醇含量控制

从技术层面出发，发酵型果酒中的甲醇很难完全去除，在生产过程中只能从生产工艺和选择原料方面入手采取相应的措施以达到降低果酒中甲醇含量的目的，使果酒饮用更安全。通常采用以下基本操作来适当降低甲醇含量。

1.甲醇含量控制

(1) 原料选取

在果酒酿造过程中，原料的选择至关重要。为确保果酒品质与安全性，需严格筛选成熟度适宜且无损伤的果品作为原料。水果自身含有果胶酶，若受到机械损伤或发生霉烂，其天然果胶酯酶活性会受果汁浸渍作用而增强，进而增加果酒中甲醇的含量。因此，从选料环节入手，选择新鲜、成熟度良好、无霉变的原料进行加工，是降低果酒中甲醇含量的有效策略。通过精细化的原料筛选，可确保果酒的质量与安全，为消费者提供更加健康、优质的饮品。

（2）发酵前处理

① 热处理：对于果胶含量高的水果，如柿子、苹果、大枣等，通过对其进行发酵前的热处理，如浸沸、蒸煮、巴氏消毒、热超声等，使原料果胶分解，不再酶解为甲醇，同时使原料中含有的果胶酶失活从而降低果胶酶对果胶的酶解作用，进而降低成品中的甲醇含量。

② 外源物质的添加：果酒发酵初期根据原果不同的发酵部位，可以适当添加一些外源物质，如膨润土、单宁、爱玉子、果胶酯酶抑制剂（pectinesterase inhibitor，PEI）等。这些外源物质都有很强的吸附作用，能有效吸附果胶酯酶和果胶，从而影响酶解反应来抑制甲醇的产生。如膨润土是良好的蛋白质吸附剂。

（3）原料压榨

在果酒酿造过程中，水果果皮中果胶物质的含量最多。针对不同品种的水果，应采取不同的处理策略。例如柑橘酒的制作中，脱皮是必要的步骤，主要利用果肉进行发酵。而对于某些水果，可以采用去除皮渣的清汁发酵工艺，此时果汁需先经过降温和澄清处理，再分离出部分果胶后发酵。值得注意的是，压榨程度的控制对果酒中果胶含量具有直接影响。压榨程度越大，果汁中果胶的含量便越高。因此，在实际操作中，应根据不同的酿酒工艺，灵活运用不同的压榨技术，如轻柔、适度或强烈，以达到理想的酿造效果。

（4）果胶酶的选择与使用

果胶酶在果酒酿造过程中对甲醇含量的影响至关重要。在果汁生产过程中，果胶酶的普遍应用不仅有助于果汁的澄清，还能提高出汁率。在果汁的杀菌浓缩过程中，由于甲醇具有挥发性，因此不存在甲醇含量过高的问题。然而，果酒酿造过程中并不涉及加热环节，因此，对于果胶含量较高的水果品种，是否添加果胶酶需要仔细权衡。此外，不同种类的果胶酶在澄清效果上存在差异，同时也会导致甲醇生成量的不同。因此，应深入研究果胶酶的特性以及加工目的，选择产生甲醇较少的果胶酶，准确把握其使用时间，确定合适的酶组成，以有效地控制果酒中的甲醇含量，同时提高产品质量和产量。

（5）酿酒酵母改良

果酒发酵过程中的酵母等微生物会对甲醇的含量产生一定影响，这些微生物会在发酵过程中持续产生甲醇。因此对酵母进行诱变选育，培养出产甲醇能力更弱的酵母突变体也是一种有效减少果酒甲醇含量的方法。

（6）发酵容器选取

用不同的发酵容器进行发酵，果酒中甲醇含量有所差异。有研究分别采用塑料、木制、玻璃、陶瓷作为发酵容器对葡萄酒进行发酵，结果表明用木制容器酿造的果酒产生的甲醇含量较少。

（7）果酒蒸馏

整个蒸馏过程中，馏出物被分离成 3 个馏分：头酒、中酒和尾酒。果酒在整个蒸馏过程中，会把一些不利于成品品质的化学物分离至头酒中，需将其弃掉，从而保留最有价值的中酒部分。甲醇的沸点较低，蒸馏时先经 92～96 ℃开放式加热处理 10 分钟后，再收集蒸馏酒液，甲醇可作为头级杂质除去。但大量研究显示，一次蒸馏后的甲醇会同时存在于头酒和中酒中，甲醇含量没有显著下降，甚至有所升高。因此，初次蒸馏很难除去酒中的甲醇，进行二次蒸馏才能有效去除这一有害物质。

2.果酒酿造过程中甲醇含量控制技术

（1）案例 1：控制关键点技术

李佑辉[2]发明了一种低甲醇刺梨果酒的酿造方法，制作刺梨果汁，果汁甜度在 23%～26%范围内。果汁发酵过程中控制发酵设备维持发酵温度处于 21.5～22.5 ℃，控制发酵设备每 110～130 min 搅拌一次并排出发酵过程产生的有害气体，持续发酵 20～25 d 获得第一次刺梨果酒，后经过粗滤、陈酒、精滤，对第三次刺梨果酒液进行精细过滤获得刺梨果酒液成品，该方法生产的刺梨发酵酒甲醇含量远低于国家标准。该发明的关键在于刺梨酿造过程中几个关键技术的控制。

（2）案例 2：控制果胶酶加入技术

张文叶等[3]通过考察果胶酶的加酶时间及用量，发现在制作山楂果酒过程中，发酵前和发酵后添加果胶酶，甲醇含量随着其用量的增加而增加，当其用量大于 0.1 g/L 时，甲醇含量增加缓慢，发酵后添加果胶酶对山楂果酒中主要杂醇油含量影响不显著。该研究确定了果胶酶对甲醇含量控制的关键技术，需要进一步探究它们之间的关系。

（3）案例 3：发明新果酒酿造技术

郭萌萌等[4]发明了一种冰无花果酒及其酿造方法，以无花果为原料酿造冰酒，发酵过程通过天然糖的糖酵解途径完成，以提升产品的醇厚性。不添加果胶酶可有效控制发酵酒中的甲醇含量，提升产品质量。通过此方法酿造出的无花果果酒，感官评价方法参照 GB/T 25504—2010《冰葡萄酒》和 GB/T 15037—2006《葡萄酒》，能够获得良好的口感以及低甲醇含量（表 7-6）。

表 7-6　一种冰无花果酒酿造步骤及关键技术参数表

编号	步骤	技术参数
1	低温破碎、压榨	破碎温度－18～7 ℃，压榨汁糖度≥27.8 °Bx
2	灭菌	密闭式管道加热器隔氧灭菌（100 ℃，3～5 min），果汁冷却至 8～16 ℃
3	调整	添加山楂果（破而不碎），不添加果胶酶、外源糖
4	酵母	冰酒专用酵母，市售，按推荐使用量添加
5	控温发酵	10～16 ℃控温发酵，发酵终点酒精度 9.0%vol～14.0%vol，总糖含量≥125 g/L
6	质量控制	调整酒液的 pH 值低于 4.0

（4）案例 4：改善主要工艺技术

苗丽平[5]研究了发酵型红枣覆盆子果酒酿造工程中降低甲醇含量的技术，探究了发酵型红枣覆盆子果酒主要的技术工艺参数，热浸提取（料液比 1∶5，100 ℃，60 min），酶解（果胶酶 RF，4 mL/100 L），接种酵母（非酿酒酵母 PL09 40 g/100 L，启动发酵 24 h 后，接种酵母 BV818 40 g/100L），调配（覆盆子果酒 6%）。在此优化工艺条件下，得到的红枣覆盆子果酒感官评分为 92 分，酒精度为 12.2%vol，总糖含量 0.67 g/L，甲醇含量 78.5 mg/L，挥发酸含量 0.33 g/L，符合国家标准要求，是一款品质较佳的风味果酒。用此工艺酿造的果酒，甲醇含量远低于国标要求。

（5）案例 5：改善果皮发酵技术

张会香等[6]探究了百香果果壳发酵的技术，以降低果酒酿造过程中甲醇含量。研究发现酿造低甲醇百香果果壳发酵果酒的最佳工艺为原料热处理温度 87 ℃、热处理时间 15 min、果胶酶添加量 0.17%，在最佳条件下发酵的果酒中甲醇含量为 158.11 mg/L，乙醇含量为 9.84 mL/100 mL，能够获得口感上乘、甲醇含量低的果酒。

（6）案例 6：改善前处理技术

韩海霞等[7]发明了一种降低红枣果酒中甲醇的前处理方法，通过前期对红枣的处理以及工艺的改进，与之前的果酒相比有很大的品质提升。未优化技术之前，酒液中甲醇含量为 303.51 mg/L，经过优化发酵工艺，筛选发酵酵母、发酵温度等条件，最终发酵出澄清透亮、香气浓郁醇和、口感细腻、具有明显的红枣风味的果酒，且甲醇含量为 187.56 mg/L，品质提升显著。使用该工艺，能够降低甲醇含量，增加果酒风味的醇厚度。

四、拓展

1. 家庭自酿葡萄酒（**思政点 3**）：2022 年山东青岛的李先生将葡萄和冰糖放置于桶中发酵，第三天开盖时突然“砰”一声，一些葡萄的果肉和葡萄皮伴着液体直接喷到了近 3 米高的天花板上。湖南中医药大学第一附属医院熊焰医生介绍，饮用自酿葡萄酒的风险，以甲醇中毒和细菌感染最常见，且具有发病时间短、病情急、较危重等特点，由此造成的肝肾损害和失明往往是不可逆的。如果是甲醇中毒，最好在第一时间去医院，如果条件不允许，自救只能靠催吐，并多饮水。

2. 课堂上展示一些种类的果酒，并进行感官评价。

3. 使用一些应季水果，动手制作果酒，按照课堂讲授方法进行甲醇含量控制，并对最后的成品进行甲醇含量测定。(综合实验中实操，**思政点 4**)

4. 查阅国内外相关食品质量安全标准，了解我国目前果酒行业的发展现状（课后任务，**思政点 5**）。

第 2 节　案例教学指导

一、教学目标

1. 学习并掌握果酒的基本酿造方法，了解甲醇产生的机理；让学生通过课堂知识，了解果酒的基本知识，主动学习甲醇带来的危害。

2. 查阅文献：锻炼学生自主查阅文献的能力，能够通过知网等媒介查找相关问题的研究方案。

3. 掌握甲醇控制措施：通过案例分析，让学生理解并掌握果酒酿造过程中甲醇控制措施。

4. 提高批判性思维：通过分析不同替代方案的优缺点，培养学生的批判性思维。

5. 培养创新思维和问题解决能力：鼓励学生思考和设计新的替代方案，通过讨论、提问、讲解等过程培养学生创新思维和解决实际问题的能力。

6. 价值观引领：通过介绍果酒经常出现在人们家庭生活中，甲醇含量超标直接影响人们的生命健康，甲醇的急慢性毒性及其应用范围和限量标准，让学生认识到食品安全的重要性，引导学生树立正确的人生观、世界观和价值观，培养学生形成正确的职业道德。

二、案例讨论前准备工作

1. 背景研究：让学生了解我国果酒的主要种类、销售规模以及果酒产品的初步加工工艺；了解果酒中天然营养成分的种类和维持人体健康及调节身体机能等方面的重要作用。

2. 课前问题准备：让学生自己查阅并准备一系列问题，以便在案例讨论中提出，促进更深入地讨论。

3. 案例征集：搜集并研究现有的甲醇控制措施案例，包括成功和失败的案例。

4. 小组分工：提前分配小组并确定每个成员的角色和责任。

5. 小组问题讨论：了解果酒甲醇含量的影响因素，包括原料、酿造过程以及温度等，在充分查阅资料并小组讨论的基础上组内完成以下内容：

（1）目前降低或者脱除果酒中甲醇含量方法有哪些？

（2）设计一个降低或者脱除果酒中甲醇含量的方案。

三、案例分析要点

1. 研究《食品安全国家标准　食品中甲醇的测定》（GB 5009.266—2016）中关于甲醇的使用规定，包括允许使用的食品类别、最大使用量、残留量以及检测方法等。

2. 了解不同类型的果酒和蒸馏酒等因甲醇含量超标，而带来急性毒性、慢性毒性和可能的健康风险；分析不同人群（如儿童、孕妇）的安全摄入量。

3. 我国关于果酒甲醇含量的相关规定。

4. 目前降低果酒甲醇含量主要方法的国内外研究进展。

5. 介绍部分企业及研究单位对果酒中甲醇含量控制的方案。

6. 结合教师科研团队项目介绍对降低果酒中甲醇含量所做的一些工作。

7. 延伸 1：制定一个低甲醇果酒的加工工艺流程。

8. 延伸 2：在现有的设备基础上，如何在既保持水果压榨原有的出汁率又不损失原有果酒的风味和营养成分情况下，控制果酒中的甲醇含量，同时不显著增加生产成本。

四、教学组织方式

1.问题清单及提问顺序、资料的发放顺序

（1）果酒在我国的产业现状及发展趋势。

（2）果酒酿造中为什么会有甲醇？能不能完全避免？

（3）我国对果酒中甲醇含量的规定是怎样的？

（4）果酒中甲醇的常见测定方法是什么？

（5）果酒发酵前可以采用哪种处理方式降低甲醇含量？

（6）果酒发酵过程中降低甲醇含量的常见方法有哪些？

（7）果酒发酵后降低甲醇含量的常见方法有哪些？

（8）果酒中甲醇的脱除对果酒风味的影响是怎样的？

资料发放顺序及课程安排：课程准备，即提前一周分发预习材料，将课件以及标准法规、酿酒知识通过课代表发送给班级学生或发布于线上学习平台。根据学生的专业背景和兴趣，将学生分成小组，每组负责特定的分析要点。课堂教学时，教师首先进行背景知识介绍，让学生带着问题观看相关视频，教师实时引导学生思考。课后总结，根据讨论结果，关于甲醇含量控制措施，撰写案例分析报告，重点分析替代方案的科学性和实用性。所有材料都通过线上学习平台发放和提交。

2.课时分配（共 120 分钟）

（1）线上学习平台发放三个问卷调查。（5 分钟）

① 你是否了解我国果酒当前的发展现状及主要方向？A 了解　B 不了解

② 你是否经常购买果酒类产品？A 经常　B 偶尔　C 很少

③ 你是否关注过果酒中的甲醇含量？A 关注　B 不关注

（2）背景知识介绍。（10 分钟）

（3）发放果酒甲醇代谢研究的案例资料，同学们阅读，并抽 2 位同学谈初步感悟；播放相关短视频 2 个。（20 分钟）

（4）布置课后任务：分组查阅降低果酒甲醇含量的措施，并制定一个准备在实验中实施的解决方案，并分组讨论。（5 分钟）

（5）学生查阅资料、文献，完成布置的任务，提交完成的任务给老师。（课后完成）

（6）进行小组汇报与讨论。（5 组，共 25 分钟）

（7）教师进行点评、课堂提问、讨论、讲解、梳理。（35 分钟）

（8）播放相应的视频、MOOC 资料，并进行延伸：①果酒的酿造工艺；②果酒中甲醇的产生与控制；③畅销果酒产品展示，并将展示的产品作为奖励发给表现优秀的同学。（20 分钟）

3.组织课堂讨论

教师布置任务后，首先学生课后查阅、学习相关资料、法规，完成布置的任务，并进行小组讨论；课堂上抽取五个小组，每小组汇报本小组的主要观点，其他组学生提问并讨论。主要讲解甲醇含量控制措施的技术关键点。

五、课程思政设计

课程思政设计见表 7-7。

表 7-7 案例教学中课程思政设计

序号	教学环节	知识点	教学内容	思政点
1	课前	课前预习	了解中国果酒的基本情况	中国已成为世界水果生产第一大国，水果产量的不断增长为果酒制造提供了重要的原料保障，果酒品种齐全，优秀产品众多
2	课前	课前预习	中国在酒类酿造方面的技术积累及悠久历史	引导学生们思考现代科技进步过程中文化传承的意义与作用，提升学生们的文化自信与专业认同感
3	课中	拓展阅读	讲述人民群众自家生产果酒	人民群众自己能够掌握一些酿酒技术，能够满足部分生活需求
4	课中	应季水果的多样性	中国水果种类众多	介绍国内水果种类，地大物博，引起同学们的自豪感
5	课后	理论设计与实践	比较设计的方案与真实产品的差异	培养同学们理论联系实际、总结分析归纳的能力

六、其他

1. 多使用线上教学教育平台，使学生能够获得更多新的内容。

2. 本次案例教学实施完成后进行教学反思，及时收集学生反馈意见，对以后的教学内容和教学方式做到持续改进和更新调整。

3. 本次课堂讨论和互动时间约占总课程时长的 60%。

附：提问参考答案

(1) 果酒在我国的产业现状及发展趋势。

答：① 市场规模与增长：中国果酒市场规模持续扩大，2022 年已达到 1 000 亿元，2025 年有望突破 2 000 亿元。这一增长反映了果酒市场的巨大潜力。

② 消费群体：随着年轻一代成为消费主力军，低度果酒因契合年轻人提升味蕾体验、浅尝酒精的需求而备受青睐。年轻消费群体中，一些年轻女性成为低度果酒的消费主力军，同时男性消费者的比例也在逐年提高。

③ 市场竞争：果酒市场竞争激烈，国内外品牌纷纷进入市场争夺份额。茅台、五粮液、泸州老窖等头部酒企纷纷推出低度果酒产品，同时也有众多小微企业和新锐品牌通过差异化竞争在市场中占据一席之地。

④ 行业发展趋势：果酒行业的健康属性更加突出，以其低酒精度、丰富的营养成分和独特的口感成为健康饮酒理念下的理想选择。此外，果酒品牌要想在市场中脱颖而出，必须着力打造独特的消费场景并深化品牌文化内涵。

（2）果酒酿造中为什么会有甲醇？能不能完全避免？

答：果酒酿造中会有甲醇是因为水果中含有果胶，果胶在微生物的作用下会生成甲醇。水果中的果胶是一种天然的多糖类物质，它存在于水果的细胞壁中。在果酒的酿造过程中，水果原料细胞内的酯化果胶在果胶酶的作用下会水解生成甲醇。特别是当水果带皮发酵时，由于果皮中含有较多的果胶，甲醇的含量会更高。此外，水果中还含有甲酯化形式的果胶，即甲醇和多聚半乳糖醛酸的天然酰化产物，这些甲酯化的果胶在酿酒过程中，在微生物的作用下，果胶结构中原来以酰化形态存在的甲醇会释放出来，进入发酵液中。

果酒中甲醇的产生是发酵过程中的一种自然现象，完全避免甲醇的产生是非常困难的。然而，可以采取一些措施来尽量减少甲醇的含量。

（3）我国对果酒甲醇含量的规定是怎样的？

答：果酒中甲醇含量的规定遵循 GB/T 15037—2006。红葡萄酒中甲醇含量应不超过 400 mg/L，白、桃红葡萄酒中甲醇含量应不超过 250 mg/L。其他水果酿造的酒，可参考 GB 2757—2012。

（4）果酒中甲醇的常见测定方法是什么？

答：① 气相色谱法（GC）：通过顶空固相微萃取-气相色谱法（HS-SPME-GC）来测定果酒中的甲醇和杂醇含量。这种方法具有前处理简单、灵敏度高和检测速度快等优点，适用于果酒中甲醇及杂醇含量的分析。

GB 5009.266—2016 为食品中甲醇含量的测定提供了详细的方法。

② 分光光度法：这种方法可以测定果酒中各类醇的含量，但操作步骤烦琐、耗时较长、目标组分选择性不强。

③ 气相色谱-质谱联用法（GC-MS）：由于质谱仪设备昂贵，测样成本高，限制了这种方法的普及。

④ 其他方法：如液相色谱法、红外光谱法等也可用于甲醇的测定，但具体应用需根据实验条件和设备情况进行选择。

（5）果酒发酵前可以采用哪种处理方式降低甲醇含量？

答：① 选择低果胶含量的水果：选择果胶含量较低的水果作为酿酒原料，可以减少甲醇的产生。

② 原料预处理：去皮，即去除水果的皮，因为果胶主要存在于水果皮中；去核，即去除果核，因为果核周围也可能含有较多的果胶。

③ 破碎和压榨：在破碎和压榨过程中，尽量减少果胶的提取。

④ 使用果胶酶：添加果胶酶，在发酵前添加果胶酶，可以有效地分解果胶，减少甲醇的前体物质。控制果胶酶的用量和作用时间，合理控制果胶酶的添加量和作用时间，避免过度分解果胶。

⑤ 调整原料的 pH 值：适当调整原料的 pH 值，可以影响果胶酶的活性和发酵过程，进而影响甲醇的产生。

（6）果酒发酵过程中降低甲醇含量的常见方法有哪些？

答：使用特定的酵母。使用在发酵过程中产生较少甲醇的酵母菌株。

控制发酵条件。温度控制，合理控制发酵温度，避免过高的温度促进甲醇产生；氧气管理，控制发酵过程中的氧气供应，过度的氧化作用会增加甲醇的产生。

（7）果酒发酵后降低甲醇含量的常见方法有哪些？

答：① 物理吸附法：使用活性炭等吸附材料对果酒进行过滤，可以有效地吸附和去除果酒中的甲醇。活性炭具有高度发达的孔隙结构和较大的比表面积，能够有效地吸附甲醇分子。

② 分子蒸馏：这是一种在高真空条件下进行的蒸馏过程，可以分离出分子量较小的甲醇，而分子量较大的酒精和其他成分则不易蒸发。

③ 膜分离技术：通过特定的膜材料，根据分子大小和形状的不同，将甲醇与其他成分分离开来。这种方法对设备要求较高，但能有效降低甲醇含量。

④ 添加化学试剂：某些化学试剂可以与甲醇反应生成无害的物质，从而降低甲醇含量。但这种方法可能影响果酒的风味和品质，因此需要谨慎使用。

（8）果酒甲醇的脱除对果酒风味的影响是怎样的？

答：在果酒中脱除甲醇的同时保持其原有风味是一个挑战，因为一些脱除甲醇的方法可能会影响果酒的风味、香气和其他感官特性。以下是一些旨在减少甲醇含量的同时尽量保持果酒风味的处理方法。

① 使用特定的吸附剂，如活性炭或分子筛，这些材料可以选择性地吸附甲醇而不显著影响其他风味成分，并控制吸附条件。

② 优化吸附时间、温度和接触面积，以减少对果酒风味的不利影响。选择温和的吸附条件，避免高温或强酸碱环境，因为这些条件可能会破坏果酒的风味。

③ 分步处理：先进行粗略的甲醇去除，然后通过精细处理来调整风味，这样可以减少对风味的总体影响。

④ 使用膜分离技术：选择合适的膜材料，通过分子大小和形状的差异来分离甲醇，这种物理方法对风味的影响较小。

⑤ 气相或液相色谱法：虽然这些方法主要用于分析而不是大规模处理，但它们提供了一种可能的途径，通过选择性分离来减少甲醇。

⑥ 后期风味调整：在甲醇脱除后，可以通过添加非甲醇醇类、酯类等风味成分来调整和增强果酒的风味。

参考文献

[1] 陈静，郝俊光，蔡秋杏，等．巨峰葡萄酒发酵过程中甲醇杂醇油变化规律研究[J]．食品研究与开发，2020，41(13)：6.

[2] 李佑辉．一种低甲醇刺梨果酒的酿造方法：CN201710627846.1[P]．2025-02-11.

[3] 张文叶，张磊，迟雷，等．果胶酶对山楂果酒酿造过程中甲醇及主要杂醇油含量的影响[J]．郑州轻工业学院学报(自然科学版)，2015，30(3)：5.

[4] 郭荫荫，徐康，杜金华，等．一种冰无花果酒及其酿造方法：CN201811086543.4[P]．2025-02-11.

[5] 苗丽平．低甲醇发酵型红枣果酒酿造工艺的研究[J]．酿酒科技，2024(4)：46-53.

[6] 张会香，程鑫，林楠，等．百香果果壳发酵低甲醇含量果酒工艺优化[J]．食品研究与开发，2023，44(12)：153-159.

[7] 韩海霞，尼格尔热依・亚迪卡尔，冯作山，等．一种降低红枣果酒中甲醇的前处理方法及利用该工艺制备的低甲醇红枣果酒：202410603172[P]．2025-02-11.

案例8

柑橘类水果加工中的脱苦方案

案例摘要

本案例介绍了柑橘类水果加工中的脱苦方案。通过介绍柑橘中的主要苦味物质种类、柑橘中苦味物质阈值，引导学生了解并掌握柑橘“后苦”的脱除方法及其机理研究，培养学生查阅资料、主动思考与解决问题的能力，进而希望学生能够培养果蔬加工质量控制意识、创新意识，并能灵活运用所学专业知识解决实际生产中存在的问题，以后更好地服务于食品行业。

第1节　案例解析

一、案例背景

柑橘（*Citrus reticulata*）是芸香科（Rutaceae）柑橘亚科柑橘属的一类水果，是橘（桔）、柑、橙、柚、枳等水果的总称，包括柠檬、柚、葡萄柚、甜橙、酸橙等。柑橘果树主要分布在热带、亚热带地区，柑橘的种植面积和产量均高于其他水果，是仅次于玉米和小麦的第三大国际贸易农产品。我国是世界上柑橘栽培最早的国家，已有4000多年的栽培历史（**思政点1**）。北纬20～33°、海拔700～1000 m地区均适合种植。目前，世界上生产柑橘的国家和地区约有140多个，其中，亚洲柑橘产量约占全球柑橘产量的51%。根据世界柑橘组织发布的报告，中国柑橘产量约占全球柑橘总产量的28%，中国柑橘园面积及柑橘产量常年稳居世界首位。国家统计局发布数据显示，2022年，中国柑橘园面积为4550.31万亩、柑橘产量为6003.89万吨；与2011年（柑橘园面积3115.82万亩、柑橘产量2864.12万吨）相比，柑橘园面积增长了1434.5万亩，增幅约为46.04%，年均复合增长率约为3.5%；柑橘产量增长了3139.77万吨，增幅约为109.62%，年均复合增长率约为6.96%。

我国柑橘类加工食品产品丰富，比如陈皮、蜜饯、橘子果酱等（**思政点2**），可供加工的品种有甜橙、柚、柑、橘、葡萄柚、柠檬等重要栽培类型，其营养价值高，药用保健功能显著，深受国内外水果市场的欢迎（**思政点 3**）。湖北屈姑国际农业集团是一家以柑橘精深加工为主导，集农产品种植、加工、研发、出口、冷藏于一体的国家级农业产业化集团。该集团自成立以来，秉承循环经济理念，以提升现代农业技术、促进农民增产增收、打造百亿柑橘产业为己任，以制度、技术、管理创新为动力，以柑橘零废弃加工综合利用研发为重点，探索并建立“企业＋专业合作社＋产业基地＋农户＋科研单位＋互联网”六位一体的产业发展模式，在省内外建立柑橘、蔬菜种植基地 4 万多亩，年生产、加工、销售农副产品 20 多万吨，直接提供就业岗位 1200 多个，间接带动 2.5 万农民增收（**思政点 4**）。

但是面对巨大的柑橘生产量，我国柑橘采后的深加工率整体上却极低，汁、罐头、糖制品（果酱、果冻和蜜饯）、酒、果醋、香精油、果胶等仅占果实总产量的 5%，远低于 35%的世界平均水平，与其他大宗水果（如苹果、桃子等）也是相去甚远，主要制约因素是柑橘制品中的苦味。

柑橘的苦味有“先苦”、“后苦”和“再苦”之分。“先苦”主要是柚类、酸橙及其变种的果皮及果实中以柚皮苷、新橙皮苷等为代表的黄烷酮糖苷类化合物引起的（**思政点 5**）。在柑橘加工过程中，对果实进行剥皮去籽处理，该部分苦味物质可以得到有效的控制；“后苦”这种现象表现为新鲜食用的柑橘类果实起初并不带有显著的苦味，但是一旦遭受冻害、挤压碰撞或经压榨取汁，果实便会显现出明显的苦味。这种苦味主要是由柠檬苦素这类高度氧化的四环三萜类次生代谢产物引起的[1]。柑橘果肉中柠檬苦素类似物含量较低，在 pH 小于 6.0 的情况下，柑橘果实中无苦味的前体物质柠檬苦酸 A-环内酯，在柠檬苦素 D-环内酯水解酶的作用下转化成为具有苦味的柠檬苦素（又名类柠檬苦素），主要包括柠檬苦素、诺米林和诺米林酸等，其中具有强烈苦味且阈值极低的有柠檬苦素、诺米林和诺米林酸，在柑橘汁中苦味及含量依次递减，柠檬苦酸 A-环内酯酶解生成柠檬苦素如图 8-1 所示；“再苦”主要发生在柑橘酒发酵和陈酿过程中，因较多残糖、丰富氨基酸和维生素等营养成分的存在，pH 也适宜乳酸菌、产苦味杂菌等微生物的生长而出现的苦味，即发酵、陈酿苦，一般情况下，标准生产工艺基本可以杜绝该类苦味[2]。所以，柑橘及其制品苦味的研究主要集中在“后苦”类物质上。

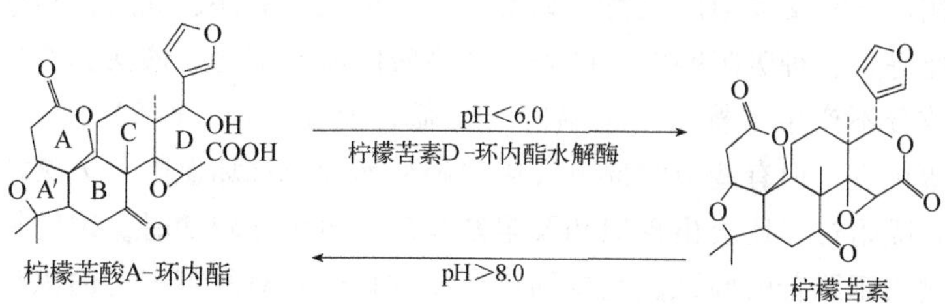

图 8-1 “后苦”苦味形成机理

在成熟阶段，柠檬苦素葡萄糖基转移酶基因的表达开始增加，柠檬苦素葡萄糖苷转移酶会将类柠檬苦素苷转化为几乎没有苦味的糖苷，类柠檬苦素糖苷浓度增加，柠檬苦素的含量下降，故成熟后的柑橘榨汁后较未成熟的苦味显著降低。

二、柑橘类加工脱苦方法

为减少柑橘类水果在发育和成熟过程中苦味化合物的积累，我国研究人员已经做出了许多努力，如使用化学喷雾、农艺方法和采后处理来减少水果中富集的苦味物质（**思政点6**）。目前，基于物理、化学和生物技术方法开发了很多脱苦技术，减少苦味的机理主要包括：①除去苦味化合物（如烫漂、吸附、超滤膜过滤）；②除去富含苦味成分的部分（如白色内果皮和种子）；③添加苦味化合物清除剂（如碱处理、环糊精处理）；④酶促转化；⑤利用基因工程技术调节苦味化合物的合成途径。

1.物理方法脱苦

（1）榨汁方式

榨汁方式会直接影响果汁的苦味程度，有研究表明，与未处理的同类产品相比，轻柔地挤压水果可将果汁中的苦味降至最低。通过采用不同榨汁处理方式对果汁理化指标的影响进行研究发现，使用螺旋式榨汁机可以有效减少果汁中的苦味；有些榨汁机虽然可以更快地从水果中提取果汁，但是在提取过程中，将富含苦味物质的种子与多汁囊一起压碎可能会给果汁带来苦味；在榨汁之前，从水果中手动去除种子可减少果汁中的苦味。已有研究表明，从无核果汁中提取的汁液中苦味成分（柚皮苷和柠檬苦素）的含量最少。

（2）热烫处理

热烫处理是一种热处理过程，应用于水果和蔬菜行业，以使内源酶失活，但会影响其感官和营养价值以及货架期。研究发现，其脱苦机理是通过固液萃取，热水进入富含苦味物质的白色内表皮使其中的糖苷类黄烷酮溶解，然后将其转移到固体基质的外部，再从外表面转移到水溶液中。黄烷酮糖苷的流出依赖于时间和温度的变化，但较高的温度必然会破坏柑橘果实的组织结构。

（3）吸附脱苦

吸附脱苦是采用吸附剂选择性地吸附除去溶液中苦味成分而达到脱苦的目的，该法是各国商业中使用最广泛的脱苦技术。吸附剂主要有中性多聚吸附剂、弱酸（阳离子）交换树脂和碱性（阴离子）交换树脂三类，如活性炭、活化硅酸镁、硅胶、醋酸纤维、木质吸附剂、吸附树脂等，各种吸附剂对不同苦味物质吸附能力不同。该法具有带入溶液中的杂质少、对原有成分不产生干扰、处理温度要求低、处理方便、时间短、设备简单、成本低、可以再生等优点，但有些吸附剂也会因选择性而导致抗坏血酸、天然抗氧化剂等组分的损失，同时，吸附过程还会出现饱和及阻塞现象，再生比较费时。国内相关研究主要集中在各种脱苦剂用于脱苦的验证、优良国产树脂的挑选及对脱苦工艺的优化等方面，而国外的相关研究却主要集中在吸附剂的优选上。

（4）膜分离技术脱苦

膜分离技术可分为滤膜和溶解-扩散膜两种类型，前者是根据分子量大小，大于膜孔径的分子被截留；后者表面没有孔，对物质的分离是根据溶质分子在膜中的溶解性和扩散性，膜的一侧流动的是待处理溶液，另一侧流动的是 pH 为 12～13 的 NaOH 溶液。柠檬苦素是非极性分子，呈电中性，它可以溶解在液膜中，再通过扩散作用进入溶液中，而营养成分的损失不超过 5%。该法具有选择性较高、分离效率高、操作温度低、处理量大、易于连续化生产等特点。但由于膜性能还不太稳定，目前主要在实验室研究使用。

(5) 超临界 CO_2 萃取脱苦

超临界流体萃取（supercritical fluid extraction，SFE）是 20 世纪 70 年代发展起来的一项提取分离技术，综合了溶剂萃取和蒸馏两种功能的特点，具有选择性强、工艺简单、低能耗、安全无污染、提取效率高、溶剂可循环等优点，在天然色素、香精香料、中草药等提取方面得到了广泛的应用，有的已达到工业化水平。SFE 的主要影响因素有温度、压力、萃取物的颗粒大小、萃取时间、夹带剂、流体的流量，需综合考虑得出最佳萃取与分离条件。超临界 CO_2 萃取就是以超临界状态的 CO_2 流体为溶剂，利用其在临界点附近具有高渗透性、高扩散性和高溶解能力的特点对萃取物中的目标组分进行提取分离，从而达到分离精制的目的。常用夹带剂有无水乙醇、丙酮、苯、二氯甲烷、乙醚、正丁醇等。对极性较大的物质提取时，应加入适量甲醇、乙醇和水等。柠檬苦素类似物活性和稳定性受温度、pH、与光和空气接触时间等的影响，因此，可使用超临界 CO_2 对柑橘皮、柑橘汁、柑橘籽中的柠檬苦素类似物或其苷元进行提取或者脱除。超临界萃取设备价格昂贵，且高温高压对果汁营养成分具体有多大影响还未可知，故在一定程度上阻碍了工业化生产的推广。

2.生物技术方法脱苦

(1) 酶法脱苦

近年来越来越多研究学者开始研究酶法脱苦技术，与化学方法相比，酶法对果汁中的苦味成分的去除作用要大得多，且处理条件温和，专一性强。据研究，其脱苦机理为控制柠檬苦素的合成或是将柠檬苦素转化为其他不具苦味的化合物。作用于柠檬苦素类似物的脱苦酶主要有柠檬苦素环氧酶、柠檬苦素脱氢酶、柠檬苦醇脱氢酶、反式消除酶、乙酰基裂解酶、柚苷酶等。柚苷酶水解柚皮苷的机理如图 8-2 所示。这些酶类可以通过假单胞菌 321-18、细菌 342-152-1、球形节杆菌Ⅱ、棒状杆菌和束红球菌等的代谢产生。实际应用中，部分酶会因果汁的低 pH 而易失活，且生产成本高，故在工业生产中受到限制。

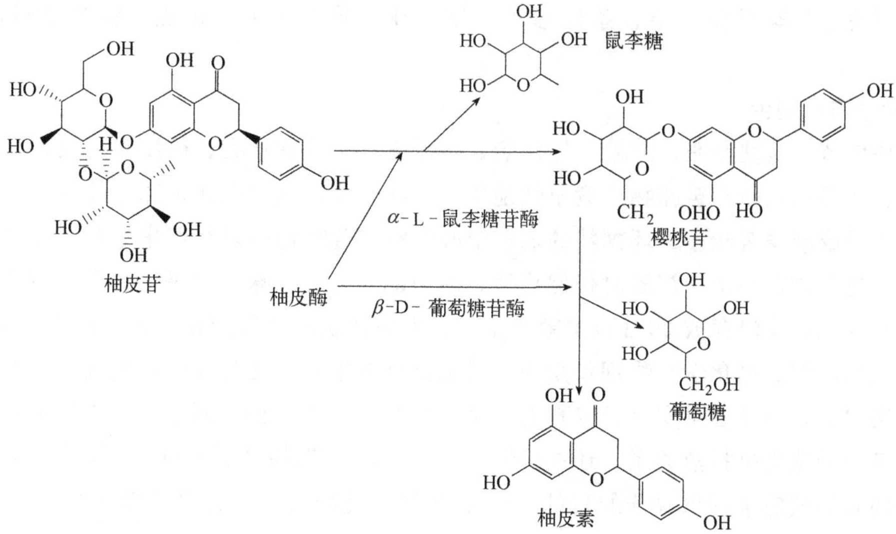

图 8-2 柚皮苷在柚苷酶作用下的水解过程

酶处理需要在较温和的条件下进行，因为高温下酶很容易失活，故会限制其在工业化上的应用，因此，关于提高酶的耐热性、催化活性的研究对扩大酶在实际生产中的应用价值很有必要。固定化酶是目前工业上的趋势，它能够保持并延长酶的活性，促进其重复使用。固定化可以通过多种方式实现，如使用惰性材料来固定化酶、用聚合凝胶晶格包裹酶、用多功能试剂交联酶中的活性蛋白、酶与不溶性支撑材料上的共价结合等。但固定成功率取决于不同 pH 和温度下酶的活性、特定的修复基团和功能基团的存在、分子量和酶纯度。共价酶固定过程产生了一种不溶且相当稳定的酶形式，同时保留了催化特性，使酶可以在很宽的温度范围内发挥作用。目前，固定化酶的趋势是利用纳米结构的材料作为酶的载体，包括纳米孔材料、纳米颗粒和纳米纤维。有报道使用生态友好型生物催化剂通过单罐解决柑橘汁澄清和脱苦问题，即通过使用氧化的壳聚糖作为大分子交联剂，将果胶酶和柚皮苷酶共同固定在壳聚糖包被的磁性纳米颗粒上，采用共固定酶对柑橘汁进行单罐澄清和脱苦的评估，发现浊度降低了约 52%，柚皮苷含量降低了约 85%，与游离酶相比，共固定酶在高温下稳定，并显示出优异的热稳定性[3]。

（2）基因工程脱苦

基因工程脱苦是将目的脱苦酶基因导入柑橘细胞中，在不影响果汁品质的前提下达到自然脱苦；或者将影响柠檬苦素类似物生成的相关酶的基因直接克隆到相关微生物体内，对柑橘汁进行处理，以降低柠檬苦素类似物含量。目前，对柠檬苦素 D-环内酯水解酶（LDRLase）的研究主要集中在提高其自身活性和在假单胞菌中的活性方面，而关于其基因的研究却很少；通过基因工程技术增强柠檬苦素-UDP-葡萄糖转移酶活性的研究已成为培植脱苦转基因柑橘和高类柠檬苦素糖苷转基因柑橘果树的重要突破口。有研究证明，脐橙果实发育过程中，*CitLGT* mRNA 转录物含量与柠檬苦素苷元含量的波动一致，这说明 *CitLGT* 转录调节柠檬苦素类似物苷元转化为其配糖体。在柑橘果实发育过程中，*CitLGT* 基因的延迟表达是导致“后苦味”出现的一个重要原因。因此，可以通过调节 *CitLGT* 基因的时空表达来改变 LARL 前体的积累从而影响果汁中柠檬苦素的含量[4]。基因工程脱苦具有操作简单、条件温和、效率高、便于应用等优点，将是今后的发展方向。

3.化学方法脱苦

β-环糊精、新地奥明、蔗糖、柠檬酸、新橙皮苷二氢查耳酮、橙皮素二氢查耳酮葡萄糖苷等苦味抑制剂能与苦味物质竞争性地争夺苦味受体，从而阻止苦味受体对苦味物质的感受，掩盖或减弱苦味。*β*-环糊精的疏水中心空腔与苦味物质以范德华力及氢键作用而形成稳定的包嵌物，在水中溶解时仍然稳定，因而能够掩盖苦味，而果汁酸度、甜度及风味基本没有变化，常温存放 30 d 以上效果依旧。但该物质脱苦仅能在一定浓度范围内实现。而新地奥明能够通过化学或物理作用与苦感觉器官发生缔合使苦味阈值增大。新地奥明在柑橘果实中的含量随着果实生长发育有一个增加和减少的过程，而橙汁中柠檬苦素的阈值与新地奥明的浓度呈指数关系，还能抑制由过度甜味引起的“后苦味”。蔗糖则是通过提高苦味物质的阈值来达到脱苦的目的，添加 10%的蔗糖可使柠檬苦素类似物水溶液的苦味阈值增加 27 mg/kg。问题在于所用到的化学品不能重复使用，而且最棘手的问题是，这些化学品缺乏合理处理方式，因此这些化工产物的排放会对生态环境造成一定的影响。

4.复合脱苦法

复合脱苦法，即通过结合多种脱苦技术，以实现更佳的脱苦效果。这些脱苦手段虽然各有优势，但也存在一定的不足，比如在去除苦味物质的过程中，可能会损失一些微量元素或香气成分。柠檬苦素类似物是柑橘类水果苦味的主要来源，同时也是柑橘及其产品具有独特的感官特征和显著的生物活性的关键因素，因此，将苦味物质控制在适宜的浓度是关键。在选择脱苦方法时，应优先考虑成本较低、残留较少、影响较小且效益较高的方式。研究表明，采用超滤与吸附相结合的方法对柑橘汁进行脱苦，不仅显著提升了脱苦效率，还延长了树脂的使用寿命。

5.应用案例

（1）案例 1：添加粗酶液脱苦

林静[5]通过实验确定了黄果柑果实和黄果柑酒中的主要苦味物质，并从腐烂的黄果柑和堆积过腐烂黄果柑的土壤中筛选出一株能产柚苷酶的菌株，对其产酶特性和产酶条件进行了研究。筛选出产柚苷酶菌株 A-5 并鉴定，菌株 A-5 产生的柚苷酶属于胞外酶，发酵后添加粗酶液，研究结果发现对照组中芸香柚皮苷含量为 588.83 mg/L，发酵后添加粗酶液的酒样中芸香柚皮苷含量为 58.79 mg/L，发酵前添加粗酶液的酒样中的芸香柚皮苷已不能检出，这说明菌株 A-5 发酵粗酶液能够有效去除黄果柑酒中的苦味物质芸香柚皮苷，且发酵前添加粗酶液更有利于降低苦味物质含量。

（2）案例 2：热烫脱苦

Ben 等[6]通过对苦橙皮进行水和蒸汽热烫实验，结果显示在 95 ℃和 85 ℃时，水烫可分别去除 38%和 48%的苦味黄烷酮类化合物（柚皮苷和新橙皮苷），而蒸汽热烫对苦味化合物含量无显著影响，作为预处理手段可以推广。

（3）案例 3：加酶脱苦技术

张方艳等[7]采用酶法对柑橘酒进行脱苦处理，通过对发酵后的柑橘原酒进行加酶处理脱苦，效果要优于对鲜榨柑橘汁进行加酶处理的脱苦效果。在此基础上对柑橘原酒进行脱苦工艺条件的优化，结果表明 100 mL 的柑橘原酒添加 0.6 g/L 的柚苷酶，pH 值 7.0、反应温度 50 ℃、反应时间 60 min 时，柚苷酶的脱苦效果最好，研究表明酶法对柑橘酒进行脱苦可行并有效。

（4）案例 4：吸附结合抑制剂脱苦

蔡慧农[8]采用吸附、添加苦味物抑制剂等方法对蜜柚果酒进行脱苦，添加 0.3%大孔吸附树脂、0.3%活性炭、0.2%硅胶、0.2% β-环糊精和 1%白砂糖脱苦效果良好。

（5）案例 5：酶法结合超声脱苦

杨鹏[9]开发了一种柑橘类切片的脱苦方法，淀粉、明胶、黄原胶混合均匀，然后与柚皮苷酶、糖醇、盐混合，混合物与柑橘切片按比例调配后超声处理、干燥。该法减少了添加剂的用量，也降低了产品的含糖量和生产成本，在去除苦味的同时，保持柑橘产品的良好风味，提高食用者的感官满意度。

（6）案例 6：微胶囊固定化酶脱苦

荆楚理工学院的研究团队利用微胶囊包埋技术，对柑橘汁进行脱苦。取柚苷酶液，置于载体介孔分子筛 SBA-15 中，振荡吸附后，再置于海藻酸钠溶液中进行二次包埋处理，用注射器逐滴注入不断搅拌的 $CaCl_2$ 溶液中，形成光滑小球后滤出小球体，得到固定化酶；得到的固定化酶置于密闭的流化槽中，流化槽内加入离心过滤处理的柑橘果汁，进行酶解处理，有效降低苦味物质含量80%。

三、拓展

1. 柑橘脱苦技术困境：在脱苦研究中发现，这些苦味物质具有多种生物活性，在当代注重膳食营养的大环境下，既不损失原有果汁的风味和营养成分，又能实现高效脱苦、既简便又低成本地消除柑橘果汁中的苦味物质是大势所趋。从上述对物理、化学和生物技术脱苦方法的研究可以看出，目前还没有任何一种物理、化学或生物技术方法可以在不影响果汁的自然特性的情况下，使苦味果汁变得可口。若以操作简便、重现性好、保存其天然营养特性、消费者易接受性为评判标准，与传统的物理化学方法相比，采用生物技术方法进行脱苦在这些方面表现出独特的优势，其在处理果汁时不会造成变色、风味改变和稠度变化等问题。FDA 规定"不得在果汁中添加或去除任何东西"，生物技术方法初步满足了该标准要求。

2. 展示柑橘脱苦加工制品（3～5个）。

3. 制定柑橘类水果加工脱苦的可行性方案，并在实验课中进行实践操作（课后作业，课程实验中实操，**思政点7、8**）。

4. 学习《中华人民共和国食品安全法》及《食品安全国家标准　食品添加剂使用标准》，并和产品做对照（课后任务，**思政点9**）。

5. 每个小组对综合实验形成报告，讨论柑橘类脱苦加工进一步改进的措施（**思政点10**）。

第2节　案例教学指导

一、教学目标

1. 培养学生查阅资料、文献，并能在阅读过程中进行总结、分析、凝练和提出问题的能力；培养学生分工协作和通过倾听、讨论、提问、讲解等过程学习知识、运用知识的能力。

2. 使学生更好地了解柑橘类苦味物质相关知识，并能将所学知识灵活运用、综合运用；能就相关生产实际问题进行解决方案设计，并初步将设计的方案用于生产实践，培养学生工程实践能力。

3. 让学生认识到在食品生产实践中创新能力的重要性。

二、案例讨论前准备工作

1. 学生熟悉柑橘类在我国种植的规模以及主要加工品的初步加工工艺；了解其中引起苦味的化合物的种类。

2. 了解柑橘的苦味有"先苦"、"后苦"和"再苦"之分，以及三种苦味之间的区别和联系。

3. 了解柑橘苦味的来源以及引起苦味的主要物质后，在充分查阅资料并小组讨论的基础上组内完成以下内容：

（1）目前降低或者脱除柑橘类水果苦味的方法有哪些？

（2）设计一个降低或者脱除柑橘类水果加工中苦味的方案。

三、案例分析要点

1. 苦味物质的主要组成：多种苦味代谢产物，如柚皮苷、枸橘苷、新橙皮苷、柠檬苦素、诺米林、诺米林酸等。

2. 不同苦味物质在柑橘成熟过程中的形成规律。

3. 不同苦味物质在水溶液中的阈值。

4. 关于目前柑橘类水果加工脱苦的国内外研究进展。

5. 部分企业柑橘类加工脱苦方案介绍。

6. 结合教师本人科研介绍对脱除柑橘类水果苦味物质所做的一些工作。

7. 延伸 1：制定一个柑橘类产品脱苦的加工工艺流程。

8. 延伸 2：思考如何既不损失原有果汁的风味和营养成分又能实现高效脱苦、既简便又低成本地消除柑橘果汁中的苦味物质。

四、教学组织方式

1.问题清单及提问顺序、资料的发放顺序

（1）柑橘类水果加工的主要方向是什么？

（2）柑橘类水果榨汁后为什么会有苦味？

（3）什么原因导致柑橘类水果“先苦”、“后苦”？

（4）柑橘类水果中苦味物质对人体的生理作用有哪些？

（5）简述柑橘类水果脱苦的物理方法。

（6）简述柑橘类水果脱苦的化学方法。

（7）简述柑橘类水果脱苦的生物方法。

（8）简述各种脱苦方法的优缺点。

（9）苦味物质有必要完全脱除吗？

（10）脱苦过程对柑橘类水果风味的影响有哪些？

资料发放顺序为：背景知识介绍后，第一次课后 30 分钟发放柑橘榨汁和柑橘酒类生产中有关苦味的资料让学生阅读，并观看相关视频，然后布置任务，即让学生课后查阅、学习相关资料、法规，并完成布置的任务；第二次课首先让学生进行讨论、讲解，然后发放案例解析中的其他资料；最后发放延伸问题的资料。所有资料均发放在线上学习平台上。

2.课时分配（共 100 分钟）

（1）线上学习平台发放三个问卷调查。（5 分钟）

① 你是否了解本地柑橘类水果加工的主要方向？A 了解　B 不了解

② 你是否经常购买柑橘类加工产品？A 经常　B 偶尔　C 很少

③ 你是否介意吃苦味较重的柑橘类加工品（比如果汁或者果酒）？A 介意　B 不介意

（2）背景知识介绍。（5 分钟）

（3）发放柑橘类苦味物质研究的案例资料，同学们阅读，并抽 2 位同学谈初步感悟，播放相关短视频 2 个。（15 分钟）

（4）布置课后任务：分组查阅脱除柑橘类苦味的措施，并制定一个准备在实验中实施的解决方案，并分组讨论。（5 分钟）

（5）学生查阅资料、文献，完成布置的任务；提交完成的任务给老师。（课后完成）

（6）进行小组汇报与讨论。（5 组，共 25 分钟）

（7）教师进行点评、课堂提问、讨论、讲解、梳理。（25 分钟）

（8）播放相应的视频、MOOC 资料，并进行延伸：①柑橘类主要加工品的加工工艺；②柑橘酒苦味物质产生与控制；③相关产品展示，并将展示的产品作为奖励发给表现优秀的同学。（20 分钟）

3.讨论方式

采取小组讨论、小组汇报相结合的方式。

教师布置任务后，首先学生课后查阅、学习相关资料、法规，完成布置的任务，并进行小组讨论；课堂上抽取五个小组，每小组汇报本小组的主要观点，其他组学生提问并讨论。

小组讨论和小组汇报结束后，由教师采取提问、讨论、视频、MOOC、讲解与实物展示相结合的方式进行梳理与总结。

五、课程思政设计

案例教学过程中，共设计了 10 个课程思政点，具体如表 8-1 所示。

表 8-1　案例教学中课程思政设计

序号	教学环节	知识点	教学内容	思政点
1	课前	课前预习	了解中国柑橘种植的基本情况	我国有着悠久的种植文化，五千年的历史中，我们的先人勤恳劳作，弘扬吃苦耐劳的精神
2	课前	课前预习	柑橘加工的现状及主要的传统柑橘类食品	培养同学们的饮食文化修养，激起同学们对中国传统食品的热爱，激发学生的爱国情怀
3	课中	柑橘果蔬汁、果酒的主要原料	讲述柑橘果蔬汁的主要原料种类	通过介绍我国丰富的水果蔬菜资源，不仅种类繁多，而且产量居于世界首位，是世界上柑橘汁主要生产国，激发同学们强烈的民族自信心和自豪感，建立起文化自信
4	课中	国内柑橘加工知名企业	讲述屈姑食品有限公司发展历史	使学生深深感受到本地民族企业的艰难发展历程，理解当前柑橘加工繁荣的来之不易

续表

序号	教学环节	知识点	教学内容	思政点
5	课中	柑橘的苦味	引起苦味的主要成分及部位	借用柑橘类水果中的“先苦后甜”现象，鼓励学生努力奋斗，不负韶华。柑橘的苦味成分，尽管在感官上可能不被所有人喜爱，却也是其独特风味和营养价值的一部分，希望同学们尊重其独特性
6	课中	柑橘类苦味物质脱除研究现状	结合教师科研和国内国际研究热点，介绍柑橘脱苦加工的研究现状	鼓励同学们有探索精神和创新精神
7	课中	分组制定柑橘加工脱苦方案并实践	同学们分组制定柑橘加工脱苦方案，并在实验课中进行实践	培养学生敬业、精益求精、专注、创新的大国工匠精神
8	课中	分组制定脱苦方案并实践	在方案实施过程中分工协作	培养同学们分工协作的能力
9	课中	强调加工所需要的辅料的安全性	学习《中华人民共和国食品安全法》及《食品安全国家标准　食品添加剂使用标准》	以国家法规、标准、政策为切入点，弘扬法治精神
10	课后	课后任务	整理实验数据，并撰写总结报告	要求每个学生尊重实验结果，不得随意更改，培养学生实事求是的优秀品德

六、其他

1. 每次案例教学实施完成后，鼓励学生反思案例学习过程，思考如何将所学应用到实际中，要求学生基于案例撰写分析报告或反思日记。

2. 跟踪评估：评估案例教学的效果，收集学生反馈，以便于未来改进。

3. 课堂讨论和互动时间占总课程时长的50%以上。

4. 利用多媒体和信息技术手段，如视频、在线论坛等，丰富案例呈现和讨论的方式。使用在线案例教学平台，增加学生的互动机会，促进学习交流。

附：提问参考答案

（1）柑橘类水果加工的主要方向是什么？

答：略。

（2）柑橘类水果榨汁后为什么会有苦味？

答：柑橘类水果中存在多种苦味代谢产物，如柚皮苷、枸橘苷、新橙皮苷、柠檬苦素、诺米林、诺米林酸等。其中，以柚皮苷为代表的黄烷酮糖苷类化合物和以柠檬苦素为代表的三萜类化合物是造成柑橘汁苦味的两种主要化合物。

（3）什么原因导致柑橘类水果“先苦”、“后苦”？

答：“先苦”，即柑橘类水果在未成熟时，果肉中含有较多的有机酸和糖苷类物质，如柚皮苷和新橙皮苷，这些物质具有明显的苦味。因此，未成熟的柑橘吃起来会感觉发苦。受冻导致的“后苦”，即当柑橘在低温环境下受冻时，其原生质会发生脱水，蛋白质凝固，抗菌能力下降，使得细菌和霉菌侵入果肉，进一步加重了苦味。这种现象尤其在冬季收获的脐橙中较为突出，被称为“延迟苦味”或“后苦味”。在低温保存条件下，柑橘的酶活力受到影响，导致糖苷水解反应减弱，使得原本不明显的苦味物质（如柠檬苦素）逐渐显现出来。此外，受冻后的柑橘更容易发生脱水和微生物侵入，进一步加剧了苦味。

（4）柑橘类水果中苦味物质对人体的生理作用有哪些？

答：柠檬苦素在抑制癌细胞生长方面有一定效果，有研究显示这一成分能抑制多种癌症细胞系生长，其中包括白血病细胞、宫颈癌细胞、乳腺癌细胞和肝癌细胞等。此外，还有一定的抗焦虑、抗菌、抗炎的作用。

（5）简述柑橘类水果脱苦的物理方法。

答：吸附法、膜分离法、超临界 CO_2 萃取脱苦、添加苦味抑制剂脱苦。

（6）简述柑橘类水果脱苦的化学方法。

答：碱液处理、环糊精法等。

（7）简述柑橘类水果脱苦的生物方法。

答：酶法脱苦、固定化细胞脱苦、基因工程脱苦。

（8）简述各种脱苦方法的优缺点。

答：物理、化学脱苦法是以果汁的营养品质、质地、风味、口感为代价来进行脱苦，物理吸附或化学反应一定程度上会改变果汁的化学成分。这些方法在本质上是非特异性的，因此存在效率低下的缺陷，还会因不可监控的变化导致批次间的差异，在去除苦味成分的过程中由于所需的营养成分的部分损失而降低了产量。虽然生物技术脱苦具有特异性强、靶向精准脱苦等优势，但其仍处于实验室阶段。酶的稳定性差、易变性失活、成本较高。低成本、低残留、低影响和高效益的脱苦方式是今后发展的方向。

（9）苦味物质有必要完全脱除吗？

答：没必要。研究表明，这些苦味物质不仅具有抗氧化、抗炎等生理功能，而且对食品的风味也有一定的影响。是否需要完全脱除这些苦味物质，取决于产品的目标市场和消费者偏好。一方面，某些苦味物质具有一定的健康益处，完全脱除可能不利于这些益处的发挥。另一方面，过度的苦味可能会影响产品的口感，不为消费者所接受。柠檬苦素类似物作为柑橘苦味的主要成分，考虑到柑橘及其制品的特色感官呈现，故将其控制在一个适当的浓度范围内即可。

（10）脱苦过程对柑橘类水果风味的影响有哪些？

答：主要是香味物质和风味成分的损失，以及添加物质带来的异味。

参考文献

[1] 张娜威，潘思轶，范刚，等．柑橘果汁中的苦味物质及脱苦技术研究进展[J]．华中农业大学学报，2021，40(1)：40-48.

[2] 马胤鹏，曾竟蓝，曾璐，等．柑橘酒中苦味物质及其脱苦技术的研究进展[J]．农产品加工，2017(18)：58-61.

[3] Ladole M R, Pokale P B, Varude V R, et al. One pot clarification and debittering of grapefruit juice using co-immobilized enzymes@chitosanMNPs[J]. International Journal of Biological Macromolecules, 2020, 167: 1297-1307.

[4] Kita M, Hirata Y, Moriguchi T, et al. Molecular cloning and characterization of a novel gene encoding limonoid UDP-glucosyltransferase in Citrus[J]. Febs Letters, 2000, 469(2-3): 173-178.

[5] 林静．产柚苷酶菌株的筛选及其粗酶液对黄果柑酒脱苦效果研究[D]. 雅安:四川农业大学,2023.

[6] Ben Zid M, Dhuique-Mayer C, Bellagha S, et al. Effects of blanching on flavanones and microstructure of citrus aurantium peels[J]. Food & Bioprocess Technology, 2015., 8(11): 2246-2255.

[7] 张方艳,童芳,刘美伶,等．柑橘酒酶法脱苦工艺的研究[J]. 合肥师范学院学报,2021,39(06):21-24.

[8] 蔡慧农．柑橘类果汁脱苦方法:CN201210119747. X[P]. [2013-09-04].

[9] 杨鹏．一种柑橘类切片的脱苦方法．:CN202210106522. 4[P]. [2023-12-12].

案例 9

虾类防黑变剂中亚硫酸盐的使用与替代

案例摘要

本案例聚焦于冰鲜虾类的防黑变保鲜技术，阐述了虾类在保鲜过程中黑变现象及其成因，探讨了亚硫酸盐在水产品保鲜中的作用机理及其潜在毒性。通过对亚硫酸盐的理化性质和应用效果的分析，引入了降低亚硫酸盐使用的绿色加工技术，旨在减少其对食品安全和消费者健康的潜在风险。教学过程中，学生将通过查阅资料和案例学习，培养自主思考的习惯，并强化对食品安全与质量控制的认识。课程设计注重实践能力的培养，鼓励学生运用专业知识解决实际问题，以期培育出既具备专业素养又恪守职业道德的食品行业专业型人才。通过本课程的学习，学生将能够熟练掌握食品加工中亚硫酸盐的科学应用，理解其在现代食品工业中的重要性，同时学会评估和应用新兴的保鲜技术，为未来的食品工业发展提供参考。

第 1 节　案例解析

一、案例背景

虾类肉质鲜美、营养丰富，深受广大消费者喜爱，是一类重要的经济型水产品。在我国，南美白对虾、沼虾、克氏原螯虾、中国对虾等是养殖产量最高的虾类水产品（**思政点 1**）。然而，虾肉中蛋白质含量较高，为微生物的生长繁殖提供了有利条件。因此，虾类在保藏过程中易受微生物的侵染而腐败变质。此外，虾类水产品还会发生黑变的现象，黑变在虾死后即开始发生，黑色素产生速度远快于微生物生长繁殖和蛋白质水解速度，并在虾头胸部、尾部快速沉聚，严重影响虾类的感官可接受度，导致其商品价值下降（图 9-1）。

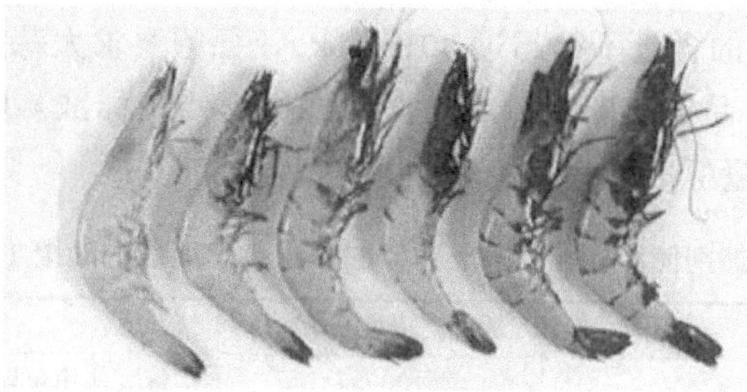

图 9-1　虾的黑变现象（以南美白对虾为例）

在对虾类进行防黑变保鲜时，主要的思路是添加漂白剂或酪氨酸酶抑制剂。其中亚硫酸盐是使用较为普遍和有效的虾类黑变抑制剂。在浙江省标准 DB33/T 2445—2022《海捕虾保鲜操作技术规程》中详细规定了焦亚硫酸钠作为海捕虾保鲜剂的操作规范。

亚硫酸盐通常是二氧化硫及能够产生二氧化硫的无机性亚硫酸盐的统称，主要包括二氧化硫（SO_2）、硫黄、亚硫酸（H_2SO_3）、亚硫酸盐（Na_2SO_3、$NaHSO_3$）、焦亚硫酸盐（如 $Na_2S_2O_5$）、低亚硫酸盐（如 $Na_2S_2O_4$）等（亚硫酸钠和焦亚硫酸钠样品照片见图 9-2）。

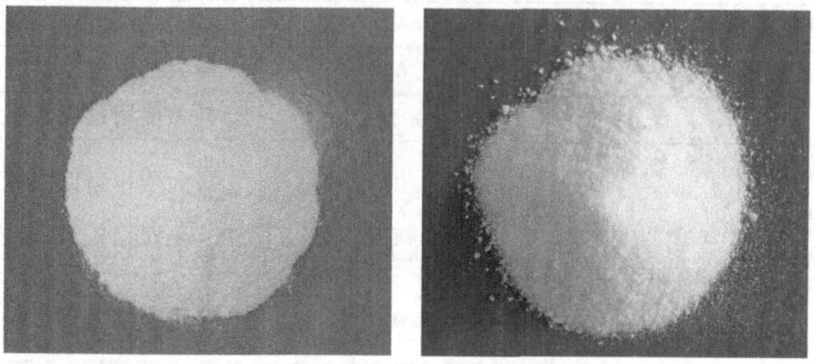

亚硫酸钠(Na_2SO_3)　　焦亚硫酸钠($Na_2S_2O_5$)

图 9-2　亚硫酸钠和焦亚硫酸钠样品照片

亚硫酸盐在食品中通常作为漂白剂使用，但实际上其具有多方面的用途：①漂白作用，在酸性条件产生具有还原性的亚硫酸，亚硫酸释放氢原子可使发色基团的双键打开而失去颜色；②防褐变作用，亚硫酸是一种强还原剂，对催化酶促褐变的氧化酶的活性有很强的抑制作用；③防腐作用，抑制微生物中部分酶的活性，消耗氧进而抑制好氧菌的生长；④抗氧化作用，消耗组织中的氧，防止维生素 C 等活性物质被氧化。

然而，亚硫酸盐及其相关衍生物对人体呼吸系统、生殖系统、消化系统、心血管系统、神经系统以及免疫系统均有一定的损伤作用，低剂量 SO_2 仍可能引起部分人群产生头晕、腹痛、恶心甚至过敏性休克等症状。

基于对亚硫酸盐毒性的认识，各国都对食品中亚硫酸盐含量进行了严格的限定[1]。

FDA 要求亚硫酸盐的添加量超过 10 mg/kg 的食品要有明确的标注，日本则限定了盐渍蔬菜、淀粉等食品中 SO_2 的含量不得超过 30 mg/kg，德国要求大蒜制品中二氧化硫含量少于 50 mg/kg。我国《食品安全国家标准　食品添加剂使用标准》中明确规定了各类食品中二氧化硫使用量的限量标准，具体见表 9-1。

表 9-1　我国食品添加剂使用标准中关于亚硫酸盐最大使用量的限量（GB 2760—2024）

食品名称	最大使用量/(g/kg)	备注
经表面处理的鲜水果	0.05	最大使用量以二氧化硫残留量计
水果干类	0.1	最大使用量以二氧化硫残留量计
果酱	0.1	最大使用量以二氧化硫残留量计
蜜饯	0.35	最大使用量以二氧化硫残留量计
干制蔬菜	0.2	最大使用量以二氧化硫残留量计
腌渍的蔬菜	0.1	最大使用量以二氧化硫残留量计
蔬菜罐头(仅限银条菜)	0.2	最大使用量以二氧化硫残留量计
干制的食用菌和藻类	0.05	最大使用量以二氧化硫残留量计
食用菌和藻类罐头(仅限蘑菇罐头)	0.05	最大使用量以二氧化硫残留量计
腐竹类(包括腐竹、油皮等)	0.2	最大使用量以二氧化硫残留量计
坚果与籽类罐头	0.05	最大使用量以二氧化硫残留量计
可可制品、巧克力和巧克力制品(包括代可可脂巧克力及制品)以及糖果	0.1	最大使用量以二氧化硫残留量计
生湿面制品(如面条、饺子皮、馄饨皮、烧麦皮)(仅限拉面)	0.05	最大使用量以二氧化硫残留量计
其他杂粮制品(仅限脱水马铃薯制品)	0.4	最大使用量以二氧化硫残留量计
食用淀粉	0.03	最大使用量以二氧化硫残留量计
饼干	0.1	最大使用量以二氧化硫残留量计
白砂糖及白砂糖制品、绵白糖、红糖、冰片糖	0.03	最大使用量以二氧化硫残留量计
赤砂糖、原糖、其他糖和糖浆	0.1	最大使用量以二氧化硫残留量计
淀粉糖(食用葡萄糖、低聚异麦芽糖、果葡糖浆、麦芽糖、麦芽糊精、葡萄糖浆等)	0.04	最大使用量以二氧化硫残留量计
调味糖浆	0.05	最大使用量以二氧化硫残留量计
半固体复合调味料	0.05	最大使用量以二氧化硫残留量计
果蔬汁(浆)	0.05	以即饮状态计，最大使用量以二氧化硫残留量计，浓缩果蔬汁(浆)按浓缩倍数折算，相应的固体饮料按稀释倍数增加使用量
果蔬汁(浆)类饮料	0.05	以即饮状态计，最大使用量以二氧化硫残留量计，浓缩果蔬汁(浆)按浓缩倍数折算，相应的固体饮料按稀释倍数增加使用量
配制酒	0.25	最大使用量以二氧化硫残留量计
葡萄酒	0.25	甜型葡萄酒及果酒系列产品最大使用量为 0.4 g/L，最大使用量以二氧化硫残留量计
果酒	0.25	甜型果酒最大使用量为 0.4 g/L，最大使用量以二氧化硫残留量计
啤酒和麦芽饮料	0.01	最大使用量以二氧化硫残留量计

对水产品中 SO_2 的限量，联合国粮农组织、世界卫生组织以及美国、日本、欧盟等国家和组织都有严格的规定，一般虾肉中 SO_2 的残留量不得超过 0.1 mg/g。我国对水产

品中 SO_2 的限量规定见表 9-2、表 9-3。

表 9-2 我国食品添加剂使用标准（GB 2760—2024）规定的二氧化硫及亚硫酸盐在水产品中的使用量

名称	功能	食品名称	最大使用量/(g/kg)	备注
二氧化硫及亚硫酸盐	漂白剂、防腐剂、抗氧化剂	鲜水产（仅限于海水虾蟹类及其制品）	0.1	最大使用量以二氧化硫残留量计
		冷冻水产品及其制品（仅限于海水虾蟹类及其制品）		

表 9-3 相关标准中水产品二氧化硫的限量规定

标准号及标准名称	对象	限量标准（以 SO_2 计）/(mg/kg)
SC/T 3026—2006 年《冻虾仁加工技术规范》	冻虾仁	10～100

二、亚硫酸盐的毒性

1.急性中毒

比利时马斯河谷地区是一个重要的工业区，建有多个炼油厂、金属冶炼厂、玻璃厂、炼锌厂以及电力、硫酸、化肥厂和石灰窑炉。1930 年 12 月 1 日至 5 日，由于特殊的地理位置和气候条件，河谷上空出现了大量烟雾无法扩散，最终引发了严重的大气污染事件。

在这次事件中，河谷地区的居民健康受到严重影响，出现了胸痛、咳嗽、流泪、咽痛、声嘶、恶心、呕吐、呼吸困难等症状。据记录，一周内有 60 多人死亡，是同期正常死亡人数的十多倍，其中以心脏病、肺病患者死亡率最高。有关部门经过调查，认为硫的氧化物——二氧化硫气体和三氧化硫烟雾的混合物，是这次事件主要致害的物质（**思政点 2**）。

该事件是 20 世纪最早记录的大气污染惨案之一，它不仅引发了公众对环境保护和工业污染的关注，同时还揭示了二氧化硫气体对人体的危害。相关研究表明，亚硫酸盐及其相关化合物对动物和人体可产生一定急性毒性。口服 6 g 亚硫酸钠可以导致 6/7 的实验人体产生毒性症状，5.8 g 可导致严重的肠胃刺激，3.5 mg/kg 可导致呕吐反射，且 SO_2 可使敏感体质的人患哮喘。

2.慢性中毒

大鼠实验表明亚硫酸盐混入饲料喂养大鼠，大鼠食用 0.0307% SO_2 1～2 年，大鼠生长未见异常，而食用 0.0615% SO_2 组的大鼠生长受到抑制，其可能原因为硫胺素缺乏。对 3 组刚离乳大鼠分别饲喂含 0、0.035%和 0.075% SO_2 的饮用水 2.5 年，该段时间大鼠繁育了 3 代，未见食物及流体摄入、排泄、繁殖、哺乳及肿瘤发生异常。因此，国际癌症研究机构 IARC 将亚硫酸钠的毒性划分为轻微毒性，未见致癌作用。

3.食品中亚硫酸盐的使用情况

目前，国内在水产品中使用二氧化硫的情况十分普遍，近年来部分水产品存在二氧化硫检测超标，具体见表 9-4，其中合格率是依据 CAC 标准（100 mg/kg）计算。

表 9-4　我国部分水产品二氧化硫监测情况

样品	样品采集地点	数据采集时间	资料来源
阿根廷红虾	福州市鼓楼区某水产品店	2019	福州市市场监督管理局
鸿琛香酥鱼	海南	2020.6.23	海口市市场监督管理局
冰鲜对虾	南阳市某商贸有限责任公司	2023.8.2	河南省市场监督管理局
海水虾	烟台市某超市有限公司	2023.12.5	烟台市市场监督管理局
青虾	大连经济技术开发区某农副产品批发市场	2023.9	大连市食品安全监督主管部门

表 9-4 为近年部分抽检不合格食品事件，其被禁止销售的原因是亚硫酸盐残留量超标。因此，如果对亚硫酸盐（二氧化硫）的使用不加以监督，将会对公众安全带来威胁。另外，部分厂家为了符合产品的二氧化硫限量标准，逃避对二氧化硫的监管，盲目使用所谓的二氧化硫去除剂，由于该物质成分不明，可能会带来更大的水产品质量安全隐患。

三、亚硫酸盐的替代策略

1.亚硫酸钠的漂白原理

为抑制虾的黑变，首先要了解虾黑变发生的原因。事实上，虾的黑变主要是因为虾体内含有一种叫作酚氧化酶（phenoloxidase，PO）的特殊内源酶。酚氧化酶是一类存在广泛的含铜金属酶，同时也是引起甲壳类动物黑变、果蔬褐变以及人体皮肤黑色素沉淀的关键酶。虾类中含有的酚氧化酶以酪氨酸为主要底物，兼有双酚酶的活性，因此也被称为酪氨酸酶[2,3]。这种酶在低温环境下仍然能保持较高活性。在有氧存在的条件下，酪氨酸酶将虾类表面的无色化合物单酚氧化成无色的双酚，进而双酚化合物转变成有色的醌类物质。这些醌类物质在非酶促反应下聚合生成黑色素（反应过程见图 9-3），其中酪氨酸在酪氨酸酶催化下生成醌的反应是该反应的限速步骤。

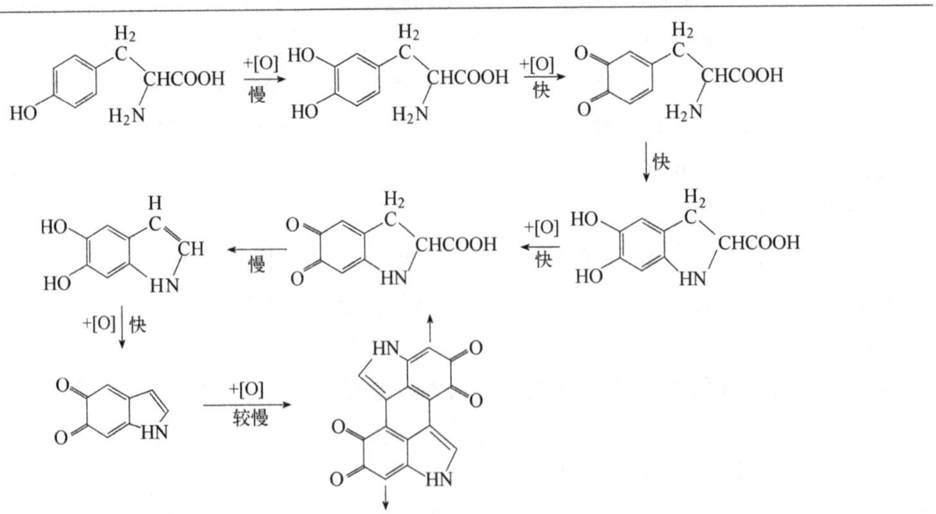

图 9-3　酪氨酸在酚氧化酶催化下氧化生成黑色素反应路径[3]

因此，抑制虾的黑变主要途径有：①添加抗氧化剂或降低氧气含量；②添加酪氨酸酶抑制剂。前者如亚硫酸盐就是一种常用的漂白剂、防腐剂和抗氧化剂，它可以将黑变中间产物醌类物质还原，从而起到抑制黑变的效果[4]。其他常用的抗氧化剂还有抗坏血酸、半胱氨酸、谷胱甘肽、天然来源酚类化合物等。后者则是使用4-己基间苯二酚（4-HR），该物质是目前抑制酚氧化酶活性最有效的合成化合物，是酪氨酸的竞争性抑制物。另外，酪氨酸酶是一种含铜金属酶，因此还可以使用乙二胺四乙酸（EDTA）、植酸等金属螯合剂来夺取酪氨酸酶活性中心的铜离子使酶失活[3]。

2.虾类防黑变保鲜新技术[5, 6]

（1）涂膜技术

在虾表面覆盖一层可食性涂膜，阻隔与氧气的接触从而延缓酪氨酸的氧化和黑变。

（2）包装技术

采用真空包装或气调包装技术，通过降低包装内氧气气体的组分达到降低虾类酪氨酸氧化反应速度的目的。

（3）高密度二氧化碳技术

高密度二氧化碳技术通过二氧化碳的分子效应实现杀菌和钝化酪氨酸酶，从而达到抑制虾黑变的目的。

（4）酸性电解水技术

酸性电解水技术是一种环保的新型杀菌保鲜技术，具有良好的抑菌性。目前作为一种混合性抑菌剂，已经被运用于海产品保鲜方面。酸性电解水能够降低环境pH值，具有良好的杀菌效果和黑变抑制效果。

（5）超高压处理技术

超高压处理技术通过高压处理改变酶的空间结构，使酶部分失活或全部失活。研究表明，超高压处理不仅能够降低微生物菌落数，还能够降低虾体中酚氧化酶的活性。通过对比超高压处理技术对多酚氧化酶提取物和食品介质中酚氧化酶活力的影响发现，食品介质可能对酚氧化酶起保护作用，因此在实际应用过程中需要更高的压力和更长的处理时间来钝化食品介质中的酚氧化酶。

3.典型案例

（1）案例1：一种硫复合抑制剂在海水虾捕捞与加工过程中的应用[7]

用4-HR、抗坏血酸、柠檬酸、EDTA-2Na制备质量浓度分别为0.46～0.68 mg/mL、0.01～0.018 mg/mL、4.85～7.20 mg/mL、1.58～2.90 mg/mL的复合保鲜剂，该保鲜剂可以有效抑制酪氨酸酶活性达60%以上。4种抑制剂均对酶促反应有延滞作用，均表现为竞争性抑制类型，均可与多酚氧化酶（PPO）的双铜活性中心结合；在复合抑制剂中，4-HR起主导抑制效果，一定浓度的柠檬酸、抗坏血酸、EDTA-2Na可协同提高抑制效果。该研究为无硫复合抑制剂在海水虾捕捞与加工过程中的应用推广提供了理论依据。

（2）案例2：含纳他霉素和ε-聚赖氨酸的无硫复合生物保鲜剂[8]

0.02%纳他霉素和0.06% ε-聚赖氨酸复合保鲜剂处理能有效抑制白虾冷藏过程中黑变的发生，b^*值上升率降低13.21%，显著延缓细菌总数和挥发性盐基氮的增加，有效维持白虾营养价值，延长贮藏期3～4天。单一保鲜剂可延长贮藏期2～3天，其中，ε-聚赖氨酸保鲜效果优于纳他霉素。

（3）案例 3：含 4-HR、肉桂酸和槲皮素的无硫复合生物保鲜剂[9]

用 0.025 g/L 4-HR、0.025 g/L 肉桂酸和 0.05 g/L 槲皮素配成复合抑菌保鲜液，将新鲜虾放置到保鲜液中浸泡 5 分钟，取出沥干后装入真空包装袋，充入 80% CO_2/ 10% O_2/ 10% N_2 的混合气体，封口后在 4 ℃条件下贮藏，可以使南美白对虾的冷藏货架期从 4 天延长至 12 天。

（4）案例 4：超高压处理对虾黑变的防控作用[10]

以热处理（40～100 ℃）为对照，采用超高压（100～600 MPa）对南美白对虾多酚氧化酶（PPO）活性的影响进行研究，建立了超高压（UHP）灭活 PPO 的动力学模型。结果表明，随着温度的升高，PPO 活性显著降低（$P<0.05$）。对于 UHP 处理，当压力低于 300 MPa 时，PPO 被激活，且活性增加 57.61%；当压力高于 300 MPa 时，PPO 活性显著降低（$P<0.05$）。PPO 在暴露于 500 MPa 下 2 分钟后完全失活。加热（60～100 ℃）和 UHP（400～600 MPa）对 PPO 的灭活都遵循一级反应动力学。在 400～600 MPa 下，粗提取物中的 PPO 被有效地灭活，但在虾体中 PPO 被直接激活。因此，如果要使虾中的 PPO 完全失活，可能需要更高的压力，或者需要将压力与温度或其他黑变病抑制剂相结合。

（5）案例 5：低温高密度二氧化碳技术对黑变的影响

连仲民等[11]低温高密度二氧化碳技术（LT-HPCD）对南美白对虾品质影响研究发现，6.5 MPa 和 10 ℃下 LT-HPCD 处理 15 分钟可使总需氧菌数失活约 60%，同时可保持对虾的冷冻状态和品质。此外，在冷藏过程中，与未经处理的样品相比，LT-HPCD 处理的对虾表现出显著较慢的微生物增殖，且没有黑变。综合质量调查表明，低温高压消毒处理能保持对虾在冷藏或冷冻过程中的色泽、质地和感官。因此，LT-HPCD 可以在保持冷冻对虾原有质量的同时提高其微生物安全性，是食品工业提高冷链食品微生物安全性的一种潜在方法。

（6）案例 6：一种魔芋葡甘聚糖无硫防黑变剂

庞杰等[12]用魔芋葡甘聚糖制备了一种不含亚硫酸盐的抑制虾黑变保鲜剂，具体步骤如下。

① 预处理：将魔芋葡甘聚糖溶于水中，制成质量浓度为 0.1%的魔芋葡甘聚糖水溶胶，并冷藏至－1～0 ℃，将鲜活虾倒入其中冷冻至死；然后将冻虾捞出，用食用盐及食用碱混合液浸泡若干秒后，洗净，沥干；浸泡时食用盐及食用碱混合液淹没冻虾即可。

② 配制复合鲜活保鲜剂：将各原料分别加入质量浓度为 1%的魔芋葡甘聚糖水溶胶中，在室温下磁力搅拌 2～3 h，转速 1000 r/min，过滤，得到复合鲜活保鲜剂，所述各原料在复合鲜活保鲜剂中的质量浓度为：黄芩素 0.1%～0.3%、4-己基间苯二酚 0.3%～0.5%、EDTA 二钠 0.3%～0.5%、壳聚糖 0.5%～1.0%、茶多酚 0.3%～0.5%、异抗坏血酸钠 0.3%～0.5%、柠檬酸 0.3%～0.5%。

③ 喷雾：将步骤①预处理后的虾悬挂在无菌的传送带上，用冷却后的复合鲜活保鲜剂，通过喷射装置，以 2～4 mL/min 喷射在虾体表面。

④ 成膜：将步骤③中喷雾处理后的虾用冷风吹至虾体表无液滴滴下。

⑤ 包装冷藏：将步骤④处理后的虾用食品级塑料薄膜袋真空包装，置于－2～0 ℃环境下冷藏。

(7) 案例 7：一种无硫南极磷虾防黑变剂

霍建聪等[13]研制了一种用 4-己基间苯二酚代替亚硫酸钠的虾类防黑变剂，具体步骤如下。

① 将葡萄籽提取物、4-己基间苯二酚、柠檬酸、植酸、壳聚糖和去离子水分别按质量份数 8～12 份、0.8～1.2 份、0.1～0.15 份、0.12～0.2 份、3～5 份、30～50 份进行搅拌使其充分溶解，制成保鲜液。

② 挑选新鲜的南极磷虾用无菌水冲洗，将南极磷虾浸没于上述虾类防黑变剂中，4 ℃下浸泡 20～30 min，其中南极磷虾与虾类防黑变剂的料液比为 (1∶2)～(1∶3)。

③ 包装：将浸泡后的南极磷虾用冷风吹干表面水分并至含水量为 20%～30%，然后放入无菌食品保鲜袋中，4 ℃下储藏。

(8) 案例 8：一种船用虾防黑变加工方法

李海波等[14]提供了一种将捕捞的中华管鞭虾在船上即时进行清洁、分离、保鲜和保质干燥处理的方法，具体操作步骤如下。

① 将质量分数为 0.1%～0.5%的氯化钠、0.1%～0.2%的二硫苏糖醇、0.05%～0.1%的草氨酸钠和 0.03%～0.08%的水杨酸溶于去离子水中形成电解液，然后在 35～40 ℃环境下电解所述电解液，再将阳极收集液冷却至 0～5 ℃，过滤，即得强酸性电解水。

② 将中华管鞭虾以料液比为 (1∶3)～(1∶5) (质量体积比) 的比例浸泡于强酸性电解水中 15～20 min，然后沥干体表水分，备用。

③ 采用热泵-微波-热风联合处理法对中华管鞭虾先进行热泵干燥，温度为 40～55 ℃，时间为 20～30 min，然后进行微波干燥，功率密度为 0.5～10.0 W/g，时间为 5～10 min，再进行热风干燥，温度为 50～80 ℃，风速为 1～4 m/s。在干燥处理时，初期采用低温热泵干燥，水产品在处理时表面不容易结壳，使内部水分的转移顺畅，后期的微波和热风处理则有利于进一步杀菌、提高干燥效率和减少能耗。热风干燥介质为氮气以降低干燥环境中的氧气含量，氮气能和氧气分子竞争酶的结合位点，有效减少参与酶促氧化反应中的氧气分子数目，从而抑制褐变和呼吸代谢中一些重要酶类的活性，如酪氨酸酶等，从而抑制酶促反应的发生。(**思政点 3**)

四、拓展

1. 常见的“漂白”过的食品 (**思政点 4**)：2018 年 4 月中旬，南宁电视问政行风监督员对南宁市宾阳县明镜、枫江、永武 3 家大型农贸市场的 9 家干制食品店进行采样检测。在明镜农贸市场发现有两种银耳，一种看上去很黄，闻起来有一股淡淡的酸味；而另一种看上去鲜亮诱人，但闻上去酸味更浓且刺鼻。店主表示，卖相比较好的银耳是用硫黄熏制的，而且不单是银耳，市场上很多干制食品都用硫黄熏制加工，这是行业的“潜规则”。

二氧化硫通常以亚硫酸盐的形式添加在食品中作为防腐剂和抗氧化剂，或者通过硫黄熏蒸产生二氧化硫用于漂白。

硫化物中的四价硫具有还原性和漂白性。它的还原能力可抑制细菌、霉菌或食物本身所含氧化酶的活性，以免食物被氧化变质或发褐。果蔬、果蔬汁、果脯蜜饯、葡萄酒等食物都经常用这种方式延长保质期。而漂白能力则体现在它能与有色物质结合，让食物变白。白砂糖、米粉、银耳、纸巾经二氧化硫处理后会显得更白净。

“抛开剂量谈毒性”是不可靠的。有意思的是，很多食物天然含有二氧化硫，例如：植物体内都有一定含量的游离态的和结合态的二氧化硫，其含量与空气被污染的程度还有一定关系，也与品种差异、栽培方式及生长环境有关；动物在生长过程中，由于进食植物，体内也会积累一定量的二氧化硫。

后期使用了二氧化硫或亚硫酸盐的食品必须在配料表中标明，对用量也有严格要求。微量的二氧化硫是能被人体代谢掉的，如果把握好用量，也可在不伤害人体的情况下用来保鲜和漂白。

2. 展示一些虾等添加二氧化硫的制品（2～3 个）。

3. 制定不含亚硫酸盐的防黑变剂配方和工艺，并在实验课中进行实践操作，操作后分组产品展示与讨论（综合实验中实操，**思政点 4**）。

4. 查阅国内外相关食品质量安全标准，了解我国在保证食品质量安全方面所做的工作（课后任务，**思政点 5**）。

第 2 节　案例教学指导

一、教学目标

1. 理解亚硫酸盐在水产品保鲜中的作用及其潜在风险：让学生了解虾类黑变现象、亚硫酸盐的使用及其对人体健康的潜在危害等相关知识。

2. 信息获取能力：锻炼学生查阅主题相关文献资料以及分析问题、提出问题的能力。

3. 掌握替代方案的科学原理：通过案例分析，让学生理解并掌握亚硫酸盐替代品的科学原理和应用方法。

4. 提高批判性思维：通过分析不同替代方案的优缺点，培养学生的批判性思维。

5. 培养创新思维和解决问题能力：鼓励学生思考和设计新的替代方案，通过讨论、提问、讲解等过程培养学生创新思维和解决实际问题的能力。

6. 价值观引领：通过介绍亚硫酸盐的急慢性毒性及其应用范围和限量标准，让学生认识到食品安全的重要性，引导学生树立正确的人生观、世界观和价值观，培养学生形成正确的职业道德素养，在以后实际工作中更好地把关食品安全工作。

二、案例讨论前准备工作

1. 背景研究：新鲜虾类水产品的黑变现象及其产生的原理；了解亚硫酸盐在抑制黑变中的作用及其危害；了解亚硫酸盐的历史使用情况、使用过程中的相关法规、标准和要求。

2. 问题准备：鼓励学生准备一系列问题，以便在案例讨论中提出，促进更深入地讨论。

3. 案例收集：搜集并研究现有的亚硫酸盐替代方案，包括成功和失败的案例。

4. 小组分工：提前分配小组并确定每个成员的角色和责任。

5. 方案设计：制定一种不使用亚硫酸盐的防黑变保鲜方法。

三、案例分析要点

1. 研究《食品安全国家标准　食品添加剂使用标准》（GB 2760—2024）中关于亚硫酸盐的使用规定，包括允许使用的食品类别、最大使用量、残留量等。

2. 了解不同类型的亚硫酸盐化合物，如亚硫酸钠、亚硫酸氢钠等；探讨这些化合物的毒性，包括急性毒性、慢性毒性和可能的健康风险；分析不同人群（如儿童、孕妇）的安全摄入量。

3. 通过市场调查、走访、信息收集，了解亚硫酸盐类食品添加剂在食品中的使用情况。

4. 搜集并分析国内外关于亚硫酸盐替代品的研究文献，探讨最新的研究成果，包括新型抗氧化剂、酶制剂、物理方法等。

5. 介绍近年来一些有关虾防黑变保鲜的替代方案，分析其有效性、成本效益和可持续性。

6. 延伸：鼓励学生设计一种不使用或少使用亚硫酸盐的防黑变保鲜剂。

四、教学组织方式

1.问题清单及提问顺序、资料的发放顺序

（1）我国市场上常见的虾类水产品有哪些？

（2）亚硫酸盐有哪些种类？

（3）亚硫酸盐作为食品添加剂有哪些作用？

（4）亚硫酸盐的毒性是什么？

（5）亚硫酸盐作为食品添加剂可以添加到哪些食品中？

（6）哪些食品中亚硫酸盐含量容易超标？

（7）二氧化硫超标的食品怎么鉴别？

（8）亚硫酸盐的防虾黑变原理是什么？

（9）常见的防虾黑变的方法有哪些？

（10）在水产品加工过程中，如何添加亚硫酸盐比较合理？

（11）焦亚硫酸钠在水产品中的使用和残留标准是什么？

课程准备阶段：提前一周分发预习材料，包括有关食品中亚硫酸盐的文献、标准法规、超标案例以及亚硫酸盐毒性研究等。根据学生的专业背景和兴趣，将学生分成小组，每组负责特定的分析要点。

课堂教学阶段：教师首先进行背景知识介绍，让学生带着问题观看相关视频，然后引导每组学生在指定时间内汇报小组课后讨论结果，鼓励学生之间互动讨论，然后老师点评补充。

课后总结阶段：根据讨论结果，组织学生课后总结亚硫酸盐防黑变剂代替方案，撰写案例分析报告，重点分析替代方案的科学性和实用性。所有材料都通过线上学习平台发放和提交。

2.课时分配（共125分钟）

（1）背景知识介绍。（20 分钟）

（2）发放亚硫酸盐毒性的案例资料，请同学们阅读，并抽 2 位同学谈初步感悟；播放相关短视频 2 个。（20 分钟）

（3）布置课后任务：分组查阅虾类水产品黑变的原因、防黑变相关措施以及亚硫酸盐替代物的相关文献资料及案例，分组讨论并设计一种不使用或少使用亚硫酸盐的防黑变保鲜剂。（5 分钟）

（4）学生查阅资料、文献，完成布置的任务；提交完成的任务给老师。（课后完成）

（5）进行小组汇报与讨论。（5 组，共 25 分钟）

（6）教师进行点评、课堂提问、讨论、讲解、梳理。（35 分钟）

（7）播放相应的视频、电子版资料，并进行延伸：①虾的黑变现象及其影响；②食品中亚硫酸盐的使用与控制；③相关加工产品展示，并将展示的产品作为奖励发给表现优秀的同学。（20 分钟）

3.讨论方式

采取小组讨论、小组汇报相结合的方式。

教师布置任务后，首先学生课后查阅、学习相关资料、法规，完成布置的任务，并进行小组讨论；课堂上抽取五个小组，每小组汇报本小组的主要观点，其他组学生提问并讨论。

小组讨论和小组汇报结束后，由教师采取提问、讨论、视频、MOOC、讲解与实物展示相结合的方式进行梳理与总结。

五、课程思政设计

案例教学过程中，共设计了 5 个课程思政点，具体如表 9-5 所示。

表 9-5　案例教学中课程思政设计

序号	教学环节	知识点	教学内容	思政点
1	课前	课前预习	了解我国渔业产业发展情况	了解我国在水产养殖领域取得的巨大成就，增强民族自豪感
2	课中	亚硫酸盐的危害	以世界历史上发生过的与二氧化硫有关的安全事件为背景，介绍二氧化硫的危害	培养学生国际化视野、科学发展观、环境保护意识
3	课中	分组讨论与实践	组织学生分组讨论二氧化硫及其相关化合物在食品中应用的利弊，提出防黑变保鲜替代方案，并在实验课中进行应用，学会观察和记录实验现象	培养学生团队合作意识、口头表达以及动手实践能力

续表

序号	教学环节	知识点	教学内容	思政点
4	课中	亚硫酸盐及其衍生物在其他食品中的滥用案例	讲述二氧化硫及其相关化合物在食品中应用和检测实例，引导学生关注生活中常见的食品安全问题	深刻领悟食品质量安全的意义，培养良好的职业操守
5	课后	课后复习与思考题	查阅国内外相关食品质量安全标准，了解我国在保证食品质量安全方面所做的工作，完成相关习题	培养学生的思考、探索和创新精神

六、其他

1. 利用线上学习平台创建学习任务和师生沟通渠道，使学生的学习路径得到有效记录。鼓励学生借助线上学习平台与教师进行沟通。

2. 本次案例教学实施完成后应及时评估案例教学的效果，根据收集到的学生问卷反馈对案例教学内容和教学方式做到持续改进和更新调整。

3. 本次课堂讨论和互动时间约占总课程时长的60%。

附：提问参考答案

(1) 我国市场上常见的虾类水产品有哪些?

答：南美白对虾、沼虾、克氏原螯虾、中国对虾等。

(2) 亚硫酸盐有哪些种类?

答：亚硫酸盐主要包括二氧化硫（SO_2）、硫黄、亚硫酸（H_2SO_3）、亚硫酸盐（Na_2SO_3、$NaHSO_3$）、焦亚硫酸盐（如 $Na_2S_2O_5$）、低亚硫酸盐（如 $Na_2S_2O_4$）等能够产生二氧化硫的无机物。

(3) 亚硫酸盐作为食品添加剂有哪些作用?

答：亚硫酸盐作为食品添加剂的主要作用有：防腐保鲜，能够抑制微生物的生长，延长食品的保质期；抗氧化性和漂白作用，能够消耗组织中的氧，使微生物的繁殖、呼吸及发酵等正常的生理过程受到阻碍，对食品进行漂白；能够抑制酶促褐变和非酶褐变，防止食品褐变。

(4) 亚硫酸盐的毒性是什么?

答：高浓度二氧化硫和亚硫酸盐类对人类的呼吸系统、生殖系统、消化系统、心血管系统、神经系统以及免疫系统都有一定毒性，而低剂量 SO_2 也可能引起部分人群产生头晕、腹痛、恶心甚至过敏性休克等症状。

(5) 亚硫酸盐作为食品添加剂可以添加到哪些食品中?

答：葡萄酒、水果、蔬菜、蜜饯、凉果、白砂糖、鲜食用菌、藻类等。

(6) 哪些食品中亚硫酸盐含量容易超标?

答：水产品、蜜饯、干制品、水果、蔬菜等。

(7) 二氧化硫超标的食品怎么鉴别?

答：二氧化硫超标的食品鉴别可以通过观察食品的色泽、闻其气味以及进行专业的化学检测来确定。

(8) 亚硫酸盐的防虾黑变原理是什么？

答：亚硫酸盐的防黑变原理主要是通过消耗组织中的氧，同时抑制氧化酶的活性，防止食品氧化褐变。

(9) 常见的防虾黑变的方法有哪些？

答：略。

(10) 在水产品加工过程中，如何添加亚硫酸盐比较合理？

答：略。

(11) 焦亚硫酸钠在水产品中的使用和残留标准是什么？

答：略。

参考文献

[1] 李小蕾，蔡友琼，钱蓓蕾，等．亚硫酸盐用于虾蟹类保鲜剂的限量探讨[J]. 中国渔业质量与标准，2012，2(01)：27-33.

[2] 林婷，杨胜平，谢晶，等．虾黑变形成机制及其抑制方法研究进展[J]. 江苏农业学报，2020，36(06)：1605-1611.

[3] 钱韻芳，谢晶，吴文惠．虾类保藏过程中酚氧化酶酶促黑变作用机理及其抑制方法的研究进展[J]. 食品工业科技，2012，33(22)：400-405.

[4] 徐扬，赵玲，刘鑫，等．焦亚硫酸钠在虾类黑变控制中的应用研究[J]. 食品安全质量检测学报，2022，13(21)：6821-6827.

[5] 兰慧，赵松松，刘斌，等．虾物理保鲜技术研究现状及发展[J]. 冷藏技术，2021，44(02)：6-12.

[6] 吴佳煜，龚静妮，郑君滦，等．虾类保鲜技术的研究现状及其发展趋势[J]. 食品工业科技，2018，39(17)：309-314+318.

[7] 郝云彬，相兴伟，周宇芳，等．复合无硫抑制剂对中华管鞭虾中多酚氧化酶的协同作用机理[J]. 食品与发酵工业，2019，45(19)：25-31.

[8] 李惠，商金颖，郭艳利，等．白虾 0 ℃复合生物保鲜剂防腐保鲜效果[J]. 食品科技，2018，43(07)：286-290.

[9] Qian Y F, Xie J, Yang S P, et al. Inhibitory effect of a quercetin-based soaking formulation and modified atmospheric packaging (MAP) on muscle degradation of Pacific white shrimp (*Litopenaeus vannamei*)[J]. LWT-Food Science and Technology, 2015, 63(2): 1339-1346.

[10] Huang W Y, Ji H W, Liu S C, et al. Inactivation effects and kinetics of polyphenol oxidase from *Litopenaeus vannamei* by ultra-high pressure and heat[J]. Innovative Food Science & Emerging Technologies, 2014, 26: 108-115.

[11] Lian Z M, Yang D, Wang Y T, et al. Investigating the microbial inactivation effect of low temperature high pressure carbon dioxide and its application in frozen prawn (*Penaeus vannamei*)[J]. Food Control, 2023, 145: 109401.

[12] 庞杰，陈钰，董秀萍，等．一种抑制虾黑变的保鲜方法：CN112088931A[P]. 2020-12-18.

[13] 霍建聪，邓尚贵．一种虾类防黑变剂及其制备方法和在南极磷虾中的应用：CN105028601A[P]. 2015-11-11.

[14] 李海波，谢超，余铭，等．中华管鞭虾船上即时加工方法：CN110089553A[P]. 2019-08-06.

案例10

食品标签未标注专用名称（重瓣红玫瑰）

案例摘要

本文介绍了食品标签未标注专用名称（重瓣红玫瑰）是否符合食品安全标准的案例，通过介绍案例背景、案情简介、法院判决等过程，引导学生了解并掌握食品标签的重要性、标识规则、标识错误可能面临的投诉、处罚及应对策略，从而培养学生查阅资料、主动思考与解决问题的能力，进而希望学生能够培养食品安全与质量控制意识，形成良好职业素养和职业道德，以后更好地服务于食品行业。

第1节　案例解析

一、案例背景

目前在超市、商场及食品经营店售卖的食品基本是预包装食品，食品标签上的信息是消费者选购食品的重要依据。《健康中国行动（2019—2030年）》明确指出，居民应能看懂食品标签及说明书，但目前仍有半数以上居民不"懂"食品标签。食品标签是指食品包装上的文字、图形、符号及一切说明物，是生产者和经营者向消费者作出的食品质量声明和承诺，也是同消费者签订的一份合同。食品标签内容的错标、虚标、漏标都有可能引起十分严重的后果，不得以虚假的、使人误解的或欺骗性的方式介绍食品，也不能使用容易误导消费者的方式进行标示。食品标签是食品的身份证明，它通过标示食品有效信息，来引导消费并监督生产销售，同时食品标签也有助于相关政府部门对生产和销售企业的监督检查。

目前国内打假的重点在食品行业，食品打假的重点又在食品标签，很多企业因标签不合格遭受较大损失。当前与《中华人民共和国食品安全法》配套的食品安全国家标准较多，个别食品企业难以符合全部标准。另外，《中华人民共和国食品安全法》第一百四十八条第二款明确规定：生产不符合食品安全标准的食品或者经营明知是不符合食品安全标准的食品，消费者除要求赔偿损失外，还可以向生产者或者经营者要求支付价款十倍或损失三倍的赔偿金；增加赔偿的金额不足一千元的，为一千元。但是，食品的标签、说明书存在不影响食品安全且不会对消费者造成误导的瑕疵的除外。

目前，市场上食品标签存在的问题较多，如表 10-1 就是一个模拟的问题食品标签。尤其是在一些人口密度较大的公共场所，根据张孜聪等[1]的调查，铁路站点食品标签问题高达 19.7%。目前食品标签方面存在的主要问题是：①职能部门监管不到位，部分职能部门人员意识不强或专业知识不足，加上普遍存在监管人员缺乏的问题，导致监管不到位，另外对食品标签问题存在约束力低、处罚力度小等问题；②食品企业不重视，很多企业对食品标签相关的法律和标准了解较少，食品质量安全意识不强，有时候标注过于随意，为了高额利润甚至是为了迎合流行的健康保健潮流而在食品标签上随意添加虚假信息；③消费者意识不强，目前大部分消费者对食品标签的了解程度较低，自我维权意识差，在食品采购过程中遇到类似欺诈行为不能正确处理和投诉，同时少数人没有正确的营养搭配观念，这就导致食品标注失去了原本的意义[2,3]。

表 10-1　一个模拟的错误食品标签

品名	卤豆干
净含量	2 000 克
主要成分	豆干、食盐、白糖、料酒、老抽、葱、姜、蒜、食品添加剂(味精、苯甲酸钠、硝酸钠、亚硝酸钠)
食品生产许可证号	QS ************
产品标准代号	SB/T 10632
产地	四川
生产日期	2018 年 8 月 5 日
贮存条件	常温
生产商	绵阳 ** 食品有限公司
地址	四川省绵阳市 **** 县 ** 路 15 号
联系方式	0816- *******
豆制品富含多不饱和脂肪酸，有益于您身体健康！	

注：以上各字大小直径均为 2 cm。

二、食品标签相关案例

1.案例详情

2016 年 6 月 9 日，赵某在 ** 超市购买一包涉案产品玫瑰奶茶，价格为 12.9 元。所购商品的外包装上显示配料包含冻干速溶玫瑰花粉（0.3%）。赵某认为，该产品的配料表标注不规范，冻干速溶玫瑰花粉应为“重瓣红玫瑰”（图 10-1），不能清晰反映食品真实属性，不符合食品安全标准，诉至法院，要求退还货款，并赔偿 1000 元。

涉案产品生产厂家为 ** 食品有限公司，该公司具有相应生产资质，争议产品执行该公司企业标准 Q/WYMK 0006S—2013，该标准标明争议产品“玫瑰奶茶”配料包含：冻干速溶玫瑰花粉（重瓣红玫瑰），并对冻干速溶玫瑰花粉（重瓣红玫瑰）作出相应质量要求。该标准经省级卫计委（现卫生健康委员会）备案。该产品经 ** 食品有限公司委托昆山市产品质量监督检验所检验，所检项目符合 Q/WYMK 0006S—2013 标准规定的要求。

涉案产品配料"冻干速溶玫瑰花粉"，系 ** 食品有限公司向另外一家公司采购，该公司是该配料的生产厂家，具有相应生产资质，产品执行该公司企业标准 Q/ZDMS 0005S—2014，该标准经省级卫计委备案。该标准标明，玫瑰花（重瓣红玫瑰）应符合《中华人民共和国药典》和卫生部公告 2010 年第 3 号的有关要求。

图 10-1 重瓣红玫瑰

2.争议焦点

** 超市是否销售明知不符合食品安全标准的食品？

3.一审判决

一审法院认为：** 超市销售明知不符合食品安全标准的食品。

理由如下：依据《中华人民共和国食品安全法》相关规定可知，判断是否符合食品安全标准，不仅要对食品是否安全进行实质性审查，也包含对与食品安全、营养有关的标签、标识、说明书进行审查。如商品的标签、说明书存在问题，影响了食品安全，或足以对消费者产生误导，也应认定为不符合食品安全标准；如商品的标签、说明书存在不影响食品安全且不会对消费者造成误导的瑕疵，不适用惩罚性赔偿的规定。涉案产品的配料中标注"冻干速溶玫瑰花粉"，而卫生部公告 2010 年第 3 号上明确规定了只有玫瑰花（重瓣红玫瑰）才可作为普通食品生产经营，玫瑰花与重瓣红玫瑰间是种属关系，两者并不等同，故涉案产品上标注的"冻干速溶玫瑰花粉"不能清晰反映食品真实属性，与公告不相符。《食品安全国家标准　预包装食品标签通则》（GB 7718—2011）第 2.3 条规定，配料是指在制造或加工食品时使用的，并存在（包括以改性的形式存在）于产品中的任何物质，包括食品添加剂。第 4.1.3.1 条规定，预包装食品的标签上应标示配料表，配料表中的各种配料应按 4.1.2 的要求标示具体名称，即反映食品真实属性的专用名称。《新食品原料安全性审查管理办法》第二十条规定，食品中含有新食品原料的，其产品标签标识应当符合国家法律、法规、食品安全标准和国家卫生计生委公告要求。《北京市食品药品监督管理局食品类相关案件处理指导意见（一）》第三条第（四）项第2款规定，新的食品原料（新资源食品）标示的名称与卫生行政部门发布的相关公告不符，经调查，所用原料为同一品种，属标签、说明书翻译或标示错误的，应定性为标签、说明书含有虚假内容，此类情形，不宜认定为《中华人民共和国食品安全法》第一百二十五条第二款规定的“瑕疵”情形。综上，一审法院认为涉案产品虽然实质上符合食品安全标准，但标签存在标识错误，足以对消费者产生误导，故仍应认定为不符合食品安全标准而非“瑕疵”。

另外，一审法院认为，** 超市作为专业销售者，应当知悉食品安全标准相关规定且有义务对其销售的商品是否符合食品安全标准进行认真审查，在有明文规定的情况下，仍销售违反食品安全标准的食品，应推定其在主观上为明知。根据《中华人民共和国食品安全法》第一百四十八条规定，赵某要求某公司给付一千元赔偿金的诉讼请求，于法有据，一审法院予以支持。

因此一审判决如下：① ** 超市于判决生效后15日内退还赵某货款12.9元；赵某于判决生效后15日内返还给 ** 超市涉案奶茶1包（如不能退还，按照购物小票载明的单价赔偿）；② ** 超市于判决生效后15日内支付赵某赔偿金1000元。

4.上诉

（1） ** 超市上诉

一审结果出来后，** 超市不服，向北京市第二中级人民法院提起上诉。

上诉理由：一审判决适用法律错误，涉案产品标签中的“冻干速溶玫瑰花粉”标注符合法律法规、食品安全标准及国家卫生行政部门公告要求，不会对消费者造成误导。

① 作为食品的玫瑰花与“重瓣红玫瑰”在国家卫计委（现国家卫生健康委员会）的表述中具有同一性。食品安全国家标准规定在普通食品中只允许使用“重瓣红玫瑰”，国家卫计委认可“玫瑰花”的通用名称。在普通食品领域对玫瑰食品的普遍表述中，“玫瑰花”与“重瓣红玫瑰”存在名称通用性。

②“玫瑰花”在相关食品标准中广泛作为名称存在，不会造成误解与误导。作为可食用玫瑰花的表述，国家卫计委的公告是对“玫瑰花（重瓣红玫瑰）”作为普通食品的确认，并不排斥其他法律法规或国家标准对此进一步的确认与说明。无论是制定和实施标准的国家机关、科研机关、生产加工食用花卉的生产企业或最终消费食用花卉的消费者，都可以毫无障碍地将上述标准中的“玫瑰花”认可为经过国家法定机关认可的新资源食品“重瓣红玫瑰”，而不会误认为是对“玫瑰花”这一种类植物的称谓。

③ 涉案产品标签标识配料“冻干速溶玫瑰花粉”是新食品原材料“玫瑰花”经加工后形状改变后的名称，完全符合《食品安全国家标准　预包装食品标签通则》的规定。涉案产品并非初级农产品，其配料包含其他企业生产后的食品。生产者生产涉案产品加入“冻干速溶玫瑰花粉”，虽然原始原材料为“玫瑰花（重瓣红玫瑰）”，但因其已经加工而改变性状和形态，则按照《食品安全国家标准　预包装食品标签通则》之规定，应以其实际形态予以标注。

④ 一审判决认定涉案产品实质上符合食品安全标准，但最终认定涉案产品标签标识“虚假”，其依据为《北京食药局食品类相关案件处理指导意见（一）》，该意见并非法律法规，不得作为判决的法律依据。本案应当适用《中华人民共和国食品安全法》第一百四十八条第二款“食品的标签、说明书存在不影响食品安全且不会对消费者造成误导的瑕疵的除外”。对此，涉案产品生产厂商所在地的主管部门也出具协助调查函回函证明涉案产品不违法，不作行政处罚。

（2）赵某应诉

赵某也进行了应诉，其理由是：涉案产品违反《中华人民共和国食品安全法》《中华人民共和国消费者权益保护法》。赵某辩称同意一审判决，请求维持原判。

① ** 超市认为玫瑰花与重瓣红玫瑰在国家卫计委的表述中具有同一性，缺乏法律依据。卫生部公告 2010 年第 3 号中使用的词语是“玫瑰花（重瓣红玫瑰）”，其中，“重瓣红玫瑰”是对“玫瑰花”具体种类的明确。“玫瑰花”为属概念，“重瓣红玫瑰”为种概念，是玫瑰花下属的一个小品种，两者不具有同一性。

②《卫生部关于进一步规范保健食品原料管理的通知》及《国家卫生计生委政务公开办关于新食品原料、普通食品和保健食品有关问题的说明》明确规定玫瑰花为保健食品原料，不得作为普通食品生产经营。卫生部公告 2010 年第 3 号明确规定允许玫瑰花（重瓣红玫瑰）作为普通食品经营。涉案产品作为普通食品经营，只标注“冻干速溶玫瑰花粉”足以误导消费者，“冻干速溶玫瑰花粉”是“玫瑰花”加工的，不能清晰地反映食品真实属性，与卫生部公告 2010 年第 3 号不符。

③ 二审中，赵某提交某食品药品监督管理局 2016 年 7 月 19 日出具的《北京市食品药品行政指导文书行政告诫书》一份，用以证明涉案产品为不合格产品，标签有虚假内容。** 超市对其真实性认可，但不认可关联性和证明目的，认为此告诫书并非行政处罚，无法证明其证明目的。该告诫书中仅载明“上述食品的标签标识不规范，其配料中‘冻干速溶玫瑰花粉（0.3%）’应标明所用玫瑰花的具体种类，特告知你单位，请予以纠正或改正”，并未对涉案产品是否符合食品安全标准作出认定，亦未认定涉案产品为不合格产品。

5.二审法院（最终）判决

涉案产品符合食品安全标准，应退还货款，但无需赔偿。

理由如下：赵某依据《中华人民共和国食品安全法》第一百四十八条第二款之规定起诉要求 ** 超市赔偿 1000 元，其前提为超市销售明知不符合食品安全标准的食品。** 超市主张涉案产品所使用的原料为重瓣红玫瑰并提交了生产许可证、检验报告、企业标准等证据。赵某在本院庭审中亦认可对方提交的证据证明冻干速溶玫瑰花粉的原料是重瓣红玫瑰。根据卫生部公告 2010 年第 3 号，重瓣红玫瑰可以作为普通食品原料使用。因此，涉案产品中添加重瓣红玫瑰、某公司将其作为普通食品销售，未违反上述规定。涉案产品在配料表中标注冻干速溶玫瑰花粉，实际使用的玫瑰花原料为允许作为普通食品生产经营的重瓣红玫瑰，并无虚假、夸大与令消费者误解或误导消费者等情形。故涉案产品符合食品安全标准，赵某主张涉案产品违反《食品安全国家标准　预包装食品标签通则》的规定缺乏依据。赵某要求某公司赔偿 1000 元的诉讼请求，缺乏事实及法律依据，本院不予支持。

综上所述，** 超市的上诉请求成立，予以支持。判决如下：①维持某法院民事判决第一项；②撤销其法院民事判决第二项；③驳回赵某的其他诉讼请求。一审案件受理费 25 元，由赵某负担；二审案件受理费 50 元，由赵某负担（本判决为终审判决）。

三、其他类似案例

1.食用调和油配料的定量标示[4]

金某分别于 2016 年 6 月 8 日、2016 年 6 月 9 日在某某公司购买名称为“某某牌芥花籽橄榄油食用调和油”产品共计 13 桶，金额共计 1534 元，销售公司分别为其开具发票。涉案商品外包装为橄榄及葵花图案，并标有“采用一级双低芥花籽油和特级地中海初榨橄榄油”，配料表显示为“配料：一级芥花籽油、特级初榨橄榄油”，但未标识配料含量。金某称涉案商品标签强调含有橄榄油，但未标明橄榄油具体含量，违反了法律规定。

一审判决：本案中，某某公司所销售的某芥花籽橄榄食用调和油系橄榄油和芥花籽油两种配料调和而成，其中橄榄油的营养价值和市场价格高于芥花籽油，可以认定其为涉案商品中有价值、有特性的配料。另外，涉案商品的标签上以图形、文字、文字说明等形式多次出现“橄榄”，尤其在配料表中显示所用配料为“特级初榨橄榄油”，据此可以认定涉案商品的标签上对橄榄油进行了特别强调。因此，涉案商品的标签应当对橄榄油的添加量进行标示，其未作标识违反了食品安全国家标准，应当认定为不符合食品安全标准的食品。

终审判决：涉案食品的名称为“某某牌芥花籽橄榄油食用调和油”，涉案食品标签上另外两处标示有橄榄油的文字内容分别为：“采用一级双低芥花籽油和地中海特级初榨橄榄油精制而成，营养丰富、均衡，食用安全、放心”“配料：一级芥花籽油、特级初榨橄榄油”。此外，涉案食品外包装上有橄榄及芥花籽图案。经法院审查，根据 GB 23347—2009《橄榄油、油橄榄果渣油》的规定，“特级初榨橄榄油”是橄榄油等级分类的标准化标示方式。涉案食品标签中关于橄榄油的标示内容未超出使用真实属性名称对食品风味、口味、香味或配料进行说明的范围，并未暗示涉案食品中的橄榄油对人体有益的程度超过该食品一般情况所应达到的程度，不属于对涉案食品中的橄榄油成分进行“特别强调”的情形。故法院认定涉案食品标签的内容不违反 GB 7718—2011《食品安全国家标准 预包装食品标签通则》中 4.1.4.1 的规定。

2.油炸糕点中使用 TBHQ 是否合规[4]

2016 年，某企业生产许可类别为油炸类糕点，执行标准是 GB/T 20977—2007《糕点通则》，该企业某油炸类糕点的配料中有特丁基对苯二酚（TBHQ），遭到投诉，理由是：按照 GB 2760—2014，特丁基对苯二酚的使用范围中不包含糕点，投诉该企业超范围使用食品添加剂。

该企业的应诉称：该企业生产的产品按照 GB 2760 附录 E 食品分类系统进行分类，类别为油炸面制品。依据 GB 2760 规定（表 10-2），油炸面制品可以使用特丁基对苯二酚，最大使用量为 0.2 g/kg（以油脂中的含量计）。

表 10-2 GB 2760—2014 中关于 TBHQ 使用的规定

特丁基对苯二酚（TBHQ）　tertiary butylhydroquinone（TBHQ）

CNS 号　04.007　INS 号　319

功能　抗氧化剂

食品分类号	食品名称	最大使用量/(g/kg)	备注
02.0	脂肪，油和乳化脂肪制品	0.2	以油脂中的含量计
02.01	基本不含水的脂肪和油	0.2	
04.05.02.01	熟制坚果与籽类	0.2	以油脂中的含量计
04.05.02.03	坚果与籽类罐头	0.2	以油脂中的含量计
06.03.02.05	油炸面制品	0.2	以油脂中的含量计
06.07	方便米面制品	0.2	以油脂中的含量计
07.02.03	月饼	0.2	以油脂中的含量计
07.03	饼干	0.2	以油脂中的含量计
07.04	烘焙食品馅料及表面用挂浆	0.2	以油脂中的含量计
08.02.02	腌腊肉制品类(如咸肉、腊肉、板鸭、中式火腿、腊肠)	0.2	以油脂中的含量计
09.03.04	风干、烘干、压干等水产品	0.2	以油脂中的含量计
16.06	膨化食品	0.2	以油脂中的含量计

3.食品企业遭遇食品标签方面问题恶意投诉时如何应对

企业在接到投诉后，主要应注意以下方面。

（1）对标签问题的严重性做初步判断。搜集信息→检查该批次产品所有记录→与相关专家进行沟通→确定标签问题的性质。

（2）估计投诉者购买的量，以及投诉者的要求，与投诉方进行初步协商，避免事态扩大。

（3）积极配合市场监督部门的调查，如搜集相关投诉举报的详细信息，尽量缩短停产时间及降低处罚，监管部门的处理结果对法院的最终判决有重要参考作用。

（4）若协商不成，要积极准备应诉：不要轻易妥协，以防止对方反复恶意投诉；参考法院判决的相似案例；充分利用各种相关法律法规的条款进行辩护；充分利用上诉的期限。

（5）对问题产品进行处理（确定是否召回等），防止类似问题再次发生。

（6）若投诉方涉嫌敲诈勒索，保留好相关证据。

四、拓展

1. 学习《健康中国行动（2019—2030 年）》相关条款，并在自己周围进行相关条款的宣传。

2. 要求每名学生到超市调查不少于 10 类食品的标签，找出食品标签上可能存在的问题或瑕疵，并做成 PPT。建议学生如果发现一些中小企业产品的标签上有问题，电话联系相关商家，提出改进措施，帮助他们提高食品质量。

3. 给出2～3组问题食品标签案例，请同学们进行分析，并提出解决方案。

第2节　案例教学指导

一、教学目标

1. 培养学生查阅资料、文献，并能在阅读过程中进行总结、分析、凝练和提出问题的能力；培养学生分工协作和通过倾听、讨论、提问、讲解等过程学习知识并综合运用知识的能力。

2. 使学生更好地了解预包装食品标签相关知识，特别是食品名称、配料名称的正确标识方法，认识到食品标签的重要性和标识不正确可能带来的风险；并在遭遇恶意投诉时能充分应用法律法规合理应对；进而增强食品安全和质量控制意识。

3. 培养并让学生明白形成良好职业素养和职业道德的重要性，并理解自己作为一名“专业人才”所要承担的必要社会责任，用行动践行“健康中国”理念。

二、案例讨论前准备工作

1. 学习《食品安全国家标准　预包装食品标签通则》及《中华人民共和国食品安全法》中有关食品标签的条款。

2. 通过查阅资料、文献，了解玫瑰在食品中使用的相关法规、标准。

3. 给出案情简介后，让学生课后在充分学习相关法规、标准的基础上独立完成以下内容（不宜在互联网上搜索与本案有关的判决资料）：

（1）如果你是原告，请写出你上诉的理由，以有利于法院的判决；

（2）如果你是被告，请写出你的应诉，以有利于法院判决；

（3）如果你是主审法官，你如何判决，判决的依据是什么。

三、案例分析要点

1. 需要学生识别的关键问题。

（1）该事件产生的背景（食品标签的重要性；现在食品标签问题的严峻性；食品标签问题投诉与索赔现状，特别是一些中小企业饱受恶意投诉困扰）。

（2）食品标签不合格的类型（不符合食品安全标准、不符合《中华人民共和国食品安全法》、瑕疵）及判定方法。

（3）《中华人民共和国食品安全法》中食品标签相关条款、《食品安全国家标准　预包装食品标签通则》中重要条款的理解。

2. 法院一审、二审判决的依据分别是什么？改判的关键点在什么地方？如果你分别是原告、被告或主审法官，你准备如何准备材料或判定（梳理、简化原材料中的要点，或提出你的观点）。

3. 企业若遇到食品标签问题投诉的应对措施（如何应对投诉者、监管部门、法院，以及如何自我改进）。

4. 食品标签存在问题可能的后果，处罚或赔偿的法律依据，恶意投诉的判定与后果。

5. 对其他相关案例进行延伸，希望学生能正确分析与理解这些案例。

四、教学组织方式

1.问题清单及提问顺序、资料的发放顺序

（1）请找出模拟错误标签中可能存在的问题。

（2）食品标签上配料标注的要求是什么？

（3）为什么索赔 1000 元？法律依据在哪里？

（4）为什么争议的焦点是是否符合食品安全标准？如果不符合食品安全标准，可能会有什么样的处罚措施？如果符合食品安全标准，是不是就可以免除处罚？处罚与索赔的法律依据在哪里？

（5）如何判断一个食品是否符合食品安全标准？

（6）食品标签瑕疵的判断标准是什么？

（7）为什么赔款单位是 ** 超市而不是生产单位？如果超市赔款后，它将如何维护自己的合法利益？

（8）二审认定是瑕疵，那么对出现的问题是否应该处罚，应该如何进行处罚？

（9）二审改判的关键点在什么地方？你认为是否应该改判？为什么？

本案例教学将课堂讲授、讨论、提问相结合，通过引导学生查阅、学习资料、法规，认识事件的本质，并在认清事件本质的基础上掌握食品标签及投诉应对相关知识。

资料发放顺序为：先发放案例解析的案情部分，让学生课后查阅、学习相关资料与法规，并完成布置的任务；然后发放案例解析其他部分，在学生阅读的基础上进行讨论、讲解；最后发放易错标签举例资料。

2.课时分配（建议 3 学时，共 135 分钟）

（1）给出一个典型错误标签，让学生找错误；交代本案例教学的教学背景，并布置任务。（20 分钟）

（2）学生查阅资料、学习相关法规，完成布置的任务。（课后完成）

（3）进行小组讨论与小组汇报。（30 分钟）

（4）教师进行课堂提问、讨论、讲解、梳理，并结合一些问题标签与学生进行讨论。（40 分钟）

（5）结合几个典型案例，课堂上讨论、梳理；并讨论食品标签问题可能面临的处罚、改进措施、遭受恶意投诉时的应对措施；最后结合 GB 7718 梳理食品标签容易出错的地方。（45 分钟）

3.讨论方式

采取小组讨论、小组汇报相结合的方式。

教师布置任务后，首先学生课后查阅、学习相关资料、法规，完成布置的任务；课堂上先进行小组讨论，然后每小组抽一人汇报本小组的主要观点，其他组学生提问并讨论。

4.课堂讨论总结

由教师采取提问、讨论与讲解相结合的方式进行。

五、课程思政设计

本案例课程思政设计如图 10-2 所示。

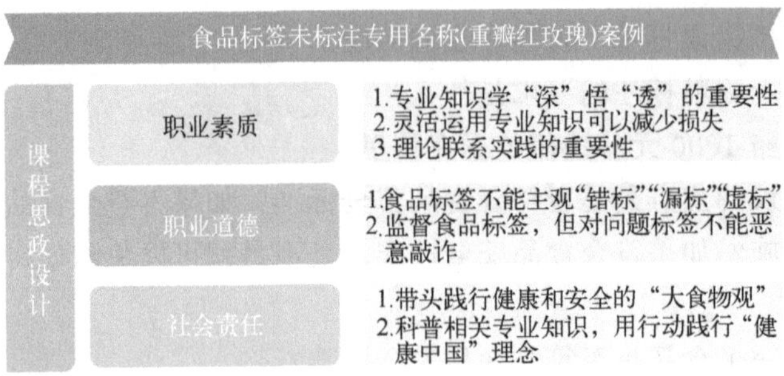

图 10-2　课程思政设计

六、其他

1. 相关知识巩固与扩充。在本案例基础上，结合一些典型错误标签，梳理《食品安全国家标准　预包装食品标签通则》上的关键知识点和容易出错的地方，使学生能巩固本案例的相关知识点。

2. 课前建议申请智慧教室，以圆桌的形式进行本案例教学。

3. 课堂讨论和互动时间占总课程时长的 50%～70%。

4. 在案例具体应用时，可根据实际情况对时间分配和案例内容做适当调整。

附：提问参考答案

（1）请找出模拟错误标签中可能存在的问题。

答：主要错误地方有：①净含量字号太小；②净含量单位应该改为千克；③豆干为复合配料，应标其组成；④老抽应该改为酱油；⑤葱、姜、蒜应该分别标识通用名称；⑥味精应改为谷氨酸钠；⑦QS 已经不用了；⑧白糖应为白砂糖；⑨亚硝应该改为亚硝酸钠；⑩产品标准代号没有年代；⑪产地应该标注到地级市；⑫无保质期；⑬主要成分应该改为配料或配料表；⑭强调了多不饱和脂肪酸，但未标含量；⑮无营养成分表。

（2）食品标签上配料标注的要求是什么？

答：配料的标注要求，详见 GB 7718—2011 的 4.1.3。

（3）为什么索赔 1000 元？法律依据在哪里？

答：《中华人民共和国食品安全法》第一百四十八条。

（4）为什么争议的焦点是是否符合食品安全标准？如果不符合食品安全标准，可能会有什么样的处罚措施？如果符合食品安全标准，是不是就可以免除处罚？处罚与索赔的法律依据在哪里？

答：如果食品标签问题不符合食品安全标准，则按《中华人民共和国食品安全法》第一百二十四条处理，处罚相对较重；其他情形主要按一百二十五条进行处理，处罚相对较轻，特别是一百二十五条的第二款对“瑕疵”的处理。因此食品标签不合格的核心问题在于如何判定。

（5）如何判断一个食品是否符合食品安全标准？

答：依据《中华人民共和国食品安全法》第二十六条。

（6）食品标签瑕疵的判断标准是什么？

答：瑕疵的三个要素为不影响食品安全、不会对消费者造成误导、当事人无主观故意。

（7）为什么赔款单位是 ** 超市而不是生产单位？如果超市赔款后，它将如何维护自己的合法利益？

答：《中华人民共和国食品安全法》第一百四十八条第一款规定，消费者因不符合食品安全标准的食品受到损害的，可以向经营者要求赔偿损失，也可以向生产者要求赔偿损失。接到消费者赔偿要求的生产经营者，应当实行首负责任制，先行赔付，不得推诿；属于生产者责任的，经营者赔偿后有权向生产者追偿；属于经营者责任的，生产者赔偿后有权向经营者追偿。

（8）二审认定是瑕疵，那么对出现的问题是否应该处罚，应该如何进行处罚？

答：按照《中华人民共和国食品安全法》第一百二十五条第二款规定。

（9）二审改判的关键点在什么地方？你认为是否应该改判？为什么？

答：符合瑕疵的三要素不影响食品安全、不会对消费者造成误导、当事人无主观故意，本案的焦点在于是否会对消费者造成误导。

参考文献

［1］ 张孜聪，王增朝，张一哲，等．铁路站车销售预包装食品标签问题分布研究［J］．中国卫生检验杂志，2020，30(24)：3017-3019，3022．

［2］ 刘洋，赵接红．探讨食品生产企业预包装食品标签存在的问题及解决办法［J］．食品工业科技，2015，36(1)：276-279．

［3］ 朱洁，周优，李卓．食品标签存在的问题及应对措施［J］．现代食品，2018(15)：48-50．

［4］ 上海市质量监督检验技术研究院组．食品标签法院判决案例精选［M］．北京：中国质检出版社，中国标准出版社，2018．

案例11

高品质发酵蔬菜的开发

案例摘要

本案例为高品质发酵蔬菜的开发。通过介绍相关背景、传统泡菜规范化生产、现代泡菜标准化生产、泡菜的品质控制等内容，引导学生了解并掌握高品质泡菜的生产方法、泡菜安全控制及风味品质提升策略，培养学生查阅资料、主动思考与解决问题的能力，进而希望学生能够培养食品安全与质量控制意识、创新意识，并能灵活运用所学专业知识解决生产实际中存在的问题，以后更好地服务于食品行业。

第 1 节　案例解析

一、案例背景

1.泡菜的起源与发展

泡菜作为一种具有悠久历史的传统美食，在我国有着丰富的文化底蕴。它不仅代表着我国人民勤劳智慧的生活态度，还体现了人们对美食的追求和创新精神。同时，泡菜的制作过程也是一种技艺传承，承载着中华民族优秀的文化基因（**思政点 1**）。战国至秦汉时期泡菜的技艺逐渐传播到全国各地，特别是在四川、湖南、湖北等地，泡菜的制作技术得到了进一步的发展。这一时期的泡菜主要以蔬菜为主，如白菜、萝卜、黄瓜等。在隋唐时期，泡菜技艺得到了更加广泛传播，不仅在民间广泛应用，还成为宫廷美食。泡菜的制作材料也更加丰富，增加了肉类、水产等，泡菜的制作方法也日趋多样化。在宋代时期，泡菜已经成为民间家庭必备的食品，此时的泡菜制作技术已相当成熟。不仅在腌制过程中注重发酵时间的把握，还讲究调料的搭配，使得泡菜口感更加丰富。到元明清时期，泡菜的制作技艺进一步发展，各种泡菜制品层出不穷。此时的泡菜已不仅仅是一种家常食品，还成为一道独特的宫廷御膳。泡菜的制作方法也在这个时期得到了进一步完善，出现了许多独具特色的泡菜品种。直到现代，随着现代科技的发展，泡菜的制作工艺得到了前所未有的提升。传统的泡菜制作方法与现代科技相结合，使得泡菜的口感、营养价值和保质期得到了极大的提高。如今，泡菜已经成为世界各地的美食，受到了越来越多人的喜爱。

2.泡菜的营养价值与保健作用

泡菜在腌制过程中，蔬菜中的维生素、矿物质和膳食纤维等营养成分得到了很好的保存，同时还吸收了泡菜汁中的有益成分，如乳酸、氨基酸等。因此，泡菜具有较高的营养价值。除此之外，泡菜中的乳酸菌具有调节肠道菌群、促进消化吸收的作用；泡菜中的抗氧化物质有助于抵抗自由基，延缓衰老；泡菜还具有一定的抗菌、抗病毒、抗癌等保健作用。总之，泡菜作为一种具有悠久历史的传统美食，在我国的饮食文化中占有举足轻重的地位。它不仅代表着我国人民的勤劳智慧，还具有丰富的文化内涵和营养价值（**思政点 2**）。随着现代科技的发展，泡菜的制作技艺得到了前所未有的提升，使得这一传统美食得以焕发新的生机（**思政点 3**）。

3.泡菜存在的问题

泡菜是一种传统的发酵食品，在我国有着悠久的历史和丰富的文化内涵。然而，在享受泡菜带来的美味的同时，我们也应关注其中存在的问题，主要包括营养成分和安全性问题两个方面。

（1）泡菜制作过程中的问题

泡菜原料的选择至关重要。应该选择新鲜、无病虫害、无机械伤的蔬菜原料。若原料质量不过关，可能含有致病菌或农药残留，则会影响泡菜的安全性。另外，在家庭制作泡菜过程中，很难确保发酵环境的稳定。温度、湿度、氧气等因素都会影响泡菜的发酵品质。若发酵条件不佳，可能导致泡菜口感不佳，甚至产生有害微生物。

（2）泡菜营养成分的问题

营养素是人体维持正常功能、保持健康和抵抗疾病的基础。泡菜主要以蔬菜为主，虽然富含膳食纤维、维生素等营养成分，但蛋白质、脂肪等营养素相对较少。因此，要关注营养素的重要性，合理安排饮食，保持营养均衡，以维持身体健康。同时，要学会从多种途径摄入营养素，避免营养缺乏症的发生。除此之外，亚硝酸盐含量也是消费者对泡菜最为关注的问题。过量摄入亚硝酸盐对人体有害，可能导致致癌风险。饮食中约 80% 的硝酸盐来自蔬菜。泡菜在发酵过程中，也会产生一定量的亚硝酸盐，随着发酵时间的延长，亚硝酸盐含量呈先上升后下降的趋势。根据 GB 2762—2022 限量要求，亚硝酸盐在蔬菜及其制品中的限量应为 20 mg/kg。经过多年研究发现在标准化生产的泡菜中，亚硝酸盐含量始终低于限量标准。

4.泡菜微生物

泡菜在发酵过程中，微生物群落对其品质起至关重要的作用。传统自然发酵泡菜是利用蔬菜自身携带的微生物进行发酵，同时伴随着微生物种类和数量的不断变化。发酵过程中的微生物种类复杂多样，因此，传统自然发酵的泡菜产品批次间差异较大，且发酵周期长，产品品质稳定性差。影响泡菜发酵的微生物主要包括乳酸菌、酵母菌、醋酸菌、霉菌及其他微生物。

（1）乳酸菌（lactic acid bacteria，LAB）

乳酸菌是发酵过程中起关键作用的微生物种群，主要包含乳杆菌属（*Lactobacillus*）、明串珠菌属（*Leuconostoc*）、片球菌属（*Pediococcus*）和链球菌属（*Streptococcus*），我国泡菜以乳杆菌属发酵为主。乳酸菌在发酵过程中产生的有机酸和二氧化碳能够抑制腐败菌的生长，从而提高泡菜的安全性。但乳酸菌的生长代谢受多种因素的影响，如生长环境条件、发酵底物以及与其他微生物之间的相互作用等。乳酸菌在发酵泡菜时除了产有机酸外，还具有抑制有害菌生长、提高免疫力、抗氧化等作用。

（2）酵母菌

酵母菌在泡菜发酵过程中起辅助发酵的作用，能够分解原料中的糖分，产生乙醇、少量的甘油以及其他醇类和芳香类风味物质。酵母菌发酵的产物乙醇也可以为醋酸菌发酵提供底物。常用于泡菜发酵的酵母菌包括酿酒酵母、假丝酵母、汉逊酵母等。但是，酵母菌的过度生长会对泡菜的乳酸发酵产生负面影响，例如产膜酵母的过度生长会在泡菜表面形成一层白色的膜，即“生花”现象。工业化生产的泡菜中，约5%的泡菜会出现“生花”现象，该现象发生后，泡菜随之出现馊臭和软烂的现象，给泡菜产业造成的经济损失严重。

（3）醋酸菌

醋酸菌是泡菜发酵过程中普遍存在的一类菌群。在有氧条件下，醋酸菌可以将乙醇氧化为乙酸和乙酸乙酯。适当含量的乙酸和乙酸乙酯有利于泡菜良好风味的形成。但醋酸菌过度发酵，产生过量的乙酸会使得泡菜具有刺激性酸味，影响泡菜的食用品质。因此，在泡菜制作过程中，需要及时封坛以便形成缺氧环境，减少醋酸发酵，保障泡菜的正常发酵。

（4）霉菌

由于原料携带和操作污染等原因，泡菜发酵过程中会存在一定数量的霉菌，包括毛霉属（*Mucor*）、曲霉属（*Aspergillus*）、青霉属（*Penicillium*）等。霉菌多数不耐受低pH值，因此在泡菜发酵初始阶段，存在一定数量的霉菌。随着发酵进行，pH值逐渐降低，霉菌的数量逐渐减少，直至消失（**思政点4**）。

（5）其他微生物

目前能够分离培养的泡菜中的微生物种类还非常少，随着分子生物实验技术的进步，越来越多的不可培养微生物已经被鉴定出来。在今后的研究中，随着可培养微生物逐渐增多，还需深入探讨泡菜微生物的发酵机理，为泡菜产业的可持续发展提供科学依据。

5.影响泡菜品质的因素

（1）原料的筛选与处理

① 蔬菜原料：蔬菜的品质直接影响泡菜的口感和营养价值。泡菜的主要原料包括白菜、豇豆、萝卜、辣椒等。泡菜生产对原料的要求是新鲜，同类原料大小、成熟度基本一致，并且无机械伤和病虫害，属于优质蔬菜原料。除此之外，品种、产地、栽培方式等都会影响泡菜的品质。因此，标准化泡菜生产需要选用抗逆性好、物理指标一致、加工变色率低的泡菜专用蔬菜品种。

② 盐和辅料：盐是泡菜发酵的关键因素，其质量直接关系到泡菜的口感和安全性。选用优质泡菜盐，可以保证泡菜的口感和营养价值。钙离子是泡菜盐的关键组分，钙在形成细胞壁的多糖和蛋白质复合体中起黏合作用，增强细胞的稳定性，同时由于钙固着于原生质表面和细胞壁交界点上，细胞壁的渗透性降低，从而提高了硬度，提升了泡菜的脆度，保障泡菜的品质。此外，添加其他调料，如辣椒、生姜、大蒜等，也可以提升泡菜产品的风味品质。

③ 发酵菌种：泡菜的发酵过程中，发酵菌种对泡菜的品质具有重要影响。利用发酵剂可以缩短泡菜发酵周期，获得较为稳定的泡菜品质。泡菜中的优势菌种在发酵过程中发挥了主导作用，利用优势菌种作为发酵剂制备风味优良的泡菜，是满足当前市场需求的趋势。植物乳杆菌、肠膜明串珠菌、短乳杆菌和耐乙醇片球菌是泡菜发酵过程中的主导菌属，其次酵母菌对泡菜优良品质的形成也起到了重要作用。总的来说，乳酸菌和酵母菌是泡菜发酵过程中的主要微生物，它们可以分解蔬菜中的糖分，产生乳酸、乙醇等有益物质，赋予泡菜特殊的风味和优良的品质。

（2）发酵条件控制

① 温度：发酵温度对微生物生长很重要，因此泡菜发酵过程中的适宜温度对泡菜品质有很大影响。温度的改变会让微生物的代谢发生较大的改变，进而引起泡菜发酵过程中的多种生物化学变化。一般来说，随着温度的升高，发酵的进程会逐渐缩短，生化反应的速率会加快，有利于微生物对营养物质的吸收和代谢物的排出。泡菜发酵的适宜温度为15～32 ℃，过高或过低的温度都会影响乳酸菌的活性，从而影响泡菜的品质。

② 氧气："生花"是泡菜最常见的品质劣变现象。泡菜"生花"不仅影响风味，还会加快泡菜的腐败，导致整坛泡菜都不能食用。现有研究表明，引起泡菜"生花"的微生物主要是酵母菌、毕赤酵母、假丝酵母、汉斯德巴氏酵母等。泡菜坛/池的密封性是影响泡菜"生花"的关键因素。泡菜发酵过程中，主要菌群乳酸菌为厌氧菌，需要在无氧环境下生长繁殖。如果泡菜坛/池的密封性差，空气/氧气进入就会引起"生花"酵母菌大量繁殖，抑制乳酸菌的生长，导致泡菜的品质下降或腐败。因此，在发酵过程中要尽量减少氧气的接触，可以使用密封容器或采用特殊发酵装置来保证厌氧环境。

③ 发酵时间：发酵时间对泡菜的品质也有一定影响。一般来说，不同原料的发酵成熟时间是不同的。叶菜类泡菜发酵时间为15～30天，根茎类泡菜发酵时间为30～60天。原料随着发酵时间的延长，pH值逐渐降低，总酸逐渐升高。当总酸含量达0.3 g/100 g，pH降到4.0以下时，通常认为泡菜达到成熟状态。发酵时间过短，泡菜口感较淡，发酵时间过长，泡菜口感过酸。要掌握适宜的发酵时间，以确保泡菜的品质。

（3）生产管理

① 生产环境清洁：泡菜加工厂作为食品生产领域的一部分，其生产环境的清洁程度至关重要，直接关系到产品的质量和消费者的健康。因此，确保泡菜加工厂生产环境清洁，是保障食品安全和消费者健康的关键环节。泡菜加工厂的生产环境必须严格遵守卫生规范。从生产车间的地面、墙壁到生产设备，都必须定期进行清洁和消毒。这不仅可以有效去除污垢和细菌，还能防止微生物滋生，从而确保产品的卫生安全。除了日常的清洁和消毒工作外，泡菜加工厂还需要建立完善的监测体系。通过对生产环境的定期检测和分析，可以及时发现潜在的风险和问题，并采取有效的措施进行解决。

② 生产车间清洁：泡菜加工厂生产车间的清洁是确保产品质量和食品安全的关键环节。泡菜加工厂生产车间需要定期进行全面的清洁工作，包括车间地面、墙壁、天花板等硬表面的清洁。为了确保清洁工作的有效性和可持续性，泡菜加工厂生产车间需采用一系列的卫生管理措施。例如，建立严格的清洁记录和检查制度，对清洁工作的质量和效果进行监督和评估；引入先进的清洁技术和设备，提高清洁工作的效率和水平。通过这些措施的实施，泡菜加工厂生产车间的清洁工作得到了有效保障和提升。这不仅有助于提高产品

的质量和口感，还能够增强消费者对产品的信任和认可。同时，这也为企业的可持续发展奠定了坚实的基础，为企业的长远发展提供了有力的支撑。

③ 生产工具清洁：泡菜生产过程中涉及原料的预处理设备、切分设备、计量设备以及发酵坛等。泡菜生产过程中的相应加工设备应进行定期清洗和消毒。直接接触泡菜原料的器具，必须用无毒、无味、无腐蚀、无残留的材料制作而成。泡菜坛的清洁一般选择软质海绵或者专用的泡菜坛清洁刷。这些工具既能有效去除坛子内的污渍和残留物，又能避免对坛子造成划痕或损伤。在清洁泡菜坛时，要确保坛子内没有残留的水分或食物残渣。这些残留物不仅容易滋生细菌，还会影响泡菜的口感和品质。在每次制作泡菜之前，都要对坛子进行彻底的清洗和消毒。

④ 生产人员卫生：泡菜生产人员每年必须进行健康检查，持有效的健康证明方可上岗。同时，泡菜生产企业应对其生产人员进行定期卫生知识培训。另外，在泡菜生产过程中，生产人员应穿戴干净的工作服、鞋、帽等，直接接触产品的生产人员还应该佩戴口罩。进入生产车间前应进行手部消毒和风淋处理。

总之，要制作出高品质的泡菜，需要从原料的筛选与处理、发酵条件控制和生产管理等多方面进行严格把控。通过控制影响泡菜品质的各种因素，大家可以根据自己的口味和需求，制作出美味可口的泡菜。

二、发酵蔬菜规范化生产相关案例

1.传统发酵蔬菜规范化生产[1]

传统发酵蔬菜泡菜主要以新鲜蔬菜或蔬菜咸坯为原料，添加或不添加辅料，经中低质量分数（2%～10%）食盐水泡渍发酵、包装等生产加工而成（工艺流程见图 11-1）。

（1）工艺流程

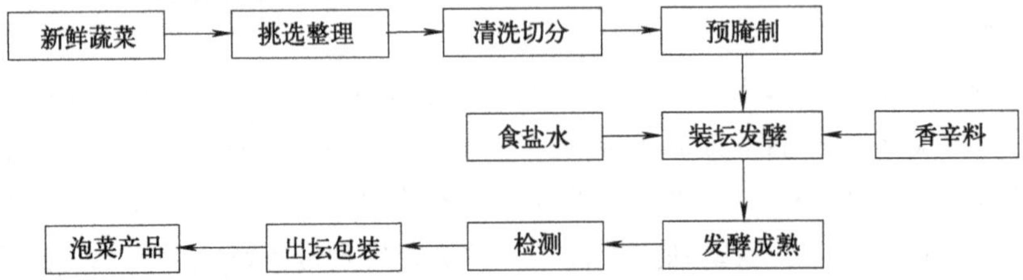

图 11-1　传统泡菜生产工艺流程

（2）关键技术要点

① 原料的选择：挑选原料时，需要遵循一定的标准（企业标准），确保所选的原料新鲜、成熟适度、无病虫害、无机械伤。新鲜度可以通过观察其颜色、气味和质地来判断。新鲜的蔬菜通常色泽鲜艳，气味清香，质地脆嫩；其次，成熟适度也是选择原料的重要标准。过熟或过生的原料都会影响最终泡菜的品质。此外，无病虫害和无机械伤也是选择原

料时需要注意的方面。病虫害不仅会影响原料的品质，还可能带来安全隐患。因此，在挑选原料时，需要仔细检查其表面是否有虫洞、病斑等痕迹。同时，机械伤也可能导致原料变质或感染病菌。因此，需要避免选择有明显机械伤的原料。

② 原料的预处理：泡菜原料的预处理包括挑选分级、整理切分、清洗晾干等多个环节。原料的预处理是烹饪或食品加工中不可或缺的一步，它确保了食材的清洁、整齐和适合后续加工的状态。首先，挑选分级是预处理的第一步。这涉及对蔬菜的仔细检查，根据外观、大小和品质等因素进行分类。这样可以确保每一批蔬菜的质量都达到标准，提高产品的整体品质。接下来是整理切分。这一步会对蔬菜进行清洗、去除不可食用部分，并切成适当大小的块状或片状。清洗晾干是预处理的关键环节。蔬菜经过清洗后，能够去除表面的污垢和农药残留，确保食材的卫生安全，而晾干则能够去除多余的水分，使蔬菜在后续加工中更易于操作。预泡制是原料预处理的另一个重要环节，也被称为“打底子”。在这个过程中，蔬菜会放入含有一定浓度盐分的溶液中浸泡一段时间。预泡制的目的在于改善蔬菜的口感和风味，使其更加鲜美可口。同时，预泡制还能够去除蔬菜中的部分涩味和苦味，提高产品的整体品质。预泡制时，盐的浓度和浸泡时间都需要严格控制。一般来说，盐的浓度在2%～10%之间较为适宜，浸泡时间则根据蔬菜的种类和大小而定，通常在1～5 h之间。这样既能确保蔬菜充分吸收盐分，又不会因过度浸泡而影响口感和品质。

③ 发酵：泡菜发酵首先需要预处理水，水质的纯净度直接影响后续发酵的效果。一般来说，选择经过净化的水。盐的浓度通常在2%～10%之间，具体数值可以根据不同的食材和口味进行调整。在配制盐水时，还需要注意盐的种类。通常，含有一定钙离子浓度的食用盐是最佳选择。除了盐水，还需要准备一些辅料，如糖和香辛料。这些辅料不仅能为泡菜增添风味，还能促进微生物的生长和繁殖。接下来，进入装坛环节。首先，需要选择一个干净、无油、无水的坛子。然后，将预处理好的食材放入坛中，按照菜水比1∶1.5的比例加入盐水。注意菜要离坛口10 cm左右，以确保菜能够完全浸没在盐水中。装坛完成后，进行封坛。封坛是关键步骤之一。要确保坛口密封严实，以防止空气进入坛内影响发酵效果。在泡渍发酵的过程中，微生物会在食材中繁殖并产生各种酶和代谢产物。这些酶和代谢产物不仅能够改善食品的口感和风味，还能提高食品的营养价值。例如，泡菜中的乳酸菌可以促进肠道健康，提高人体免疫力。

④ 出坛：它是泡菜独特而重要的环节，标志着经过长时间的酝酿和发酵后，终于迎来了成熟的时刻。专业的评价人员通过细致入微的观察和感受，对产品的颜色、气味等特性进行准确的评估。在颜色方面，成熟的产品通常呈现出一种深沉而饱满的色泽，这是经过长时间发酵后形成的独特韵味。香气是另一个重要的感官评定指标。成熟的产品通常散发出柔和而持久的香气，这是由多种复杂化合物相互作用而产生的独特风味。除了感官评定外，可滴定酸检测也是出坛环节不可或缺的一部分。在出坛产品中，可滴定酸的含量通常在0.3 g/100 g以上，原料类别不同略有差异。

2.现代发酵蔬菜规范化生产

现代发酵蔬菜是以传统泡菜为基础，利用现代食品工程技术和设备设施、调味技术、包装和杀菌技术等生产加工而成的蔬菜制品，即工厂加工泡菜（工艺流程见图11-2），产品类型主要分为方便泡菜、直投式发酵泡菜。

(1) 工艺流程

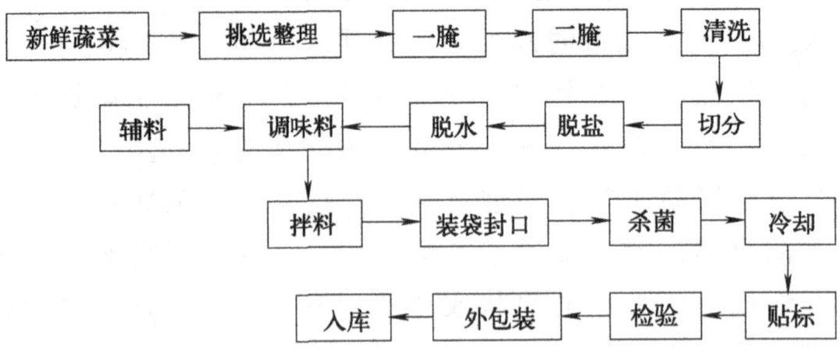

图 11-2 现代发酵蔬菜生产工艺流程

(2) 关键技术要点

① 原料的选择：同传统发酵蔬菜标准化生产部分。

② 原料挑选、清洗、入池：在挑选过程中，需要仔细去除原料中的根须、老皮和黄叶等部分。这些部分往往含有较多的杂质和不良物质，如果不及时去除，将会影响到后续加工环节的质量和效率。同时，对不同种类的原料，还需要根据其特性进行有针对性地挑选，以确保最终产品的口感和营养价值。在清洗过程中，需要采用适当的清洗方法，如浸泡、冲洗等，以确保原料的洁净度。同时，还需要注意控制清洗时间和水温，避免对原料造成不必要的损伤。清洗完成后，需要将原料沥干水分，为后续加工做好准备。在入池环节，需要将挑选和清洗好的原料按照一定的比例和顺序放入发酵池中。对于茎菜类原料，采用上、中、下三层铺盐方式，下层用盐比例为总盐量的 20%～30%，中层用盐比例为总盐量的 50%～60%，面层为 10%～20%。这样的比例设置不仅有助于保持原料的新鲜度和口感，同时也有助于防止细菌滋生和腐败现象的发生。

③ 封池：封池是传统的蔬菜发酵方法，其操作过程充满了浓厚的农业文化气息。当蔬菜入池后，一个至关重要的步骤便是用重物压实蔬菜的表面。封池是为了确保蔬菜在盐渍过程中能够均匀、充分地吸收盐分，避免因蔬菜之间的空隙导致盐分分布不均，从而影响发酵效果。封池主要分为水封、沙封和石封。石封由于气密性较差，现在很少使用。目前多采用水封和沙封。水封是一种简单而有效的封池方法。在蔬菜入池后，首先要用重物将蔬菜压实，使其完全浸泡在盐渍水中。随后，在盐水表面铺上 2～3 层食品级 PE 膜，这种膜需具有良好的密封性和耐腐蚀性，能够有效地防止盐水与外界环境直接接触。接着，在 PE 膜外部倒入足够的水，以形成一层水封层。水封层能够有效地隔绝外界空气和杂菌，从而确保发酵过程的顺利进行。沙封是入池后，蔬菜表面压上重物，等盐渍水淹没蔬菜，在盐水表面铺上食品级 PE 膜 2～3 层，在膜上盖上 2～3 层防雨布，在防雨布上盖上一定厚度的细沙。

④ 发酵：同传统发酵蔬菜发酵。但如果采用分段发酵模式，首次发酵采用低盐(3%～6%，10～15 天)，此发酵阶段主要是去除原料部分水分，以及促进转色。在首次发酵结束后，进行合并转池。第二次发酵为主发酵阶段，加盐量为 5%～6%，发酵周期

根据原料种类的不同而不同，约为1个月。主发酵阶段是微生物生长代谢旺盛的阶段，也是泡菜风味形成的主要阶段。待主发酵结束后，应继续补充盐分至13%以上，以达到长期贮藏的目的。

⑤ 清洗、整理、切分：泡菜出池后，需要整理原料去除老皮、根须、霉变部位等。根据生产需要将整理好的泡菜切分至片、丁、丝等所需的形状。

⑥ 脱盐、脱水：由于泡菜在高盐分条件下贮藏，因此，在加工成预包装食品之前需要进行脱盐处理。与传统的流水脱盐相比，目前多采用机械（鼓泡式）脱盐，该方式生产效率高、脱盐效果好且产生的废水较少。

其他关键操作要点，根据企业和产品需求各有差异。

三、高品质发酵蔬菜开发案例

1.直投式蔬菜发酵技术

直投式蔬菜发酵技术是一种创新的食品加工方法，它以高效、便捷和品质可控的特性，正在逐渐改变传统的蔬菜发酵工艺。该项技术将合成生物学理论与技术相结合，系统研究发酵蔬菜微生物种群的作用关系和代谢网络，通过代谢网络模块化处理将发酵任务分解，确定关键微生物的单元任务，并通过调节发酵参数和强化菌株功能来实现调节发酵蔬菜微生物群落代谢功能的目标。设计和构建出稳定高效且靶向精准的发酵蔬菜的微生物群落，筛选发酵蔬菜优势微生物菌种，将特定的微生物菌种直接投入蔬菜中，进行快速发酵，从而生产出营养丰富、口感独特的发酵蔬菜产品。而在传统的蔬菜发酵过程中，通常需要依赖自然环境中存在的微生物进行发酵，这种方式不仅耗时较长，而且品质难以保证。而直投式蔬菜发酵技术则通过引入经过筛选和优化的微生物菌种，能够显著提高发酵效率，缩短发酵周期，同时保证产品的品质和口感。

直投式蔬菜发酵技术在实际应用中具有诸多优势。首先，它能够减少发酵过程中的不确定性和风险，避免因自然环境变化导致的发酵失败。其次，通过精确控制发酵条件，如温度、湿度和氧气含量等，该技术能够生产出更加稳定、一致的发酵蔬菜产品。此外，直投式蔬菜发酵技术还具有高度的灵活性，可以根据不同的蔬菜种类和发酵需求，选择适合的微生物菌种和发酵工艺。总之，直投式蔬菜发酵技术作为一种革新性的食品加工方法，具有显著的优势和广阔的应用前景。它不仅能够提高发酵效率、保证产品品质，还能够满足消费者对健康、营养和美味的需求。相信在不久的将来，直投式蔬菜发酵技术将在食品加工领域发挥更加重要的作用，为消费者带来更加美好的体验。

2.应用案例

（1）案例1：发酵剂对泡菜挥发性风味形成的重要性

杨洋等[2]利用6种不同发酵剂发酵泡菜，探究发酵剂对泡菜的挥发性组分和感官品质的影响。研究发现，6种不同发酵剂泡萝卜中共测得75种挥发性风味物质（酯类12种、醇类27种、萜烯类5种、酸类10种、醛酮类4种、烷烃类4种和其他13种），主要为醇类、酯类、酸类和萜烯类。通过探讨6种发酵剂泡菜中细菌和真菌种类与挥发性成分的相关性发现，细菌比真菌与挥发性成分的相关性总体上较强。植物乳杆菌、耐酸乳杆菌和沙雷菌是泡萝卜发酵过程中的重要细菌。毕赤酵母是泡萝卜发酵过程中的主要真菌。

（2）案例 2：泡菜主要香气贡献物质

云琳等[3]以 3 种发酵方式的泡菜（接种发酵泡菜、卤水泡菜和自然发酵泡菜）为研究对象，不同发酵方式下制备的萝卜泡菜的理化特性和风味存在差异。卤水泡菜初始 pH 最低，在 3.6 左右，接种发酵泡菜在 24 h 内 pH 降到 3.5 左右，且在 24 h 乳酸菌数达到最高，约 10^8 CFU/mL。在感官评价方面，接种发酵泡菜与卤水泡菜之间感官评价差异不显著，评分均比自然发酵泡菜高，这表明植物乳杆菌与肠膜明串珠菌复配发酵泡菜具有同卤水泡菜一样良好的品质。经过 GC-MS 分析，卤水泡菜中丙二醇、甘油和甘露醇等醇类物质以及氨基酸和乳酸含量更高；接种发酵泡菜中果糖、塔格糖和蔗糖等糖类物质含量较高；自然发酵泡菜中非挥发风味物质的含量介于卤水泡菜和接种发酵泡菜之间。通过 SPME/GC-MS 分析，主要的香气活性物质共 8 种，分别为二甲基二硫醚、二甲基三硫醚、柠檬烯、β-金合欢烯、2-壬酮、2-十一烷酮、芳樟醇和桉叶油醇，其中二甲基三硫醚是 3 种泡菜中对香气强度贡献度最大的化合物。

（3）案例 3：植物乳杆菌和乳酸克鲁维酵母对泡菜香气形成有重要贡献

唐鑫等[4]利用乳酸克鲁维酵母 Km 和植物乳杆菌 QB 制备了多种发酵辣椒制品，理化指标分析发现 QB3 发酵辣椒消耗最多还原糖，导致发酵液的 pH 值下降最快，并且使短链脂肪酸和维生素 A 含量分别提高了 62.5%和 13.8%。发酵辣椒中微生物多样性和挥发性代谢组分析表明，接种 QB3 发酵菌株具有生长优势并降低了微生物的多样性；发酵辣椒中共检出 73 种挥发性化合物，46 种挥发性化合物可能对风味具有贡献，相关性分析表明 148 种微生物可能参与 71 种挥发性化合物的合成，植物乳杆菌和乳酸克鲁维酵母可能参与 26 种挥发性化合物的合成，并且乳酸克鲁维酵母是风味物质形成的关键，而挥发性化合物的合成多数与植物乳杆菌呈负相关。

（4）案例 4：多乳酸菌与酵母菌互作，可加快萝卜泡菜发酵进程并提高品质

黄玉立等[5]为了明确萝卜泡菜发酵过程中的乳酸菌和酵母菌互作对其发酵进程及风味的影响，该研究通过以无菌盐水发酵萝卜作为对照组（CK），考察植物乳杆菌（*Lactobacillus plantarum*，Lp）、甘草乳杆菌（*Liquorilactobacillus nagelii*，Ln）和少孢哈萨克斯坦酵母（*Kazachstania exigua*，Ke）单菌和混菌（总接种量均为 1%）的条件下萝卜泡菜发酵过程中微生物、理化参数的变化，对比分析了不同菌种发酵终点的挥发性风味物质差异，并对挥发性风味成分进行正交偏最小二乘法判别分析（OPLS-DA）和层次聚类分析（HCA）。结果表明，随着发酵的进行，不同处理组中乳酸菌数量和菌落总数的变化无明显差异，而酵母数量和还原糖含量在单乳酸菌组和 CK 组中的变化规律一致，并与混菌组呈显著性差异（$P<0.05$）；Lp＋Ln＋Ke（1∶1∶1）组的产酸速度和最终酸积累量高于双菌发酵组和单菌组。挥发性风味物质分析表明，混菌发酵比单菌发酵产生的风味物质更丰富，且乙酸乙酯仅在 Lp＋Ln＋Ke（1∶1∶1）组检测到。OPLS-DA 和 HCA 结果表明，可以将不同菌种发酵的泡菜进行有效区分。

（5）案例 5：榨菜“三腌三榨”发酵中与其品质相关的微生物群落分析

榨菜是由新鲜青菜头（茎瘤芥）经过“三腌三榨”工艺发酵而成。为探究微生物与不同腌制时期榨菜挥发性风味物质的相关性，Lian 等[6]使用高通量测序探索了三个不同腌制时期榨菜的微生物群落结构，基于与挥发性风味物质的显著相关性，确定了关键微生物类别。研究发现，榨菜发酵过程中细菌多样性水平在二腌时达到最高，而真菌多样性水平

则是在一腌时最高。厚壁菌门和变形菌门是一腌、二腌、三腌三个样品中的主要细菌门，乳酸杆菌是属水平的主要细菌，盐单胞菌属、红球菌属、黄杆菌属与酯类物质的含量呈显著负相关。子囊菌门和担子菌门是所有样品中的主要真菌门，德巴利酵母属是属水平的主要真菌，德巴利酵母属与酯类物质的含量呈显著负相关，葡萄孢属、微球黑粉菌纲、子囊菌、单胞菌的水平与异硫氰酸酯类物质的含量呈显著正相关。

（6）案例 6：一种复合菌剂及优质泡菜制作方法

张玉[7]发明公开了一种复合菌剂，主要包括植物乳杆菌（*Lactobacillus plantarum*）、肠膜明串珠菌（*Leuconostoc mesenteroides*）和食窦魏斯氏菌（*Weissella cibaria*）。该发明还提供了一种制备复合菌剂的方法、制备泡菜的方法、泡菜和所述的复合菌剂在制备泡菜中的应用。该发明提供的复合菌剂用于制备泡菜时，具有使用简单、发酵时间短、泡菜风味佳、口感好、亚硝酸盐含量低、品质稳定的优点，具有广泛的应用前景。

四、拓展

1. 泡菜中亚硝酸盐产生规律。

2. 制定直投式泡菜的配方和工艺，并在实验课中进行实践操作，操作后进行分组产品展示与讨论（综合实验中实操，**思政点 5**、**思政点 6**）。

3. 学习《健康中国行动（2019—2030 年）》相关条款，并在自己周围进行相关条款的宣传（课后任务，**思政点 7**、**思政点 8**）。

4. 以涪陵榨菜为例，讨论传统食品现代化的途径（课后任务，**思政点 9**）。

第 2 节　案例教学指导

一、教学目标

1. 能够基于现代食品科学和食品安全等领域的科学原理，通过文献研究或相关方法，调研和分析农产品加工领域复杂工程问题的解决方案。

2. 了解蔬菜发酵领域的相关技术标准体系、知识产权、产业政策和法律法规，理解不同社会文化对工程活动的影响；能够分析和评价专业工程实践和社会实践对社会、健康、安全、法律、文化的影响，以及这些制约因素对项目实施的影响，并理解应承担的责任。

3. 能够根据研究对象特征（食品原料、加工工艺及产品特性等）及消费群体，选择研究路线，设计实验方案。

4. 了解食品相关法律法规对职业规范的要求，理解诚实公正、诚信守责的工程职业道德和规范，并能在食品产品生产、研发、检验检测、工程设计等工程实践中自觉遵守。

5. 理解食品行业从业人员对社会公众的安全、健康和福祉以及环境保护的社会责任，能够在食品生产、工程设计、管理等工程实践中自觉履行责任。

二、案例讨论前准备工作

1. 了解中国传统发酵蔬菜的起源、传统工艺流程、典型原料类型，及著名的发酵蔬菜制品案例。

2. 让学生熟悉传统发酵蔬菜的加工工艺；了解传统发酵蔬菜风味形成过程。

3. 了解亚硝酸盐在发酵蔬菜中的消长规律，以及亚硝酸盐在发酵蔬菜制品中的标准和要求。

4. 阅读几个关于发酵蔬菜的例子后，在充分查阅资料并小组讨论的基础上，组内完成以下内容：

（1）发酵剂如何影响发酵蔬菜的品质？

（2）如何进行优质发酵剂的筛选？

三、案例分析要点

1. 发酵蔬菜的起源、发展、类型及工艺要点。

2. 影响发酵蔬菜品质的因素。

3. 发酵蔬菜中关于亚硝酸盐的限量。

4. 直投式发酵蔬菜相较于传统发酵蔬菜的优势。

5. 延伸 1：泡菜中的亚硝酸盐及控制措施。

6. 延伸 2：直投式发酵蔬菜生产的关键技术要点。

四、教学组织方式

1.问题清单及提问顺序、资料的发放顺序

（1）请介绍一下我国有名的发酵蔬菜制品。

（2）发酵剂在发酵蔬菜制作中的作用是什么？

（3）发酵蔬菜在发酵过程中是如何产生亚硝酸盐的？

（4）传统发酵蔬菜生产要素包含哪些？

（5）直投式发酵蔬菜生产要素包含哪些？

（6）传统发酵蔬菜和直投式发酵蔬菜各自的利弊是什么？

资料发放及课程安排顺序为：课前布置预习任务（见案例讨论前准备工作的 1、2、3）；第 1 节课问卷调查和背景知识介绍后，发放发酵蔬菜案例资料让学生阅读（案例解析中“二、发酵蔬菜规范化生产相关案例”），抽几位同学谈感受；然后布置任务，即设计一个直投式发酵蔬菜生产的方案；第 2、3 节课首先学生进行小组讨论、讲解，然后发放案例解析中的其他资料（案例解析中“三、高品质发酵蔬菜开发案例”）；教师梳理和点评后发放延伸问题的资料（案例解析中“四、拓展”）。

2.课时分配（3 学时，共 135 分钟）

（1）在线上学习平台发放三个问卷调查。（5 分钟）

① 你是否吃过发酵蔬菜？A 经常　B 偶尔　C 很少

② 你是否知道发酵蔬菜的生产工艺？A 知道　B 不知道

③ 你是否知道直投式发酵蔬菜发酵剂？A 知道　B 不知道

（2）背景知识介绍。（15 分钟）

（3）发放发酵蔬菜生产的案例资料，同学们阅读，并抽 2 位同学谈初步感悟；播放相关短视频 2 个。（20 分钟）

（4）布置课后任务：分组查阅直投式发酵蔬菜生产工艺，并制定一个准备在实验中实施的解决方案，并分组讨论。（5 分钟）

（5）学生查阅资料、文献，完成布置的任务；提交完成的任务给老师。（课后完成）

（6）进行小组汇报与讨论。（5 组，共 25 分钟）

（7）教师进行点评、课堂提问、讨论、讲解、梳理。（35 分钟）

（8）播放虚拟仿真视频资料，进行延伸问题的讨论，并展示相关产品，将展示的产品作为奖励发给表现优秀的同学。（30 分钟）

3.讨论方式

采取小组讨论、小组汇报相结合的方式。

教师布置任务后，首先学生课后查阅、学习相关资料、法规，完成布置的任务，并进行小组讨论；课堂上抽取五个小组，每小组汇报本小组的主要观点，其他组学生提问并讨论。

小组讨论和小组汇报结束后，由教师采取提问、讨论、视频、讲解与实物展示相结合的方式进行梳理与总结。

五、课程思政设计

案例教学过程中，共设计了 9 个课程思政点，具体如表 11-1 所示。

表 11-1　案例教学中课程思政设计

序号	教学环节	知识点	教学内容	思政点
1	课前	课前预习	了解中国传统发酵蔬菜及其发展现状	弘扬中华传统饮食文化，增强民族自豪感
2	课中	发酵蔬菜起源	讲述泡菜等历史故事	养成吃苦耐劳的精神，珍惜来之不易的美好生活
3	课中	发酵蔬菜的发展	讲述科技在发酵食品中的作用	科技是第一生产力
4	课中	微生物的作用	讲述微生物在食品中的双刃剑作用	生活中遇到有益微生物和有害微生物，应在合适的环境下充分利用微生物的有益作用，为健康食品做贡献
5	课中	分组制定替代方案并实践	同学们分组制定亚硝酸盐的替代方案，并在实验课中进行实践	明白实践的重要性，并根据实践的结果不断改进，产品质量和安全性就会持续改进

续表

序号	教学环节	知识点	教学内容	思政点
6	课中	分组制定替代方案并实践	同学们分组制定直投式发酵蔬菜的方案，并在实验课中进行实践	团队合作的重要性，方案设计和实践效果较好的各组均是大家通力合作、密切配合得来的结果
7	课中	课后复习与任务	学习《健康中国行动（2019—2030年）》相关条款	树立健康的“大食物观”
8	课中	课后复习与任务	结合《健康中国行动（2019—2030年》相关条款，利用空余时间，对周围人进行科普	引导民众形成低盐、低糖、低脂、低热等适合现代人的“大食物观”
9	课后	课后复习与任务	思考和讨论涪陵榨菜的现代化途径，完成相关作业题	培养学生的勤于思考、艰苦奋斗和勇于创新精神

六、其他

1. 每次案例教学实施完成后进行教学反思，并找学生代表进行座谈，案例教学内容和教学方式做到持续改进和更新。

2. 课前建议申请智慧教室、虚拟仿真实验室，以圆桌的形式进行本案例教学。

3. 课堂讨论和互动时间占总课程时长的70%以上。

4. 在案例具体应用时，可根据实际情况对时间分配和案例内容做适当调整；还可自行寻找一些配套的MOOC和视频资源。

附：提问参考答案

（1）请介绍一下我国有名的发酵蔬菜制品。

答：涪陵榨菜、东北酸菜、辣白菜等。

（2）发酵剂在发酵蔬菜制作中的作用是什么？

答：启动发酵，产酸、产香等。

（3）发酵蔬菜在发酵过程中是如何产生亚硝酸盐的？

答：蔬菜能从土壤中富集硝酸盐，发酵初期，在大肠埃希菌、变形杆菌、沙门菌等硝酸盐还原菌的作用下，可将其中硝酸盐还原为亚硝酸盐。

（4）传统发酵蔬菜生产要素包含哪些？

答：见案例解析。

（5）直投式发酵蔬菜生产要素包含哪些？

答：见案例解析。

（6）传统发酵蔬菜和直投式发酵蔬菜各自的利弊是什么？

答：传统发酵蔬菜由于具有丰富的微生物多样性，其风味较直投式发酵蔬菜菌种更好，但发酵时间较长。且由于原料微生物多样，可能富集腐败微生物，所以传统发酵蔬菜的质量稳定性较直投式发酵蔬菜差。

参考文献

[1] 陈功．泡菜加工学[M]．成都：四川科学技术出版社，2018.

[2] 杨洋，杨宇航，王洪伟，等．不同发酵剂对泡萝卜挥发性风味成分及感官品质的影响[J]．食品与发酵工业，2023，49(4)：175-182.

[3] 云琳，毛丙永，崔树茂，等．不同发酵方式对萝卜泡菜理化特性和风味的影响[J]．食品与发酵工业，2020，46(13)：69-75.

[4] 唐鑫，张艺馨，刘卫红，等．外源接菌对发酵辣椒微生物群落和挥发性风味化合物的影响[J]．食品科学，2023，44(10)：132-141.

[5] 黄玉立，葛黎红，马思尧，等．乳酸菌与酵母菌互作对萝卜泡菜发酵进程及风味品质的影响[J]．中国酿造，2024，43(4)：197-202.

[6] Lian Y Y, Song J J, Mumby W, et al. The correlation between flavor formation and microbial community dynamics during the fermentation of zha cai[J]. Journal of Science of Food and Agriculture, 2024, 104(10): 6233-6241.

[7] 张玉．复合菌剂及其应用．ZL2023118345157[P]. 2023-12-28.

案例12

绿豆芽采后保鲜技术方案

案例摘要

本文介绍了绿豆芽采后保鲜技术方案，内容涵盖了绿豆芽的基本背景知识、贮藏保鲜中面临的挑战、褐变发生机理，以及多种保鲜技术及其实际应用案例。该案例旨在引导学生深入了解绿豆芽的生长特性、营养品质及采后生理变化的规律，掌握绿豆芽采后褐变的科学原理及有效的保鲜技术。通过这一学习过程，期望培养学生分析问题、解决问题的能力，进而激发学生对食品保鲜领域的兴趣和创新意识；鼓励学生灵活运用所学专业知识，切实解决生产中遇到的实际问题，为食品行业的健康可持续发展做出积极贡献。

第1节　案例解析

一、案例背景

1.绿豆及绿豆芽的营养价值

绿豆（*Vigna radiata* ）是豆科（Leguminosae）蝶形花亚科（Papilionoideae）豇豆属（*Vigna*）一年生直立草本植物，又名青小豆或植豆。绿豆起源于印度东北部，在东亚各国普遍种植，尤其是印度、缅甸和中国；在非洲、欧洲、澳大利亚、美国等也有少量种植。绿豆在我国已有2000多年的栽培史，是我国主要种植的食用豆之一，目前的种植面积和总产量居世界第二位，是我国第二大出口食用豆类。绿豆具有生育期短、固氮能力强、生长适应性广泛等特性，在农业种植结构调整中起到重要作用，是主要的间、套、轮作和养地作物。绿豆是优质的药食同源作物，其营养价值丰富，是蛋白质、淀粉、维生素、矿物质、膳食纤维和生物活性物质等的重要来源，具有降血压、降血脂、抗氧化、抗菌等功效，受到消费者的普遍欢迎（**思政点1**）。

以绿豆种子为原料，在适宜的温度、湿度和黑暗条件下，以水为培植基础培育而成的芽体称为绿豆芽。作为一种新型健康的有机蔬菜，绿豆芽生产成本低、生长周期短、栽培技术简单易操作，同时富含维生素C、氨基酸、矿物质和酚类化合物，在抗高血压、抗糖尿病、预防慢性疾病方面具有很大的潜力，是一种重要的功能性蔬菜。此外，绿豆芽在保障国家蔬菜应急供应、满足人们的营养需求及弘扬芽菜文化等方面发挥着十分重要的作用，具有广阔的市场前景（**思政点2**）。

2.绿豆芽采后生理变化

尽管绿豆芽作为健康食品日益受到青睐，但由于其组织脆嫩，水分含量高且代谢速度快，极易在采后运输、包装、贮藏及销售过程中出现失水皱缩、老化褐变、腐烂变质及微生物污染等问题，这些不良现象限制了绿豆芽的贮藏时间，严重缩短了其货架期，并显著降低了产品的营养价值、经济价值和市场价值（**思政点3**）。

（1）质量损失

质量损失是衡量采后农产品品质的关键指标。研究表明，豆芽水分含量高达95%，贮藏期间质量损失显著，这主要归因于其蒸腾和呼吸作用引发的水分流失。水分对维持豆芽细胞的膨压、光泽及弹性至关重要，一旦流失，会导致豆芽萎蔫、膜透性增强及膜质过氧化作用加剧，从而降低新鲜度。相关研究发现，绿豆芽从采收至贮藏3天后，其质量损失率从0%增加至27.3%，同时呼吸速率也呈现上升趋势[1]。目前市场上采用适当的低温冷藏来抑制水分子的移动，减缓绿豆芽表面水分的蒸发，进而降低其失重率，最大程度地延长商品的货架期。

（2）呼吸强度

果蔬的呼吸作用分为无氧呼吸和有氧呼吸两大类型，其中有氧呼吸虽能释放能量，但会大量消耗有机物，对果蔬品质构成威胁，加速其衰老进程；而无氧呼吸虽能在缺氧条件下进行，但其产物如乳酸和乙醇等的积累会对细胞产生毒害，严重影响果蔬品质。绿豆芽采收后，其呼吸与代谢活动并未终止，这些活动对维持其生命力和品质至关重要。采后初期，绿豆芽进行微弱的呼吸作用，分解复杂化合物并释放能量，维持其各项生理活动，有助于保持鲜度和品质。然而，随着贮藏时间的延长，呼吸强度逐渐增强，养分消耗加速，同时释放的热量会导致绿豆芽温度上升，为微生物的生长提供了条件，增加了腐烂的风险。因此，合理控制贮藏条件，抑制过强的呼吸作用，是延长绿豆芽保鲜期的重要措施。

（3）硬度

硬度是影响采后果蔬品质与货架期的重要因素。果蔬采后硬度变化与细胞壁密切相关。细胞壁是具有增加细胞机械强度、控制细胞生长、维持细胞形状、防御病虫害发生和逆境带来的胁迫等多种功能的半刚性结构。在形态学上将成熟的高等植物细胞的细胞壁分为三个组成部分：对细胞起粘连作用的胞间层、细胞生长时形成的初生壁和细胞在停止生长时沉积在初生壁里的次生壁。胞间层主要由果胶、蛋白质构成；初生壁由纤维素、半纤维素、果胶构成；次生壁由纤维素、半纤维素、木质素构成。常见的硬度变化主要包括硬化和软化。硬化较为少见，是由组织木质化和纤维化引起的。研究发现，木质素的积累、相关合成酶活性的增强和基因的表达会促进果蔬的木质化。而软化是由一系列生理生化协同作用导致的，包括细胞膨压因失水而降低，细胞膜完整性受损，呼吸作用的增强和细胞壁成分变化等。绿豆芽的软化主要发生在采后衰老过程中，这种软化大多与细胞壁结构和成分改变密切相关。研究发现，多聚半乳糖醛酸酶（PG）和果胶甲酯酶（PME）是植物中主要的细胞壁修饰酶，其表达量的增加被证实与绿豆芽贮藏期间的软化有关。通过稳定果胶的结构和含量，可以维持绿豆芽的质地。此外，绿豆芽细胞壁成分的变化对硬度有着至关重要的影响。绿豆芽贮藏期间细胞壁成分（木质素、纤维素和半纤维素等）的增加，是导致绿豆芽硬度变化的根本原因。

（4）微生物侵染

绿豆芽水分含量高且富含营养物质，这些因素为食源性病原体在绿豆芽上的快速生长和存活提供了有利条件。在贮藏过程中，随着污染源的增多和生理生化反应的加剧，豆芽表面的微生物数量逐渐增加。这些微生物的侵染是导致绿豆芽腐烂的主要因素，显著缩短了其货架期。研究表明，绿豆芽在 4 ℃条件下贮藏 8 天，其总菌数、乳酸菌、酵母和霉菌、总大肠菌群的数量分别达到 9.07、7.93、1.94 和 7.95 $\log_{10}$(CFU/g)[2]。沙门菌、大肠埃希菌 O157：H7 和单核细胞增生李斯特菌等病原体的增加，已成为全球范围内豆芽相关的食源性疾病的重要诱因。为有效控制微生物污染，保障食品安全，在绿豆芽发芽期间需要严格遵循良好农业规范（GAP），并在采收和加工过程中实施良好的处理规范，以最大限度地减少微生物威胁，延长绿豆芽的保鲜期，保障消费者的健康。

（5）褐变

绿豆芽贮藏期间，其呼吸作用会加剧，导致营养物质迅速消耗，促进老化和变色过程。这一现象不仅影响了绿豆芽的感官品质和营养价值，还降低了消费者的接受度，更存在因误食而引发食品安全问题的风险。

褐变现象主要分为酶促褐变和非酶促褐变两种类型。酶促褐变是指在多酚氧化酶（polyphenol oxidase，PPO）的催化作用下，酚类化合物在有氧条件下被氧化成醌类物质，随后醌类物质进一步聚合形成难溶的黑褐色高分子聚合物。非酶促褐变则多发生在食品的热加工及长期贮存过程中，常见的反应类型包括美拉德反应、焦糖化反应及维生素 C 的氧化反应等。果蔬中丰富的多酚物质和维生素 C 是引发非酶促褐变的关键因素。绿豆芽的褐变现象则是由其内部的多酚物质在 PPO 作用下发生的酶促褐变，以及抗坏血酸（维生素 C）氧化反应引发的非酶促褐变共同导致的。

苯丙氨酸氨裂合酶（phenylalanine ammonia lyase，PAL）在豆芽贮藏期间促进酚类化合物的合成，为褐变提供底物。绿豆芽酶促褐变的机理研究结果显示，采后胁迫（如机械损伤、环境变化等）会影响绿豆芽的细胞膜系统，导致细胞膜的完整性受损。这种损伤会激活细胞内的信号转导通路，进而促使 PAL 的活性增强。PAL 的活性增加会促进酚类化合物的合成，这些化合物通常储存在液泡中。一旦细胞结构受到破坏，液泡破裂，酚类化合物会释放到细胞质中。此时，酚类化合物与 PPO 相互作用，在氧气的作用下，最终形成醌类物质（褐变化合物）。醌类物质进一步聚合形成褐色的聚合物，导致绿豆芽发生褐变。值得注意的是，绿豆芽中的黄酮类化合物已被证实是 PPO 的底物，直接参与褐变过程。因此，采收后监测和调控豆芽中的 PPO 活性对开发有效控制褐变的新方法至关重要。

二、绿豆芽采后保鲜技术

目前绿豆芽的保鲜技术主要有物理、化学和生物方法，其作用机理主要是降低绿豆芽自身的呼吸作用或生理代谢、抑制病原微生物的侵染及控制环境中的温湿度等环境因子。

1.物理方法

（1）优质原料的筛选与种子消毒

绿豆芽的微生物主要来源于种子本身及其生长环境，部分来源于贮藏与流通过程。为确保原料品质，首要任务是精选优质种子，并对种子实施杀菌处理，同时严格遵循绿豆芽的生产规范。值得注意的是，使用含氯消毒剂无法有效灭活绿豆芽中的沙门菌，且该过程可能产生致癌化合物，进而引发环境污染问题。近年来，苹果酸、乳酸及乙酸等有机酸在保障绿豆芽品质与安全方面展现出了巨大潜力。

（2）低温贮藏

低温保鲜技术是一种广泛应用的物理保鲜方法。该技术通过调控绿豆芽的贮藏温度，以减缓其呼吸速率、水分蒸发量及生理活动，进而延缓其衰老与腐败的过程。同时，低温还能有效抑制微生物体内酶活性，控制微生物的繁殖，从而在某种程度上保持豆芽的感官品质与营养价值，显著延长其货架期（**思政点 4**）。研究表明，将豆芽贮藏在 4～5 ℃的环境下，能够显著减缓其呼吸作用与水分蒸发，进一步延长其货架期[3]。

（3）高压处理

高静水压（high hydrostatic pressure，HHP）是一种非热加工技术，能有效灭活微生物和特定酶，确保食品的安全性。与热处理相比，经过 HHP 处理的产品保鲜效果更好，此处理通过破坏细胞组织结构，促进酚类化合物的释放，同时对共价键的影响较小，因此能保持这些化合物的结构和功能，从而维持其生物活性。HHP 在食品微生物灭菌、农产品保鲜和发酵食品处理等领域均有广泛的应用。研究表明，HHP 处理能够显著促进绿豆芽贮藏期间的蛋白质水解，在 200 MPa 和 400 MPa 的处理条件下，绿豆芽的总氨基酸浓度呈现出线性增长的趋势。这一现象表明，高压环境不仅促进了绿豆芽蛋白质的水解反应，还加速了氨基酸的代谢过程，两者可能在高压条件下共存并相互作用，提升了绿豆芽的营养价值[4]。

（4）热风干燥

热风干燥，作为一种简单且经济的干燥技术，广泛应用于新鲜果蔬的脱水和保存。绿豆芽经过热风干燥处理形成的绿豆芽干粉中总酚含量较高，具有抗高血压、抗糖尿病的作用，是具有健康益处的抗氧化多酚的天然来源。据报道，60 ℃下风干 24 h，不仅可以最大限度地降低褐变，还能保持较高的抗氧化酚类含量，因此生产的绿豆芽粉可作为天然食品添加剂[5]。

（5）真空包装、气调包装

真空包装能彻底排除包装内的氧气，有效抑制绿豆芽的呼吸作用和微生物的繁殖；同时减少豆芽之间的摩擦与机械损伤，从而延长其保鲜期。气调包装是最有效的保鲜手段，它通过调节包装内顶部空间的氧气（O_2）分压，降低其浓度，并增加二氧化碳（CO_2）分压，为果蔬提供良好贮藏环境（**思政点 4、思政点 5**）。合适的气调包装取决于商品的质量、呼吸速率、大气成分、包装薄膜材质及其渗透性、贮藏温度等因素。

（6）辐照

紫外线 B（UVB）辐照是近年来新兴的一种健康友好型物理保鲜技术。一方面，UVB 辐照可以通过诱导次生代谢产物多酚的产生来抑制微生物的生长和防止腐败。另一方面，它可以影响植物内部生理机制，诱导形态变化来减少水分的流失，保持豆芽的新鲜度和柔嫩口感，延长货架期（**思政点 4**、**思政点 6**）。选择合适的辐照强度和辐照时间是确保这一技术效果最大化的关键。

（7）包装材料

采用不同材料包装是果蔬保鲜中常见的有效方法。这些包装材料能够有效地隔绝豆芽与外界环境的直接接触，显著降低微生物的生长与污染风险，从而延缓果蔬的褐变过程，延长货架期，提升贮藏期的感官品质。常用的包装材料种类繁多，包括聚乙烯袋、聚丙烯袋、铝箔袋和保鲜膜等，它们各自具有独特的性能与优势，可根据具体需求选择与应用。

2.化学方法

（1）无机盐法

采后的绿豆芽经过无机盐水的适当浸泡处理，可以有效地减少其表面的微生物数量，降低腐败率。此外，盐水所提供的渗透压有助于减缓绿豆芽的水分流失，保持其新鲜度。例如，钙离子作为植物生长不可或缺的信号分子与调节物质，在维持细胞膜的完整性、增强细胞壁的结构及与细胞间的黏结作用方面发挥着重要作用（**思政点 7**、**思政点 8**）。同时，钙离子还能调节果蔬体内各种酶的代谢过程及活性，达到延缓衰老、保持果蔬品质的目的，其中氯化钙（$CaCl_2$）因其良好的保鲜效果常被用作钙盐添加剂。

（2）臭氧水

臭氧是一种淡蓝色气体，在常温下不稳定，可分解产生羟基、氢过氧化物和超氧自由基，能通过生物氧化作用来杀菌消毒。臭氧能快速氧化分解果蔬代谢过程中产生的乙烯，延缓果蔬的成熟与衰老过程。特别值得注意的是，当高浓度的臭氧气体被通入水中时，所产生的臭氧水相较于气态臭氧，在杀菌消毒及分解催化方面展现出更为显著的优势。在绿豆芽工厂化生产过程中，采用臭氧水替代传统的自来水进行清洗，不仅能够实现深度清洁，还能同步完成杀菌消毒，极大地简化了加工流程，实现了多重效益。然而，在利用臭氧进行处理时，需严格控制臭氧浓度，以避免其可能带来的负面影响并减少资源浪费（**思政点 6**）。一般而言，处理环境的相对湿度维持在 90%～95%之间较为适宜。

（3）电解水

电解水是通过在电解槽中对含有稀盐酸（HCl）或食盐（NaCl）的溶液进行电解而制得的。在食品工业，电解水因其独特的性质而得到广泛应用。大量研究表明，电解水能有效抑制果蔬褐变、降低其呼吸强度及抑制体内乙烯的产生，抑制细胞壁降解，清除活性氧积累等。

（4）保鲜剂

常见的保鲜剂包括柠檬酸、抗坏血酸、二氧化硫和其他含有硫醇基团的化合物（L-半胱氨酸、谷胱甘肽）和多肽化合物等。其中，抗坏血酸（AA）是植物组织中的一类小分子多羟基化合物，抗氧化性较强，在清除植物自由基、延长果蔬保质期方面发挥关键作用。柠檬酸能起到护色和防褐变的功效，有效地保持果蔬外观和口感。总体而言，保鲜剂的应用能保持绿豆芽的水分含量，调控其呼吸速率，延缓氧化过程，抑制微生物生长，减缓酶促反应速度。

3.生物方法

目前，绿豆芽保鲜常用的生物方法以植物源保鲜剂为主。植物源保鲜剂是从植物中提取的天然化合物，如生物碱、酚类物质等，具有较强的抗氧化性，在清除自由基、抑制微生物等病原菌等方面效果较好，具有安全无毒的特点。它们不仅能提升果蔬的品质与安全性，还能有效防止过氧化反应。以天然植物提取物替代化学合成物进行果蔬保鲜，已成为研究领域的热点。

三、绿豆芽采后保鲜案例

1.案例 1：真空包装与低温贮藏技术

胡婷婷[6]通过组合不同的相对真空度（−0.02 MPa、−0.04 MPa、−0.06 MPa）与贮藏温度（4 ℃、20 ℃）对采后绿豆芽进行处理，并探究了这些处理及其复合方式对其保鲜效果的影响。研究结果显示，−0.04 MPa 的真空包装结合低温（4 ℃）贮藏的组合效果最佳。这种处理方式不仅显著提升了绿豆芽的总酚和总黄酮含量，增强了其抗氧化活性，还有效抑制了活性氧的积累与褐变的发生，从而显著延长了绿豆芽的货架期。

2.案例 2：包装材料技术

闫星羽[7]在 4 ℃贮藏条件下，使用聚乙烯袋、阴阳铝箔袋、聚丙烯袋及保鲜膜对绿豆芽进行包装，分别评估其生理指标（包括失重率、相对电导率、感官品质、菌落总数等）、贮藏形态（生长形状与色度值）及褐变相关酶活性。研究揭示，阴阳铝箔袋在保鲜效果上表现最优，而聚乙烯包装袋则在防止绿豆芽褐变方面表现最为出色。鉴于绿豆芽市场销售中，感官品质对销量的直接影响，加之聚乙烯袋的成本效益更高，因此，聚乙烯袋被选定为绿豆芽采后包装的最佳材料。

3.案例 3：热风干燥技术

对采后绿豆芽进行不同温度（40 ℃、50 ℃、60 ℃、70 ℃和 80 ℃）下的热风干燥处理，持续时间为 24 h，以探究这一处理对其褐变程度、多酚含量及抗氧化能力的影响。研究结果显示，60 ℃下的热风干燥最为适宜，它有效减少了绿豆芽的褐变，同时保持了较高的酚类化合物含量和较强的抗氧化能力。此外，60 ℃下热风干燥 24 h 所生产的绿豆芽粉，具备作为天然食品添加剂的潜力[5]。

4.案例 4：二氧化氯熏蒸技术

梁静怡等[8]采用浓度为 1 g/L、1.5 g/L、2 g/L、2.5 g/L 的二氧化氯（ClO_2）对绿豆芽进行 2 h 的熏蒸处理，随后进行贮藏。实验结果显示，ClO_2 熏蒸显著抑制了绿豆芽采后多酚氧化酶、过氧化物酶、果胶酶及纤维素酶的活性，有效延缓了褐变速度和失水软化现象，从而保持了绿豆芽在贮藏期间的优良品质。其中，以 1 g/L 浓度的 ClO_2 保鲜效果最为显著。

5.案例 5：UVB 辐照复合 GABA 技术

利用 UVB 紫外窄谱灯以 2.0 W/m^2 的光照强度辐照 1 h，随后在白光下继续培育 12 h 直至绿豆芽采收。之后采用 0.1 mmol/L 的 γ-氨基丁酸（GABA）溶液对绿豆芽进行 7 min 的浸泡处理，滤干并密封置于 4 ℃条件下冷藏。这种创新的保鲜方法显著减少了绿豆芽在贮藏过程中过氧化氢和丙二醛（MDA）的累积，有效降低了电导率，并缓解了采后 48 h 内膜脂过氧化反应对绿豆芽造成的损害，全面提升了绿豆芽的产品品质[9]。

6.案例 6：保鲜剂技术

王向阳等[10]制备了一种有效缓解绿豆芽机械损伤的保鲜剂。该保鲜剂由山梨酸钾、蔗糖及 2,4-二氯苯氧乙酸（2,4-D）的混合水溶液组成，具体配比为每升溶液含 1 g 山梨酸钾、3 g 蔗糖及 4 mg 2,4-D。实验证明，此保鲜剂能显著降低绿豆芽采后的机械损伤程度，减少腐烂现象，有效延缓褐变过程，并显著延长其保鲜期。

7.案例 7：柚皮苷保鲜技术

柚皮苷是柚皮素的糖苷类似物，其在降低血脂、抗菌、抗炎和抗癌方面有积极作用，具有促进健康的功效。柚皮苷的抗氧化作用已被广泛研究和证实，在体内和体外试验中均表现出优良的生物活性。为了进一步探索柚皮苷在食品保鲜中的应用潜力，采用不同浓度（25 μg/mL、50 μg/mL、100 μg/mL、150 μg/mL、200 μg/mL）的柚皮苷溶液对采后的绿豆芽进行处理。处理后的绿豆芽被妥善放置于聚乙烯塑料盒中，并在 4 ℃恒温条件下进行贮藏。研究结果显示，经过 50～100 μg/mL 浓度范围内柚皮苷处理的绿豆芽在贮藏 6 天后仍能保持良好的品质；同时显著抑制了绿豆芽中抗坏血酸氧化过程和酶促褐变反应，促进了维生素 C、香豆酸及染料木黄酮等的积累，提升了绿豆芽的抗氧化能力，为延长其保鲜期、改善品质提供了有力支持[11]。

8.案例 8：$CaCl_2$ 电解水技术

采用 $CaCl_2$ 电解水（$CaCl_2$ electrolyzed water，CEW）浸泡绿豆后进行发芽处理，结果发现，在 25 mmol/L $CaCl_2$ 浓度的电解水处理下，贮藏 5 天的绿豆芽硬度和脆度是未处理下的 1.28 倍；处理后的绿豆芽相对电导率、丙二醛含量、过氧化氢含量分别降低约 16.5%、27.5%、36.8%，维持了细胞膜的完整性，减少了活性氧积累，从而减轻了膜脂过氧化的程度。此外，CEW 降低酶促褐变底物酚类物质的含量及褐变相关酶 PPO、过氧化物酶（POD）、苯丙氨酸解氨酶（PAL）活性，抑制了绿豆芽贮藏期间的褐变现象，延缓了品质劣变，保鲜效果良好[12]。

9.案例 9：植物提取物及其复合保鲜技术

郑琳琳[13]探索了 3 种不同植物提取物及其复合保鲜处理对采后绿豆芽的保鲜效果。结果表明，单一保鲜处理中，0.75%浓度的肉桂提取物处理组效果最佳，该处理显著抑制了绿豆芽的失重率、相对电导率、丙二醛（MDA）含量和褐变指数的上升，有效缓解了贮藏过程中营养物质的消耗，保持了绿豆芽的品质。复合保鲜以肉桂和生姜组合处理组的效果最佳，其保鲜效果优于单一保鲜处理组，该复合保鲜能维持绿豆芽的形态和色泽，延长其货架期至 3～4 天，为绿豆芽的商业化贮藏提供了可靠的解决方案，具有良好的应用前景和市场潜力。

第 2 节　案例教学指导

一、教学目标

1. 使学生进一步了解绿豆芽采后生理变化过程中的水分损失、呼吸作用、微生物污染等基本原理；熟悉低温贮藏、真空包装、气调包装、化学保鲜剂等多种绿豆芽保鲜技术，及每种技术的优缺点和适用范围；掌握绿豆芽采后处理流程及包装工作，减少机械损伤和污染。学习相关的食品安全标准和法规，确保保鲜技术符合行业标准和要求。

2. 培养学生的食品安全意识和责任感，让学生认识到食品安全的重要性，了解保鲜技术在保障食品安全中的作用，自觉遵守食品安全法规，确保在绿豆芽采后保鲜过程中不添加任何违禁物质，保障消费者健康权益。

3. 鼓励学生关注保鲜技术前沿，不断学习和掌握新技术、新方法，勇于实践，根据生产实践，制定有效的绿豆芽保鲜方案，提高绿豆芽的品质和货架期；具备持续学习和创新能力，为绿豆芽产业的健康可持续发展作出贡献。

二、案例讨论前准备工作

1. 了解绿豆芽的原料、生长特性、生理特性、营养价值和保健功能。

2. 了解绿豆芽采后面临的挑战，包括失水皱缩、老化褐变、腐烂变质及微生物污染等问题。

3. 了解保鲜剂在绿豆芽采后保鲜中使用的相关标准、要求和法规。

4. 查阅相关资料，结合案例分析，在小组讨论和合作的基础上完成以下思考：

（1）目前绿豆芽采后保鲜的技术主要有哪些？

（2）撰写一个保鲜技术方案，评价其在延长绿豆芽货架期、保持营养品质及感官品质方面的效果，同时考虑实施的难易度、成本投入及环保性等。

三、案例分析要点

1. 绿豆芽的生长特性、营养品质及市场价值。

2. 绿豆芽采后贮藏期的生理生化变化及其面临的挑战。

3. 绿豆芽采后保鲜技术及其机理。

4. 各保鲜方案的优缺点及适用范围。

5.《食品安全国家标准　食品添加剂使用标准》（GB 2760—2024）中有关食品添加剂使用的规定。

6. 绿豆芽采后保鲜技术研究中体现的职业道德。

四、教学组织方式

1.问题清单及提问顺序、资料的发放顺序

（1）为什么绿豆芽采后的保鲜对食品安全至关重要？

（2）常见的绿豆芽采后保鲜技术有哪些？

（3）低温冷藏在绿豆芽保鲜中的作用是什么？

（4）气调包装是如何延长绿豆芽保鲜期的？

（5）生物保鲜剂在绿豆芽保鲜中的作用机理是什么？

（6）如何通过物理方法提高绿豆芽的保鲜效果？

（7）化学防腐剂在绿豆芽保鲜中的应用及其限制是什么？

（8）在绿豆芽采后处理过程中，如何减少营养流失？

(9) 绿豆芽保鲜技术的未来发展趋势是什么？

(10) 如何评估绿豆芽保鲜技术的有效性？

(11) 在实际应用中，如何平衡绿豆芽保鲜技术的成本和效益？

(12) 介绍一种绿色环保的绿豆芽保鲜技术，并讨论其优势。

资料发放及课程安排顺序为：课前布置预习任务；第 1 节课问卷调查和背景知识介绍后，发放案例资料让学生阅读，抽几位同学谈感受；然后布置任务；第 2、3 节课首先学生进行小组讨论、讲解，然后发放案例解析中的其他资料；教师梳理和点评后发放延伸问题的资料。

2.教学课时分配（2 学时，共 90 分钟）

(1) 在线上学习平台上发布绿豆芽采后保鲜技术相关课件及视频，让学生通过课前预习，了解绿豆芽相关背景知识（包括其营养价值、在市场中的需求和地位等）及采后生理生化变化。发布三个话题讨论：

① 绿豆芽有哪些主要营养成分？这些成分对人体有哪些益处？

② 绿豆芽在国内外市场的需求如何？

③ 绿豆芽采后面临着什么样的挑战？

(2) 课堂上对话题讨论进行点评，对回答得比较好地进行展示。(5 分钟)

(3) 讲解绿豆芽采后保鲜技术及其相关机理，穿插案例分析和视频讲解，引入绿豆芽采后保鲜技术的案例，进一步加深学生对知识点的理解与掌握，让学生分析其成功因素和可借鉴之处。(30 分钟)

(4) 布置小组任务，5～6 人一组分组讨论，结合教学内容和案例分析，每组选择一种绿豆芽保鲜技术，阐述其保鲜原理及效应、经济社会效益等，并结合实验结果进行 PPT 汇报。(5 分钟)

(5) 小组分别查阅资料与文献，完成布置的任务并提交。(课后完成)

(6) 小组汇报与讨论。(5 组，共 40 分钟)

(7) 教师对小组汇报进行点评、讲解、梳理和总结。(10 分钟)

3. 组织学生参观绿豆芽生产企业及相关保鲜技术设备，了解生产流程及保鲜技术应用现状，增加与企业技术人员的互动环节，让学生有机会提问并得到专业解答。(2 学时，90 分钟)

4. 安排实验室操作，组织学生分小组进行绿豆芽保鲜技术的实践操作，包括盐水浸泡、气调包装、冷藏保鲜等，定期观察实验结果，分析其保鲜效应，并撰写实验报告（**思政点 9、思政点 10**），更直观地理解保鲜技术的效果。(2 学时，90 分钟)

5. 制作科普手册或短视频，向社区居民、菜农讲解绿豆芽保鲜常识，如避免常温裸露存放、优先选择天然保鲜方法等（**思政点 11**）。

6. 撰写学习心得，并完成课程意见反馈问卷调查。

五、课程思政设计

1. 引入国家战略：在课程开始时，介绍国家对食品安全和农产品保鲜的重视，以及这些政策如何与国家的可持续发展战略相结合。

2. 介绍绿豆芽在中国饮食文化中的地位和意义，以及如何通过现代科技手段保护和传承这一传统食品。

3. 以“知识传授+价值引领”为核心，通过分析国内外成功的绿豆芽保鲜技术案例，让学生了解技术创新对提升农产品价值和保障食品安全的重要性，引导学生理解技术背后的社会责任和环保意识，培养学生的家国情怀和工匠精神。

4. 讨论在绿豆芽保鲜过程中，如何遵守行业规范和法律法规，培养学生的职业道德和法律意识。

5. 结合“绿水青山就是金山银山”的理念，引导学生思考如何通过科学的保鲜技术减少资源消耗，提高资源利用效率，从而为社会的可持续发展作出贡献。

6. 鼓励学生在学习现有技术的基础上，思考如何进行创新和改进，以适应不断变化的市场需求和消费者偏好。

具体见表 12-1。

表 12-1 案例教学中课程思政设计

序号	教学环节	知识点	教学内容	思政点
1	课前	课前预习	了解绿豆芽的营养价值和市场地位	增强对健康食品重要性的认识，培养对传统食材的尊重和保护意识
2	课后	创新思考	思考和讨论绿豆芽保鲜技术的创新途径，完成相关作业题	激发学生的创新意识，鼓励学生为传统产业的现代化作出贡献
3	课中	绿豆芽采后生理变化	讨论绿豆芽采后面临的挑战，如失水、老化、腐烂等	培养学生面对问题的分析和解决能力，激发创新思维
4	课中	绿豆芽保鲜技术	介绍绿豆芽保鲜技术及其机理	强化学生对科技在农业发展中作用的认识，鼓励探索精神
5	课中	保鲜技术研究	分析国内外成功的绿豆芽保鲜技术案例	引导学生理解技术创新对提升农产品价值和保障食品安全的重要性
6	课中	可持续发展	结合“绿水青山就是金山银山”的理念，讨论保鲜技术对环境的影响	培养学生的环保意识，引导学生思考可持续发展的途径
7	课中	食品安全标准	学习 GB 2760—2024 中有关食品添加剂使用的规定	强化食品安全意识，培养遵纪守法的职业道德
8	课中	保鲜技术伦理	讨论在绿豆芽保鲜过程中遵守行业规范和法律法规的重要性	培养学生的职业道德和法律意识，强化社会责任
9	课中	保鲜技术实践	学生分组进行保鲜技术实践操作	通过实践活动，理解理论与实践相结合的重要性，培养团队合作精神
10	课后	课程反馈	撰写学习心得，完成课程意见反馈和问卷调查	鼓励学生自我反思，培养批判性思维和持续改进的精神
11	课后	科普宣传	利用空余时间，对周围人进行绿豆芽保鲜技术的科普	培养学生的社会责任感，引导民众形成科学的食品保鲜观念

六、其他

1. 增加线上互动环节，利用线上学习平台，创建一个绿豆芽保鲜技术讨论区，鼓励学生在课后继续交流讨论，分享学习资源和心得。

2. 增加跨学科学习的机会，与市场营销、物流管理等其他专业的学生合作，探讨绿豆芽保鲜技术在供应链管理中的应用，提高学生的综合实践能力。

附：提问参考答案

(1) 为什么绿豆芽采后的保鲜对食品安全至关重要？

答：绿豆芽在采后若不妥善保鲜，很容易发生细菌滋生和霉变，导致食品安全问题。保鲜技术可以延缓绿豆芽的腐败过程，减少有害物质的生成，从而保证食品的安全性和营养价值，确保消费者的健康。

(2) 常见的绿豆芽采后保鲜技术有哪些？

答：常见的绿豆芽采后保鲜技术有低温冷藏、气调包装、生物保鲜剂、物理方法（如超声波、高压处理）、化学方法（如使用保鲜剂等）等。

(3) 低温冷藏在绿豆芽保鲜中的作用是什么？

答：低温可以减缓绿豆芽的新陈代谢和微生物生长，从而延长其保鲜期。

(4) 气调包装是如何延长绿豆芽保鲜期的？

答：气调包装通过调节包装内气体成分（如降低氧气浓度，提高二氧化碳浓度），减缓绿豆芽的呼吸作用和微生物活动。

(5) 生物保鲜剂在绿豆芽保鲜中的作用机理是什么？

答：生物保鲜剂通常含有天然抗菌物质，可以抑制或杀死引起腐败的微生物，从而延长绿豆芽的保鲜期。

(6) 如何通过物理方法提高绿豆芽的保鲜效果？

答：物理方法如超声波和高压处理可以通过破坏微生物细胞结构来抑制其生长，从而提高保鲜效果。

(7) 化学防腐剂在绿豆芽保鲜中的应用及其限制是什么？

答：化学防腐剂可以抑制微生物生长，延长保鲜期。但其使用受到限制，因为过量或不当使用可能对人体健康造成风险。

(8) 在绿豆芽采后处理过程中，如何减少营养流失？

答：可以通过快速冷却、避免长时间暴露在空气中、使用适当的包装材料和方法来减少营养流失。

(9) 绿豆芽保鲜技术的未来发展趋势是什么？

答：未来趋势可能包括开发更环保的保鲜技术，利用纳米技术提高保鲜效果，以及通过基因编辑技术培育更耐储运的绿豆芽品种。

(10) 如何评估绿豆芽保鲜技术的有效性？

答：可以通过对比保鲜前后的感官品质、微生物数量、营养成分含量、货架期等指标来评估保鲜技术的有效性。

(11) 在实际应用中，如何平衡绿豆芽保鲜技术的成本和效益？

答：需要考虑保鲜技术的成本、操作便利性、对产品品质的影响以及市场需求等因素，以实现成本和效益的最佳平衡。

（12）介绍一种绿色环保的绿豆芽保鲜技术，并讨论其优势。

答：一种绿色环保的保鲜技术是使用天然植物提取物作为保鲜剂。例如，生姜、肉桂提取物具有天然抗菌作用，可以有效延长绿豆芽的保鲜期。这种方法的优势在于减少了化学添加剂的使用，更加环保，对环境友好，同时也能降低对消费者健康的潜在风险。

参考文献

[1] Chen L, Zhou Y, He Z, et al. Effect of exogenous ATP on the postharvest properties and pectin degradation of mung bean sprouts(*Vigna radiata*)[J]. Food Chem, 2018, 251: 9-17.

[2] Gabriel A A. Microbial quality of chlorine soaked Mung bean seeds and sprouts[J]. Food Sci. Technol. Res, 2005, 11: 95-100.

[3] Świeca M, Gawlik-Dziki U, Złotek U, et al. Effect of cold storage on the potentially bioaccessible isoflavones and antioxidant activities of soybean sprouts enriched with *Lactobacillus plantarum* 299v[J]. Lwt-Food Sci. Technol, 2020, 118: 108820.

[4] Ishikawa D, Shigihara I, Nakai R, et al. High pressure induced effects on free amino acid generation in mung bean sprouts during preservation after trigger pressurization[J]. Food Sci. Technol. Res, 2019, 25: 49-55.

[5] Gan R Y, Lui W Y, Chan C L, et al. Hot air drying induces browning and enhances phenolic content and antioxidant capacity in mung bean (*Vigna radiata* L.) sprouts[J]. J. Food Process. Preserv, 2017, 41: 2-9.

[6] 胡婷婷. 真空包装和低温处理对采后绿豆芽品质、褐变和软化的影响[D]. 北京：中国农业大学，2016.

[7] 闫星羽. 绿豆芽变温培养及其防褐变技术的研究[D]. 北京：中国农业大学，2023.

[8] 梁静怡，高拦，杨雅涵，等. ClO_2 纳米雾化处理对绿豆芽品质及褐变的影响[J]. 食品科技，2024，49：41-47.

[9] 陈道赏，苏娜娜，周敏. 一种绿豆芽苗的物理化学联合保鲜方法：CN202310920975.5[P]. 2023-10-24.

[10] 王向阳，顾双，褚月花，等. 一种能缓解绿豆芽机械伤危害的保鲜剂及其制备方法：CN201911211941.9[P]. 2020-06-02.

[11] Yang X, Zhao Y, Gu Q, et al. Effects of naringin on postharvest storage quality of bean sprouts[J]. Foods, 2022, 11: 2294.

[12] 张馨丹，李翠，薛文通，等. $CaCl_2$ 电解水处理提高绿豆芽品质及其机理[J]. 食品科学，2023，44：179-185.

[13] 郑琳琳. 植物提取物与壳聚糖对绿豆芽复合保鲜的研究[D]. 北京：中国农业大学，2019.

案例13

提高酱油原料蛋白质利用率和减少酱油二次沉淀的方案

案例摘要

本文首先介绍了酱油的起源、生产工艺及目前酱油行业存在的两个主要问题：原料蛋白质利用率低和二次沉淀严重问题。其次介绍了酱油原料蛋白质利用率低的原因和二次沉淀形成的机理，并介绍了两者之间的内在联系。最后重点介绍了提高酱油原料蛋白质利用率和去除酱油二次沉淀的技术方案和案例。通过上述内容的学习和实践培养学生查阅资料和灵活运用所学专业知识，解决酱油实际生产过程中存在问题的能力，同时培养学生的创新意识和能力，以更好地服务于食品行业。

第1节　案例解析

一、案例背景

1.酱油的起源和分类

(1) 酱油的起源（**思政点1**）

史料记载表明酱油起源于我国，鉴真东渡日本时将酱油的制作工艺传到日本，然后传到朝鲜半岛和东南亚各国，酱油已成为东亚、东南亚等地区必不可少的调味品。酱油起源于酱，我国最早出现的“酱”称作“醢（hǎi）”，其制作原料为各种动物肉类，辅以粱、麴（qū）及盐等，经过数日至数月发酵而成[1]。北魏末年贾思勰所著《齐民要术》中出现了用“酱清”“清酱”“豉汁”“豆酱清”等液体调味品进行菜肴调制的记载[2]。随着谷物产量的增加，发酵产品的主要原料也慢慢由肉类转变为谷物，并走进了日常百姓的餐桌。唐末五代初韩鄂所撰的《四时纂要》记载了以咸豉汁“煎而别贮之”所得的产品——豉汁，即最早的酱油[3]。唐朝孟诜（shēn）所著《食疗本草》中记载“陕府豉汁甚胜于常豉。以大豆为黄蒸，每一斗加盐四升，椒四两，春三日，夏二日，冬五日即成”，对豆豉汁的制作进行了详细的描述[4]。南宋林洪所著的《山家清供》一书中“酱油”一词第一次出现，书中称“韭菜嫩者，用姜丝、酱油、滴醋拌食，能利小水，治淋闭”[5,6]。而明朝李时珍所著《本草纲目》以及明末戴羲所著《养余月令》则更为详细地记载了酱油的生产工艺[7]。

酱油经历了出现、发展、成熟和创新的不同阶段。根据我国 2018 年颁布的《食品安全国家标准 酱油》（GB 2717—2018）规定，酱油是以大豆和/或脱脂大豆、小麦和/或小麦粉和/或麦麸为主要原料，经微生物发酵制成的具有特殊色、香、味的液体调味品。

（2）酱油的分类

随着消费者对酱油品质要求的不断提高，2021 年，市场监管总局发布《市场监管总局关于加强酱油和食醋质量安全监督管理的公告》提出，酱油生产企业不得再生产销售标示为“配制酱油”的产品。根据《酿造酱油》（GB/T 18186—2000）规定，酱油按照发酵工艺可分为低盐固态发酵酱油和高盐稀态发酵酱油（含固稀发酵酱油）两种，其中前者是以脱脂大豆及麦麸为原料，经蒸煮、曲霉菌制曲后与低浓度盐水混合成固态酱醅，再经发酵制成的酱油；后者是以大豆和/或脱脂大豆、小麦和/或小麦粉为原料，经蒸煮、曲霉菌制曲后与盐水混合成稀醪，再经发酵制成的酱油。相比于低盐固态发酵酱油，高盐稀态发酵周期长（一般 6 个月左右），在发酵过程中酵母菌和乳酸菌发酵为酱油提供了更多的酯类、高级醇、酚类等化合物，所以形成的酱油的风味更好。随着人们生活水平的不断提高，高盐稀态酱油的市场份额快速增加[8]。

2.酱油行业存在的主要问题——二次沉淀严重和原料蛋白质利用率低（思政点 2）

酱油是我国最大宗调味品，年产量 1000 万吨左右，是家庭烹饪、餐饮和食品工业必不可少的调味品，也是国民经济的重要组成部分。近年来我国酱油质量虽然有了明显提高，但严重困扰我国酱油行业的二次沉淀问题一直未得到解决。二次沉淀是指酱油在瓶底逐渐形成的泥土状物质，常被消费者认为是酱油腐败变质的表现，严重影响酱油外观质量和市场竞争力[8-10]。目前我国酱油行业原料蛋白质利用率在 85%左右，而日本酱油行业原料蛋白质利用率已超过 90%，甚至达到 93%，我国酱油原料蛋白质利用率与日本酱油存在明显差距。酱油原料蛋白质利用率低不但会造成企业利润下降，还会增加酱油废渣排放，造成环境污染。目前，我国每年进口大豆/豆粕高达一亿多吨，消耗大量外汇；此外，随着贸易保护主义的抬头和国际局势的动荡，我国粮食安全，特别是大豆/豆粕供应存在严重威胁。

酱油发酵菌种米曲霉所产蛋白酶以碱性蛋白酶和中性蛋白酶为主，酸性蛋白酶分泌量小，同时米曲霉所分泌的蛋白酶耐盐性差，而酱油发酵则是在酸性环境（pH 4.5～5.5）和高盐环境（10%～22%）下进行的。因此，在酱油发酵过程中米曲霉所产蛋白酶易失活，难以有效将大豆蛋白溶解和彻底降解成呈味物质——小分子量肽和游离氨基酸。研究表明，酱油二次沉淀中蛋白质含量高达 20.6%以上，此外还含有大量的多糖、NaCl 及一定量的酚类物质和铁离子[9]。Gao 等[10]进一步研究表明大豆 11S 球蛋白 G_4 蛋白中的碱性 B_3 亚基和 11S 球蛋白 G_1 蛋白中的酸性 A_{1a} 亚基分别占二次沉淀蛋白的 75.8%和 19.4%。在高盐和酸性环境下米曲霉产蛋白酶无法将碱性 B_3 亚基和酸性 A_{1a} 亚基彻底降解，这是造成酱油蛋白原料利用率低和形成二次沉淀的关键原因[9,11]。

进一步研究表明大豆蛋白 B_3 亚基共含有 165 个氨基酸残基（10 个脯氨酸残基），pH、

高温及 Fe^{3+}/Fe^{2+}、多酚、大豆多糖、大豆蛋白和 NaCl 含量对酱油二次沉淀的生成具有显著影响。低浓度（<1.8%）的乙醇对酱油二次沉淀的生成无显著影响。如图 13-1 所示，酱油二次沉淀的形成存在多种机理，其中之一为经典的敏感蛋白-Fe^{3+}/Fe^{2+}-多酚复合物途径，其中大豆球蛋白 G_4 蛋白中的 B_3 亚基为敏感蛋白。此外，酱油中带正电荷的不稳定 B_3 亚基与带负电荷的大豆多糖在静电引力作用下逐渐靠近、聚集，在此过程中大豆多糖空间结构发生改变，使更多亲水性醛羧基团暴露并与 Na^+ 通过静电作用互相吸引，Na^+ 屏蔽了大豆多糖亲水性基团，最终形成了不稳定的 B_3 亚基-大豆多糖-Na^+-Cl^- 复合物。该复合物逐渐聚集最终形成酱油二次沉淀，这是酱油形成二次沉淀的另一途径。在酱油二次沉淀形成的两种途径中，大豆球蛋白 G_4 蛋白中的 B_3 亚基均扮演着关键作用，是酱油二次沉淀形成的关键物质[12]。酱油渣含有丰富的蛋白质（21%～26%），但含盐量高，无法直接作为饲料，直接排放会导致土地盐碱化，污染环境[9]。迫于环保压力，企业一般将酱油渣压榨、烘干后低价卖给饲料企业，处理成本高、收益低。B_3 亚基占大豆蛋白总量的 8.5%～15.0%，若能将酱醪中 B_3 亚基降解成小分子量肽和游离氨基酸，不但可以解决酱油二次沉淀问题和显著减少酱油渣，而且可以提高酱油原料利用率和质量，减少废物排放，保护环境[9]。

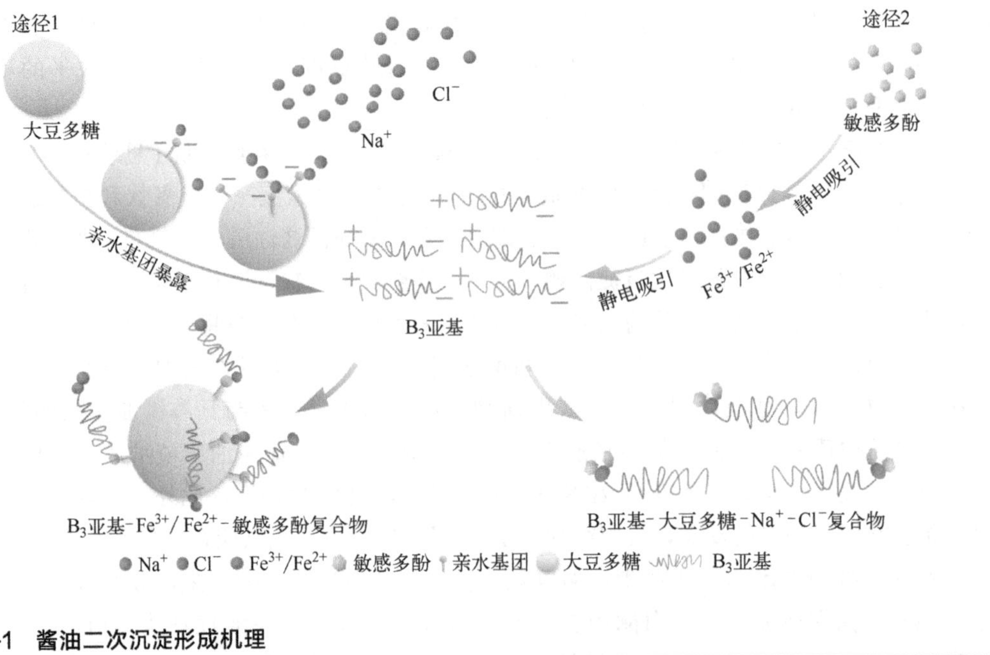

图 13-1 酱油二次沉淀形成机理

二、提高酱油原料利用率和减少酱油二次沉淀方案及案例

1.提高酱油原料蛋白质利用率方案

（1）通过改进蒸煮工艺和设备提高原料蛋白质利用率[13]

大豆经过充分浸泡后进行蒸煮，蒸煮的主要目的是使大豆蛋白质适度变性，破坏大豆

蛋白致密的球状结构，暴露其酶切位点，易于被米曲霉生长利用，并为蛋白酶催化大豆蛋白降解提供有利条件。此外，蒸煮还可以起到杀死附着在原料上的微生物的目的，提高制曲安全性。大豆蒸煮过程中适度变性是指在一定的热力作用下，大豆蛋白质的二、三、四级结构被破坏，严格的空间结构被打乱，而一级结构未发生变化，这种变性被称为大豆蛋白质适度变性，也叫大豆蛋白质的一次变性。大豆蛋白质一次变性蛋白质含量越高，越容易被微生物分泌的蛋白酶降解，转化为可溶性蛋白质、小分子量肽和游离氨基酸，蛋白质利用率也就越高。如蒸煮条件控制不当，蛋白质在一次变性的基础上接受了更强烈的热力作用，蛋白质进一步变性称为蛋白质的二次变性。过度变性的蛋白质不能被酶水解，也不溶于食盐水中，导致原料蛋白质利用率降低，并产生酱油沉淀。若大豆在蒸煮过程中接受的热力作用尚未达到使大豆蛋白质适度变性的强度，用这种大豆制曲、酿造酱油，未变性的大豆蛋白质会残留下来，使成品酱油在稀释时产生浑浊和沉淀，生产上一般称为酱油的N性，此浑浊和沉淀物被称为N性物质，这不但导致酱油外观品质下降，也会降低酱油原料蛋白质利用率。

传统上采用常压蒸煮大豆，往往需要蒸煮1～2 h，甚至保温过夜，通过这种工艺蒸煮的大豆往往易使大豆蛋白质过度变性，消化率低，且易形成酱油二次沉淀。目前国内工厂主要采用NK罐蒸煮大豆，物料厚度大（一批1～2 t），大豆容易受热不均，造成大豆蛋白质变性程度不一致（部分大豆蛋白质形成N性物质，另外部分大豆蛋白质过度变性），导致原料蛋白质利用率低，形成二次沉淀。为了改善这种状况，目前采用旋转式NK罐，大豆蒸煮过程中边通热蒸汽加热，边缓慢旋转。但NK罐旋转速度控制不当，大豆容易脱皮，堵塞发酵罐底部网孔，影响淋油。值得注意的是，上述传统大豆蒸煮工艺，还存在生产效率低、劳动强度大等缺陷。为了解决大豆蒸煮过程中存在的上述问题，目前国内酱油企业，借鉴黄酒企业原料蒸煮设备——联蒸设备的优点，开发出适用于酱油企业的大豆联蒸装备。大豆称量、清洗、浸泡、蒸煮、降温、接种、入池/圆盘制曲室连成一体，大豆浸泡后经密闭的输送带输入长度为10～20 m的蒸煮室，边蒸煮边输出蒸煮室（避免翻动），蒸煮室内大豆厚度小，热量均匀，温度高（135 ℃），大豆在蒸煮室停留约3 min。利用这种新型装备蒸煮的大豆生产酱油，不但可避免大豆蒸煮不均匀造成的原料蛋白质利用率低和形成大量酱油二次沉淀，而且可减少大豆皮脱落，避免脱落的大豆皮堵塞发酵罐底部的滤孔，提高生产效率。

（2）通过控温发酵提高原料蛋白质利用率

酱油生产主要包括制曲和酱醪发酵2个阶段。制曲阶段米曲霉分泌大量蛋白酶、淀粉酶、葡萄糖淀粉酶和脂肪酶等，是后期酱醪发酵过程中酶的主要来源，是决定酱油生产成败的关键环节，对酱油原料利用率和质量具有重要影响[12]。制曲过程中温度对米曲霉的生长和产酶有显著影响，而酱醪发酵过程中温度对米曲霉所产酶系催化原料（如蛋白质、淀粉等）降解也有显著影响。因此，合理控制制曲和酱醪发酵阶段的温度对提高酱油原料蛋白质利用率和质量均具有显著影响。

何辉等[14]利用智能PID算法优化了传统圆盘制曲机PID算法及控温控湿系统，智能PID算法对制曲过程中料温偏差采用非线性模糊逻辑运算，料温偏差动态修正目标风温，通过料温与风温双闭环反馈PID控制，实现料温与风温的平衡，避免受环境温度及系统时变两个不确定因素的影响。智能PID算法显著提高了圆盘制曲机温度控制的精准度。

实验结果表明，采用智能PID算法圆盘制曲机生产的大曲感官品质及蛋白酶（10.74%～28.85%）、α-淀粉酶（12.83%～21.43%）和葡萄糖淀粉酶（9.79%～15.14%）酶活均得到显著提高，特别是蛋白酶酶活的显著提高有利于后期酱醪发酵过程中蛋白质的降解，进而提高原料蛋白质利用率。张志伟等[15]对比了自然发酵和控温发酵对酱油氨基酸态氮和总氮含量的影响，在酱醪发酵初期（0～30天）控制发酵温度15 ℃，酱醪发酵中期（30～120天）控制发酵温度30 ℃，酱醪发酵末期（120～180天）控制发酵温度25 ℃。与自然发酵组原油相比，采用控温发酵的原油全氮和游离氨基酸含量显著提高，说明采用控温发酵使大豆蛋白质降解更彻底，原料利用率高。

（3）利用多菌种发酵提高原料蛋白质利用率

大曲中蛋白酶活性的高低及其组成是决定酱油原料蛋白质利用率的关键因素之一。米曲霉所产蛋白酶以碱性蛋白酶和中性蛋白酶为主，酸性蛋白酶分泌量小；而黑曲霉所产蛋白酶酶系与米曲霉相反。酱油主要在高盐和酸性条件下进行发酵，因此米曲霉和黑曲霉所产酶系在酱油酿造中具有良好的互补性。在酱油酿造过程中用一定量的黑曲霉大曲替代米曲霉大曲可显著提高酱醪中的酸性蛋白酶酶活，进而提高酱油原料蛋白质利用率和氨基酸含量。不利的是，黑曲霉在生长后期会分泌大量黑色素和“湿蘑菇”风味物质，因此，黑曲霉大曲添加量过大可能导致终产品色泽过深、带有不良的湿蘑菇风味。王素珍[16]以米曲霉和黑曲霉分别制曲，按照米曲霉大曲和黑曲霉大曲质量比5∶1进行混合制醪，与仅用米曲霉大曲制醪生产的酱油相比，采用混合大曲生产酱油的原料蛋白质利用率显著提高，并且无“湿蘑菇”异味出现。

（4）利用物理加工手段提高原料蛋白质利用率

对酱油原料采用适当的微波处理，可提高酱油原料蛋白质利用率。如张翀等[17]研究了微波真空预处理豆粕对酱油生产过程中原料蛋白质利用率的影响。结果表明，微波功率和处理时间为2000 W和155 s时，酱油原料蛋白质利用率提高约17%。传统蒸煮工艺因无法良好地控制温度，往往使蛋白质过度变性或变性不均匀，不利于后期蛋白酶的酶解，从而降低了原料利用率。微波处理直接加热物料，热量扩散速度快，加热均匀，易于调控，能够使物料快速均匀变性以及破坏物料和蛋白质结构产生微膨化效果，有利于米曲霉生长和后期的酶解。这是微波处理提高酱油原料利用率的原因。高盐稀态酱油在酱醪发酵阶段进行低强度超声处理（60 W/L），每天进行超声处理一次（共8天），每次处理10 min，可使发酵液总氮和氨基酸态氮含量显著提高，进而提高酱油原料蛋白质利用率和品质。分析表明超声处理提高了酱醪中蛋白酶活性，破坏了大豆蛋白结构，增加了其比表面积，暴露蛋白质酶切位点，这是超声处理酱醪提高酱油原料利用率的原因。

2.减少酱油二次沉淀方案（思政点2、思政点3）

（1）传统常温静置方案

酱醪发酵结束后经淋油或者压榨得到原油，原油进行巴氏杀菌，加速原油中不稳定物质（蛋白质、淀粉、多糖等）的絮凝、沉淀，沉淀物即为酱油一次沉淀，去除一次沉淀后将原油泵入原油池或者原油罐进行常温静置，静置时间视温度和厂家要求而定，一般为几天至几个月。静置结束后抽取上清液，再次进行巴氏杀菌或者超高温瞬时杀菌，杀菌结束后的原油进行包装、检测，检测合格后即为成品酱油。经过常温静置处理原油可以有效减少酱油二次沉淀量，但由于原油中仍然存在较多的大分子量蛋白质、多糖、多酚和铁离子，因此在酱油储存和销售过程中仍然会形成较多的二次沉淀，特别是经受高温、光照、震荡等不利条件的酱油，会生成更多的二次沉淀，严重影响酱油外观质量和市场竞争力。

（2）反复低温和常温静置方案[9]

日本酱油蛋白质降解彻底，蛋白质利用率高，二次沉淀量少，外观质量高。这与其使用的发酵菌种（日本：酱油曲霉/中国：米曲霉 3.042）、大豆蒸煮工艺（日本：超高温短时/中国：高温长时）、酱醪发酵工艺（日本：低温控温发酵/中国：常温日晒夜露）等有关外，还与其使用的后处理工艺有关，日本酱油采用反复的低温（0 ℃）和常温交替静置处理，去除酱油二次沉淀，由于长时间低温静置需要消耗能量，为了节省能源，国内主要采用常温静置法去除酱油二次沉淀，但效果差。此外，也有报道日本采用反复常温和高温（65 ℃）交替法处理酱油，去除二次沉淀，效果更佳。

（3）硅藻土过滤方案

目前国内主要采用硅藻土过滤设备去除酱油中的不稳定物质，提高其澄清度。硅藻土过滤机是以硅藻土为过滤介质的过滤设备，硅藻土是一种硅质岩石，是一种生物成因的硅质沉积岩，它主要由古代硅藻的遗骸所组成。其化学成分以 SiO_2 为主，矿物成分为蛋白石及其变种。食品级硅藻土的松散密度为 0.3～0.5 g/cm^3，孔隙率达 80%～95%。硅藻土过滤机在密闭不锈钢容器内，自下而上水平放置不锈钢过滤圆盘，圆盘的上层是不锈钢滤网，下层是不锈钢支撑板，中间是液体收集腔。过滤时，先进行硅藻土预涂，使盘上形成一层硅藻土涂层，待过滤液体，在泵压力作用下，通过预涂层而进入收集腔内，颗粒及高分子被截留在预涂层，进入收集腔内的澄清液体，通过中心轴，流出容器。硅藻土过滤机能过滤除去粒径 1～2 μm 以上的颗粒和微生物，滤液中大肠埃希菌、藻类等可显著减少，滤液浊度为 0.5～1 NTU。

目前国内酱油企业普遍采用烛式硅藻土过滤机过滤酱油原油，经过该设备过滤的原油颗粒显著减少、澄清度显著提升，但很难去除原油中残留的大分子量蛋白质（包括大豆 B_3 亚基）、淀粉和多糖等，更无法过滤掉酱油二次沉淀成分——酚类物质和铁离子。因此，在酱油储存和销售过程中仍然会形成较大量的二次沉淀。

（4）微滤结合超滤方案

为了进一步减少酱油二次沉淀，提高酱油外观质量，首先对原油进行微滤处理，去除原油中的大颗粒物质，然后对滤液进一步进行超滤处理，可显著减少酱油二次沉淀，提高酱油外观质量。

微滤过滤精度一般在 0.1～50 μm，常见的微滤膜包括各种聚丙烯（PP）滤芯、活性炭滤芯、陶瓷滤芯等。微滤主要用于简单的粗过滤，去除原油中的蛋白质、淀粉等大颗粒杂质，但不能全部去除原油中的细菌、酵母等微生物。超滤是一种利用膜分离技术的筛分过程，利用膜两侧的压力差来驱动，并且以超滤膜为过滤介质，在一定的压力下，当原液流过膜表面时，超滤膜表面密布的微孔只允许水及小分子物质通过而成为透过液，而原液中体积大于膜表面微孔径的物质则被截留在膜的进液侧成为浓缩液，从而实现对原液的净化、分离和浓缩。原油进行超滤之前进行微滤可显著减少超滤设备的工作负荷，延长微滤设备的工作时间，提高终产品的外观质量。超滤过滤精度在 0.001～0.1 μm，可滤除原油中的细菌、酵母及有机大分子等物质，并能保留对人体有益的小分子量肽、氨基酸、多糖、单糖和矿物质元素。

微滤结合超滤方案是目前可工业化应用的有效去除酱油二次沉淀的技术，可显著提高酱油外观质量，但运行成本较高，一般中小型企业尚未广泛采用。

（5）生物絮凝方案

杨明泉等[18]从酱醪中筛选得到了一株嗜盐片球菌并将其扩大培养，在酱醪发酵前期添加该微生物，添加量为1×10^6 CFU/g。发酵结束后将原油于50 ℃下振荡处理（200 r/min），加速酱油二次沉淀形成。利用肉眼观察法和冷冻-离心法检测酱油二次沉淀形成时间和生成量。如图13-2所示，该嗜盐片球菌显著延迟了酱油二次沉淀出现时间（15天）并减少了酱油二次沉淀生成量（89.1%，$P<0.01$），是解决国产酱油二次沉淀的有效手段。

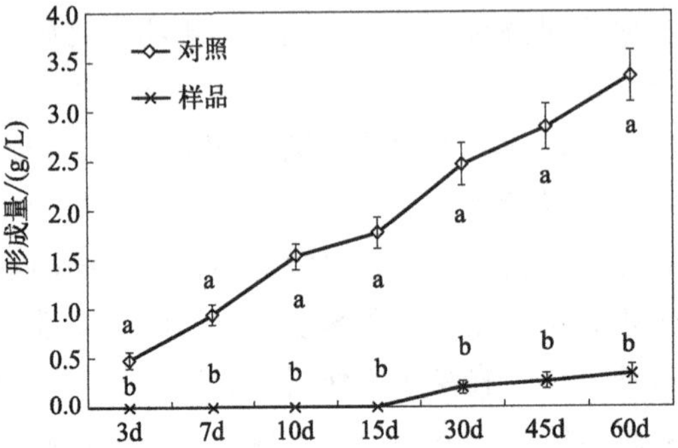

图13-2 样品和对照二次沉淀形成时间和形成量

同一天数据标注不同字母表示两个数据存在显著性差异（$P<0.01$）

嗜盐片球菌能够在醪液中大量繁殖并呈片状存在，在醪液加热后进行热沉淀过程中嗜盐片球菌进一步聚集并吸附醪液中不稳定的疏水性蛋白质和微小颗粒进而形成一次沉淀（被去除），而醪液中疏水性蛋白质被认为是导致酱油二次沉淀的主要成分[2]，嗜盐片球菌通过吸附二次沉淀蛋白形成共沉淀（一次沉淀）显著减少了酱油二次沉淀的形成。这是嗜盐片球菌减少酱油二次沉淀的可能机理。

3.应用案例（思政点4、思政点5）

（1）案例1：采用联蒸设备提高酱油原料蛋白利用率

以普通NK罐和新型联蒸设备分别蒸煮大豆、制曲、制醪［盐水浓度为22%（质量分数），盐水与大曲质量比为2.2∶1］，制备好的酱醪在室外进行常温发酵，发酵周期为180天。发酵结束后淋油、热杀菌（85 ℃/30 min）、静置（去除沉淀）、硅藻土过滤。与采用普通NK罐生产的酱油相比，采用联蒸设备生产的酱油原料蛋白质利用率和氨基酸态氮含量分别提高6.8%和7.2%，节约了生产成本、提高了酱油质量。

（2）案例2：通过控温发酵提高原料蛋白质利用率

利用智能PID算法优化的圆盘制曲机生产大曲，大曲生产过程中设定料温为30 ℃，按照表13-1控制料温偏差和修正比。实验结果表明，采用智能PID算法圆盘制曲机生产的大曲风味正常，蛋白酶、α-淀粉酶和葡萄糖淀粉酶分别提高26.28%、20.33%和

13.96%，与采用传统曲池制曲生产的酱油相比，采用智能PID算法圆盘制曲机制曲生产的酱油，原料蛋白质利用率提高5.8%。如前所述，在酱醪发酵初期、中期和末期分别进行低温（15 ℃）、高温（30 ℃）和中温（25 ℃）发酵，可将酱油总氮和氨基酸态氮含量提高8.31%和7.56%，这表明控温发酵可提高原料蛋白质利用率。

表13-1 智能PID算法优化的圆盘制曲机料温偏差和修正比情况

料温偏差	修正比	料温偏差	修正比
<−2 ℃	110%	0.2～0.5 ℃	99%～97.5%
−1.5～−2 ℃	106%～109%	0.5～1 ℃	97.5%～96%
−1～−1.5 ℃	104%～106%	1～1.5 ℃	96%～94%
−0.5～−1 ℃	102.5%～104%	1.5～2 ℃	94%～91%
−0.2～−0.5 ℃	101%～102.5%	<2 ℃	90%

（3）案例3：利用多菌种发酵提高原料蛋白质利用率

以大豆和面粉为原料，以米曲霉3.042和黑曲霉3.350为菌种分别制曲，至米曲霉大曲表面由白色变为浅黄绿色，黑曲霉大曲表面由白色变成黑色时，分别收集米曲霉大曲和黑曲霉大曲。米曲霉大曲和黑曲霉大曲按照质量比5∶1进行混合制醪和发酵，所生产酱油的原料蛋白质利用率提高了12%，这说明采用合适的多菌种发酵可提高酱油原料蛋白质利用率。

（4）案例4：利用物理加工手段提高原料蛋白质利用率

用2000 W功率的微波预处理豆粕155 s，然后进行酱油生产，采用该方法能显著提高酱油氨基酸态氮含量和原料蛋白质利用率，进而改善酱油品质。高盐稀态酱油在酱醪发酵阶段进行多次低强度超声处理（60 W/L），每天进行超声处理一次（共8天），每次处理10 min。发酵结束后发酵液的总氮和氨基酸态氮含量分别提高8.4%和14.8%，这说明适当的超声处理可显著提高酱油原料蛋白质利用率。

（5）案例5：传统常温静置法去除酱油二次沉淀

酱醪发酵结束后经淋油或者压榨得到原油，原油进行巴氏杀菌（85 ℃/30 min），去除一次沉淀，然后将原油泵入原油池或者原油罐进行常温静置（15天）。与未进行静置处理的对照组相比，经过静置处理的酱油包装放置3个月后沉淀量约减少46%。

（6）案例6：反复低温和常温静置法去除酱油二次沉淀

如前所述，原油经巴氏杀菌处理（85 ℃/30 min）后，采用低温（0 ℃/3天）和常温（3天）交替静置处理3次，去除沉淀，密封包装放置3个月。采用上述方法处理的酱油二次沉淀量可减少约58%。经巴氏杀菌处理（85 ℃/30 min）后的原油，采用高温（65 ℃/3天）和常温（3天）交替静置法处理3次，去除沉淀，密封包装放置3个月。采用上述方法处理的酱油二次沉淀量可减少约65%。

（7）案例7：硅藻土过滤法去除酱油二次沉淀

高盐稀态酱油发酵结束后通过淋油取原油，原油采用烛式硅藻土过滤机过滤，过滤液经巴氏杀菌后灌装、包装，密封包装后常温放置3个月。采用上述方法处理的酱油二次沉淀量可减少约60%。

（8）案例8：生物絮凝法去除酱油二次沉淀

将嗜盐片球菌扩大培养，在酱醪发酵第5天添加1×10^6 CFU/g的该微生物到酱醪中继续发酵，发酵结束后通过淋油法取原油，经巴氏杀菌后密封包装。将包装好的原油于50 ℃下振荡处理（200 r/min），加速酱油二次沉淀形成，观察酱油二次沉淀形成时间和放置3个月时的二次沉淀形成量。与对照原油（未添加嗜盐片球菌）相比，添加了嗜盐片球菌的酱油在振荡第35天时出现二次沉淀，而对照酱油在第20天时即出现二次沉淀，样品酱油比对照酱油二次沉淀生成量约减少89%。

（9）案例9：外加蛋白酶协同超声处理方案

上述过滤或微生物吸附方法虽然可减少酱油二次沉淀，提高酱油外观质量，但由于去除了酱油中的有机物质（如蛋白质、多糖等），酱油原料利用率和营养物质含量也降低了。

适当的超声处理能够显著提高某些蛋白质的水溶性，促使其肽链伸展，暴露其酶切位点，同时适当的超声处理可以提高酶的催化效率。因此，在酱油酱醪发酵阶段补充可降解大豆蛋白 B_3 亚基的蛋白酶并进行适当的超声处理，理论上不但可以提高酱油原料蛋白质利用率，而且可以显著减少酱油二次沉淀，提高酱油外观质量。也有研究者从黑曲霉中分离和鉴定出可降解酱油中大豆蛋白 B_3 亚基的蛋白酶——脯氨酸内肽酶，该酶是一种酸性耐盐蛋白酶，适合在酱油这种高盐酸性环境中应用。在酱醪发酵过程中添加该酶2U/g（蛋白），可降解约50%的 B_3 亚基和减少约61%的酱油二次沉淀，同时使酱油中脯氨酸的含量提高24%。添加脯氨酰内肽酶后，对酱醪施加超声处理（超声频率68 kHz，超声强度60 W/L，超声时间为10 min/次，共超声8次）。在上述超声条件下，超声协助脯氨酰内肽酶可降解酱油中91%的 B_3 亚基，使酱油二次沉淀减少87%以上，由此可以说明超声协同脯氨酰内肽酶可进一步提高酱油中 B_3 亚基降解率和减少酱油二次沉淀，同时提高酱油原料蛋白质利用率和外观质量。

三、拓展

1.食醋二次沉淀及其产生规律[19]

食醋二次沉淀比酱油二次沉淀更为严重，严重影响产品外观质量和市场竞争力。但目前对食醋二次沉淀组成、形成机理的研究不深入、相关报告极少，这严重阻碍着食醋二次沉淀问题的解决。通过离心和真空冷冻干燥法制备食醋二次沉淀样品，以其上清液为对照，通过SDS聚丙烯酰胺凝胶电泳（SDS-PAGE）、高效液相色谱等方法，对比研究食醋二次沉淀的常规理化指标和其蛋白质组成特征。分析结果表明，食醋二次沉淀主要由蛋白质（57.7%）和少量NaCl、游离氨基酸组成，二次沉淀蛋白质主要以高分子量蛋白质或蛋白质聚合物（＞116 kDa）的形式存在，其氨基酸组成与其对应上清液中的蛋白质氨基酸组成存在明显差异，其蛋白质平均疏水值明显高于对应上清液蛋白质的平均疏水值。以上结果说明，食醋二次沉淀蛋白质的氨基酸组成和蛋白质平均疏水值偏高是导致食醋二次沉淀形成的重要原因，但其形成的机理需要进一步深入研究。

2.黄酒非生物混浊及其产生机理[20]

黄酒在贮存期间受到微生物污染或气压、温度变化等影响，易产生混浊，甚至出现沉淀，严重影响产品外观质量。根据黄酒混浊的原因可将黄酒混浊分为生物混浊和非生物混浊。生物混浊可通过加热杀菌、澄清或者膜过滤措施加以控制。非生物混浊的形成原因相对复杂，控制较为困难，是解决黄酒混浊的难点。目前研究表明黄酒非生物混浊产生的原因如下。

(1) 蛋白质沉淀

大分子蛋白质和多酚结合物被认为是黄酒混浊沉淀的主体物质，单体多酚与蛋白质结合形成可溶性多酚-蛋白质复合物，结合力弱，属可逆反应，遇冷混浊，加热复溶，称其为冷混浊。黄酒中的蛋白质主要来源于大米和麦曲原料，另外还有少量的微生物蛋白质和酶蛋白，这些蛋白质在酒液中以胶体状态存在。有关研究结果表明，瓶装黄酒沉淀物成分中，粗蛋白占干重的50%左右，其中高分子蛋白、中分子蛋白、低分子蛋白的比例分别为 72.62%、2.32%、25.06%，其他主要物质所占干重分别为多酚 2.08%、糊精 4.53%、铁 0.27%，由此可见蛋白质是瓶装黄酒沉淀物的主要成分。黄酒沉淀蛋白质有类燕麦蛋白、二聚 α-淀粉酶抑制剂、病程相关蛋白等，主要来源于小麦。二聚 α-淀粉酶抑制剂是 α-淀粉酶抑制剂的二聚体。α-淀粉酶抑制剂最早发现于小麦种子中，是一种糖水解酶抑制剂，对不同来源的 α-淀粉酶都有强烈的抑制作用，具有抗病虫害的作用。α-淀粉酶抑制剂具有较广泛的酸碱耐受性，并因耐热性较好，在煎酒的过程中只有少部分变性凝固析出，大部分存留于酒中，经过长时间的贮存，逐渐析出形成混浊沉淀；病程相关蛋白是植物在病理环境下诱导产生的一类水溶性蛋白质的总称，参与植物的抗病反应，能耐低pH、重金属、蛋白酶和高温；类燕麦蛋白属于低分子量谷蛋白，含有高冗余的半胱氨酸残基，通过分子内和分子间二硫键形成聚合体。

(2) 氧化

氧化导致的混浊又称为永久混浊，黄酒长期放置时，含硫的蛋白质被氧化，聚合成高分子蛋白质，多酚物质也发生聚合变成聚多酚，两种聚合物结合先以小颗粒析出，随着储存时间的延长，聚合度增大的同时颗粒也随之增大，最终形成沉淀。铁离子是氧化混浊的催化剂。

(3) 铁离子

黄酒中的铁离子主要来自原料和生产过程与铁的接触，一般认为黄酒中的铁主要以 Fe^{2+}、Fe^{3+} 的形式存在，在储存过程中 Fe^{2+} 被氧化成 Fe^{3+}，而酒中的 Fe^{3+} 易与酒中的蛋白质、有机酸或者磷酸根形成难溶盐而产生沉淀。

(4) 多酚物质

黄酒中的多酚主要来自原料小麦。多酚不但对黄酒的色泽、口味等有显著的影响，而且可能引起黄酒的非生物混浊。多酚物质按照分子量可以区分如下：①单体酚类，其分子量小于 500，如阿魏酸。单体酚类广泛存在于植物细胞壁中，特别在米糠和麦麸中含量比较丰富。它有一定涩味，具有还原性，对黄酒混浊的影响很小。②单体多酚，其分子量小于 500，有黄酮醇类和黄烷醇类，其中影响黄酒混浊沉淀的主要是黄烷醇类。黄烷醇类包括儿茶酸类及花色素、花色苷、花色素原等，它们易氧化聚合，与黄酒中蛋白质结合形成混浊沉淀物质。③单宁类物质，其分子量在 1000～3000，单宁类物质有极强的收敛性，涩味很大，具有很强的和蛋白质结合的能力，对黄酒混浊的影响较大。

3.啤酒非生物混浊及其形成机理[21]

啤酒是一种由蛋白质、糖、水、多酚、金属离子等形成的偏酸性胶体溶液，其胶体平衡体系会因某些因素（如氧化、温度、pH、光照等）的变化而被破坏，在酒体中形成混浊，严重的会在瓶底形成明显的沉淀物或者“黑脖”现象，降低啤酒的商业价值。引起啤酒混浊的物质主要包括蛋白质、多酚、β-葡聚糖、草酸钙、金属离子、氧等。啤酒混浊形成的原因如下所述。

(1) 蛋白质-多酚复合物

由过量或不均衡的大分子量蛋白质和多酚结合形成的蛋白质-多酚复合物是啤酒混浊的主要成分。啤酒混浊包括冷混浊和永久混浊，冷混浊即啤酒包装后，冷却至0 ℃，出现失光混浊，若将啤酒加热至20 ℃以上，冷混浊会减少或消失，冷混浊是可逆的。它是由啤酒中球蛋白和多酚在低温下以氢键结合造成的混浊。而永久混浊是大分子量蛋白质和多酚以共价键结合造成的混浊，啤酒加热升温后蛋白质和多酚之间形成的共价键不断裂，混浊不会消失，随着时间的延长混浊越来越明显，最终产生沉淀。冷混浊和永久混浊一般以混浊物微粒大小1.0 μm为分界，微粒粒径小于1.0 μm为冷混浊物，微粒粒径大于1.0 μm为永久混浊物。

(2) 铁离子和蛋白质

当啤酒中铁含量>0.6 mg/L时，就会和蛋白质结合，形成铁蛋白，进而产生混浊。这样的啤酒灭菌后色泽也会变黄呈现黄褐色至暗红色，甚至出现黑色微粒，同时啤酒也会带有铁腥味，严重影响啤酒外观质量和风味。铁蛋白质形成的大致过程为啤酒中Fe^{2+}被氧化为Fe^{3+}，Fe^{3+}与啤酒中的大分子量蛋白质以共价键的形式结合，导致蛋白质聚合产生混浊。这些铁离子主要来源于酿造水、硅藻土、铁质罐、管道和设备、原料等。

(3) 草酸钙等无机盐

麦芽中的草酸及酵母代谢产生的草酸很容易与啤酒中Ca^{2+}结合形成草酸钙沉淀。麦芽中草酸含量一般为30～70 mg/100 g（麦芽），糖化时麦芽中的Ca^{2+}被带入麦汁中。热麦汁中草酸钙通常以草酸根和Ca^{2+}的形式分散在麦汁中。但在低温发酵时草酸根和Ca^{2+}结合形成草酸钙而析出。草酸钙沉淀呈菱形、针形、斜四方体结晶，通常被称为啤酒石。麦汁中Ca^{2+}充足时，发酵过程中草酸钙会随着凝固物和酵母等被排出。但若草酸含量较高，或者未能完全与Ca^{2+}形成沉淀析出，在啤酒过滤时就会与硅藻土、稀释水中的Ca^{2+}结合，造成成品啤酒草酸钙沉淀。目前，大多数啤酒厂采用高浓酿造工艺，若稀释水的Ca^{2+}含量过高，容易引起草酸钙混浊。

(4) 非淀粉多糖

此类混浊主要是由过高浓度的β-葡聚糖、阿拉伯木聚糖引起。其中，β-葡聚糖主要来自麦芽胚乳淀粉细胞壁和酵母细胞壁。当麦芽β-葡聚糖分解不彻底，含量超过350 mg/100 g（麦芽）时酵母不产生β-葡聚糖酶，故在发酵过程中得不到降解，会造成过滤困难，清酒浊度会超过0.5 EBC。啤酒装瓶杀菌后存放2～3个月就会混浊。另外，在发酵贮酒过程中，若出现酵母大量自溶、死亡，其细胞壁β-葡聚糖就会进入发酵液中，同样造成过滤困难，也会造成成品短期内混浊。随着小麦麦芽被广泛应用于啤酒酿造，小麦麦芽中的阿拉伯木聚糖含量过高或搭配比例较大时，就像麦芽中的β-葡聚糖一样引起混浊。

(5) 酒花树脂

瓶装啤酒在灭菌后，偶尔在瓶颈部出现褐色甚至黑色的泡沫环，严重影响啤酒外观质量。当啤酒中氧和金属离子含量高时，啤酒灭菌过程中会形成泡沫环，这是因为在高温和氧的作用下，加速了啤酒中酒花树脂、多酚等氧化聚合，形成酒花树脂混浊。

（6）热凝固物

当麦芽溶解差、麦汁煮沸不彻底、麦芽汁 pH 过高时，煮沸结束后麦汁中热凝固性蛋白含量高，发酵后 pH 降至 4.1～4.5，经巴氏杀菌和降温后，就会立即出现混浊沉淀，此类物质即热凝固沉淀。

（7）氧化

含巯基的大分子蛋白质受啤酒中溶解氧的氧化作用，聚合形成更大分子的蛋白质分子，多酚也因氧化聚合形成聚多酚。两者进一步聚合，以小颗粒析出，随贮存时间的延长，颗粒越来越大，最终沉积于瓶底。此混浊物在加热条件下无法消除，故称为氧化混浊，也称为永久混浊。氧化混浊不会在啤酒灭菌后马上表现出来，氧化混浊与啤酒中的蛋白质、多酚的氧化与聚合有关。因此，啤酒中氧含量及保存温度对氧化混浊影响较大，几乎呈正相关性。因此，为了减少啤酒因氧化作用形成的混浊，应尽量减少啤酒中氧含量和降低贮存温度。

4.质量提升途径

以我国传统液态发酵食品为例，查阅资料并结合自身观点，以提高产品原料利用率和外观质量为目标，讨论我国传统液态发酵食品的质量升级途径（**思政点 6、思政点 7**）。

第 2 节　案例教学指导

一、教学目标

1. 培养学生查阅资料、文献，并能在阅读过程中进行总结、分析、凝练和提出问题的能力；培养学生分工协作和通过倾听、讨论、提问、讲解等过程学习知识、运用知识的能力。

2. 使学生更好地了解酱油、原料蛋白质利用率、酱油二次沉淀和环境保护的相关知识，并能将所学知识进行灵活运用、综合运用；能就相关生产实际问题进行解决方案设计，并初步将设计的方案用于生产实践，培养学生工程实践能力；并让学生认识到在食品生产实践中创新能力的重要性。

3. 让学生认识到食品质量的重要性，在以后实际工作中更好地把关食品质量工作，并形成爱惜粮食和保护环境的良好职业习惯。

4. 增强学生对中国传统文化的认同感和民族自豪感，养成勤俭节约和爱护环境的习惯，引导周围的人践行必要的社会责任。

二、案例讨论前准备工作

1. 了解酱油的起源、历史、分类及一些著名的酱油品牌。

2. 使学生熟悉酱油的生产工艺，了解原料蛋白质利用率低对酱油外观品质和环境的负面影响。

3. 了解酱油的相关法规、标准和要求。

4. 阅读几个关于传统液态发酵食品在储存和使用过程形成“沉淀”进而影响产品外观质量和商品价值的例子，在充分查阅资料并进行小组讨论的基础上在组内完成以下内容。

（1）酱油二次沉淀的主要成分是什么？酱油二次沉淀和一次沉淀的异同点是什么？

（2）设计一个降低酱油二次沉淀的方案。

三、案例分析要点

1. 酱油的起源、历史、分类及加工要点。
2. 蛋白质在酱油中的作用、来源及其与酱油二次沉淀的关系。
3. 有关酱油的相关标准有哪些？
4. 关于减少酱油二次沉淀的方法有哪些？
5. 延伸 1：食醋二次沉淀的主要成分及控制方案。
6. 延伸 2：黄酒二次沉淀的主要成分及控制方案。
7. 延伸 3：啤酒混浊的原因及控制方案。

四、教学组织方式

1.问题清单及提问顺序、资料的发放顺序

（1）请介绍一下你家乡的酱油或者食醋或者啤酒企业。

（2）酱油的主要生产原料是什么？

（3）蛋白质在酱油生产中的作用是什么？

（4）请查阅资料，简要介绍大豆蛋白质的组成。

（5）简要介绍酱油二次沉淀的主要成分和形成机理。

（6）二次沉淀是酱油标准 GB/T 18186—2000 中的检测指标吗？

（7）二次沉淀对酱油的负面影响有哪些？

（8）减少或者去除酱油二次沉淀有哪些方案？

（9）以高盐稀态酱油为例说明酱油行业现代化的可能途径。

资料发放及课程安排顺序为：课前布置预习任务（见案例讨论前准备工作的 1、2、3、4）；第 1 节课问卷调查和背景知识介绍后，发放几种传统液态发酵食品有关沉淀的资料让学生阅读，抽几位同学谈感受；然后布置任务：设计一个减少/去除酱油二次沉淀的方案；第 2、3 节课首先让学生进行小组讨论、讲解，然后发放案例解析中的其他资料；教师梳理和点评后发放延伸问题的资料。

2.课时分配（3 学时，共 135 分钟）

（1）课堂小实验：提前准备不同品牌、不同等级的酱油和食醋样品（每个品种产品均包括含“沉淀”和不含“沉淀”的样品），让学生对产品的外观质量进行评价，随机让 3～5 名学生谈下实验后的感受。（10 分钟）

（2）上述产品背景知识介绍。（10 分钟）

（3）发放传统液态发酵食品有关沉淀的资料，请同学们阅读，并让 2 名同学谈初步感

悟。(20 分钟)

(4) 布置课后任务：分组查阅降低/去除酱油二次沉淀的措施，并制定一个准备在实验中实施的解决方案，并分组讨论。(5 分钟)

(5) 学生查阅资料、文献，完成布置的任务；完成的任务提交给老师。(课后完成)

(6) 进行小组汇报与讨论。(5 组，共 25 分钟)

(7) 教师进行点评、课堂提问、讨论、讲解、总结。(35 分钟)

(8) 进行延伸问题的讨论，并展示相关产品。(30 分钟)

3.讨论方式

采取小组讨论、小组汇报相结合的方式。

教师布置任务后，学生课后查阅、学习相关资料、法规，完成布置的任务，并进行小组讨论；课堂上抽取五个小组，每小组汇报本小组的主要观点，其他组学生提问并讨论。

小组讨论和小组汇报结束后，由教师采取提问、讨论、讲解与实物展示相结合的方式进行梳理与总结。

五、课程思政设计

案例教学过程中，共设计了 7 个课程思政点，具体如表 13-2 所示。

表 13-2　案例教学中课程思政设计

序号	教学环节	知识点	教学内容	思政点
1	课前	课前预习	了解中国传统液态发酵食品及其历史	弘扬中华传统饮食文化，增强民族自豪感
2	课中	二次沉淀	目前市场上传统液态发酵食品普遍存在二次沉淀现象，严重影响产品外观质量，与国外产品质量存在差距	认识到国内外产品质量差距，激发学生学习热情和动力
3	课中	二次沉淀研究现状	结合教师科研和国内国际研究热点，介绍二次沉淀的研究现状	鼓励同学们要有探索精神和创新精神
4	课中	分组制定二次沉淀解决方案并实践	同学们分组制定二次沉淀解决方案，并在实验课中进行实践	明白实践的重要性，并根据实践的结果不断改进，产品质量就会持续改进
5	课中	分组制定二次沉淀解决方案并实践	同学们分组制定二次沉淀解决方案，并在实验课中进行实践	使同学们认识到团队合作的重要性，方案设计和实践效果较好的各组均是大家通力合作、密切配合得来的结果
6	课中	减少沉淀，提高原料利用率，环境保护	简要介绍和讨论传统发酵食品行业原料利用率情况和环境污染治理情况	使同学们认识到保障粮食安全和保护环境的重大意义
7	课后	课后复习与任务	思考和讨论其他传统液态发酵食品的现代化途径，完成相关作业题	培养学生的思考、探索和创新精神

六、其他

1. 课前与 3 名以上学生代表讨论教学形式、内容和目标等，根据学生代表意见对教学形式、内容和目标等进行适当调整。

2. 每次案例教学实施完成后找 3 名以上学生代表进行座谈，根据学生反馈意见进行教学反思，对案例教学内容、方式和目标做到持续改进和更新。

3. 课堂讨论和互动时间占总课程时长的 70%以上。

4. 在案例具体应用时，可根据实际情况对时间分配和案例内容做适当调整；还可寻找一些配套的 MOOC 和视频资源自学。

附：提问参考答案

(1) 请介绍一下你家乡的酱油或者食醋或者啤酒企业。

答：略。

(2) 酱油的主要生产原料是什么？

答：大豆、豆粕、面粉、小麦、麸皮、食盐、水等。

(3) 蛋白质在酱油生产中的作用是什么？

答：蛋白质降解产物是酱油鲜味的最重要来源，而鲜味是酱油最重要的风味。酱油在发酵过程中大豆蛋白/小麦蛋白被米曲霉产蛋白酶降解成小分子量肽和游离氨基酸，其中谷氨酸含量最高、鲜味阈值低，是酱油鲜味的重要来源。此外，酱油原料蛋白质降解产物——小分子量肽不但具有一定的鲜味、甜味、苦味等风味，而且具有一定的生理活性。此外，蛋白质和蛋白质降解产物对酱油体态也具有重要影响。因此，蛋白质是酱油原料的关键成分。

(4) 请查阅资料，简要介绍大豆蛋白质的组成。

答：按照溶解度分，大豆蛋白质主要包括清蛋白和球蛋白两大类，其中球蛋白约占 90%。按照分子量分，大豆蛋白质可分为 2S、7S、11S 和 15S 等多个组分，每一组分都包含了一系列具有特定功能的蛋白质。例如，7S 组分中的 β-伴大豆球蛋白和 11S 组分中的大豆球蛋白，都是大豆的主要贮藏蛋白，对大豆制品的质地和风味有着重要影响。

(5) 简要介绍酱油二次沉淀的主要成分及形成机理。

答：见案例解析。

(6) 二次沉淀是酱油标准 GB/T 18186—2000 中的检测指标吗？

答：否。

(7) 二次沉淀对酱油的负面影响有哪些？

答：二次沉淀严重影响酱油外观质量和产品的商业价值，二次沉淀蛋白和酱油渣主要蛋白质为同一种物质——大豆蛋白 B_3 亚基。因此，研究如何减少和去除酱油二次沉淀具有重要意义。

(8) 减少或者去除酱油二次沉淀有哪些方案？

答：见案例解析。

(9) 以高盐稀态酱油为例说明酱油行业现代化的可能途径。

答： 可以从如下几个方面展开说明：①生产线的一体化、自动化、智能化；②实时在线分析和监控；③消费者需求信息的及时收集、分析及基于消费需求的新产品开发体系建设；④智能化的储存、销售渠道、供货、应用和售后服务体系建设。

参考文献

[1] 张智宏，陈嘉琳，黄鑫，等．酱油的历史及原酿造酱油发展趋势[J]．现代食品科技，2023，39(12)：302-309.

[2] 赵建民．《齐民要术》制酱技术及酱的烹饪应用[J]．扬州大学烹饪学报，2008，25(4)：14-20.

[3] 张彤阳．唐代微生物技术的发展-以《四时纂要》为中心的考察[J]．农业考古，2022，4：220-229.

[4] 付笑萍．孟诜与《食疗本草》[J]．河南中医学院学报，2004，1：75-76.

[5] 苏轼．物类相感志[M]．北京：中华书局，1985.

[6] 赵荣光．中国酱油的发明、工艺演进及其文化历史流变[C]．饮食文化研究 2005(1)：16-27.

[7] 鲁肇元．酱油生产技术(一)酱油的起源及酱油生产工艺的沿革[J]．中国调味品，2002，1：43-46.

[8] Gao X L, Zhao X, Hu F, et al. The latest advances on soy sauce research in the past decade: Emphasis on the advances in China [J]. Food Research International, 2023, 173: 113407.

[9] 杨明泉，高献礼，刘占，等．国产酱油二次沉淀研究进展和展望[J]．食品与发酵工业，2019，45(10)：250-255.

[10] Gao X L, Sun P F, Lu J, et al. Characterization and formation mechanism of proteins in the secondary precipitate of soy sauce [J]. European Food Research and Technology, 2013, 237(4): 647-654.

[11] 高献礼，赵斯薇，孙鹏飞，等．酱油渣蛋白质的分离、鉴定和氨基酸组成特征研究[J]．现代食品科技，2013，29(10)：2512-2516.

[12] 冯拓，单培，高献礼，等．大豆球蛋白 G_4 蛋白 B_3 亚基导致中式高盐稀态酱油二次沉淀的形成[J]．现代食品科技，2021，37(11)：261-269.

[13] 胡锋，区晓鸣，周华林．大豆高压短时蒸煮显著提高酱油二次沉淀蛋白降解率[J]．现代食品科技，2020，36(8)：220-224.

[14] 何辉，吴卫良，钟任强，等．基于非线性模糊逻辑PID的圆盘制曲机控温控湿系统的研究[J]．包装与食品机械，2023，41(3)：82-88.

[15] 张志伟，周萌萌，张玲芬，等．日式控温发酵技术在酱油中的应用研究[J]．食品安全导刊，2023(1)：100-103.

[16] 王素珍．利用双菌种制曲提高原料蛋白质利用率的探讨[J]．中国酿造，2005(7)：35-37.

[17] 张翀，成晨亚琼，雷艳平，等．酿造酱油用豆粕微波真空预处理工艺研究[J]．食品科技，2020，45(3)：291-299.

[18] 杨明泉，滑欢欢，梁亮，等．嗜盐片球菌在减少酱油二次沉淀和生物胺中的应用[J]．现代食品科技，2019，35(7)：205-210.

[19] 高献礼，闫爽，孙鹏飞，等．食醋二次沉淀及其蛋白质组成特征[J]．食品与发酵工业，2013，39(8)：59-62.

[20] 李敏，韩惠敏，耿敬章，等．黄酒的混浊沉淀及其控制研究进展[J]．酿酒，2019，46(2)：31-35.

[21] 韩龙．成品啤酒出现非生物混浊的分析与改进[J]．中外酒业，2015(9)：39-43.

案例14

速成豆豉风味品质调控案例

案例摘要

本文介绍了速成豆豉风味品质调控的案例。以永川豆豉为例，介绍了豆豉的传统生产工艺向现代化生产工艺转变的历史背景和专业知识要点，引导学生了解并掌握豆豉的速成发酵技术、豆豉风味品质调控及优化策略。通过案例学习，提高学生分析问题和解决问题的能力，进而学会运用专业理论知识解决实际生产遇到的问题。

第1节　案例解析

一、案例背景

1.豆豉及起源

豆豉是一种以黄豆或黑豆为原料，经浸泡蒸煮、培菌制曲、拌料发酵而成的发酵食品，与酱油、腐乳和豆酱并称为我国四大传统发酵豆制品[1]（**思政点1**）。豆豉为黑褐色或黄褐色，滋味鲜美，香气浓郁，可作为调味料亦可直接食用。豆豉起源于中国，古称“幽菽”，约创制于东汉年间，迄今发现明确记载豆豉的最早文献是司马迁《史记·货殖列传》中的“蘖曲盐豉千荅”[2]。东汉年间，刘熙在《释名·释饮食》一书中誉豆豉为“五味调和，须之而成”[3]。北魏贾思勰《齐民要术·作豉》详细记载了豆豉的制作方法，并且在“作麦豉法”自注：“香美乃胜豆豉”[4]。自此以后出现的诸多食籍、药籍均有关于豆豉的记述，豆豉的制作工艺得到不断完善，至今仍是重要的调味料之一。目前，豆豉主要产自四川、重庆、贵州和湖南等地，因独具风味特色而深受广大消费者青睐[5]。根据制曲过程中存在的微生物种类不同，豆豉可分为毛霉型豆豉（如永川豆豉、潼川豆豉）、曲霉型豆豉（如浏阳豆豉、阳江豆豉）、根霉型豆豉（如印度豆豉）、脉孢菌型豆豉（如印度尼西亚“昂巧”豆豉）和细菌型豆豉（如八宝豆豉和日本纳豆）五类。

2.永川豆豉的传统发酵技术与速成发酵技术

永川豆豉号称“川菜之神”（图 14-1），是川渝地区火锅和川菜不可或缺的调味料。如图 14-2 所示，永川豆豉的传统发酵生产采用总状毛霉自然制曲，醪糟、白酒拌和，高盐（11%）常温后发酵，时间长达 9～12 个月。传统发酵的永川豆豉豉香浓郁，具有“疏松散籽、油亮发黑、味美化渣、清香回甜”的品质特点。然而，毛霉的生长温度较低（5～18 ℃），传统发酵永川豆豉仅能在每年 11 月至次年 2 月期间生产。显然，永川豆豉的传统发酵技术存在受季节限制、生产发酵周期长等因素影响，造成企业资金周转困难、厂房和生产设备闲置等问题，严重阻碍了永川豆豉的工业化生产。为了解决这些问题，速成豆豉发酵技术应运而生，并于 2000 年左右被推广应用。区别于传统发酵技术，速成发酵技术转为采用人工接种米曲霉，利用低盐（8%）、高温（45～50 ℃）控制后发酵条件，生产周期仅为 30 天左右[6]。这一技术解决了永川豆豉生产周期长的问题，实现一年四季高效生产，目前成为永川豆豉的主要生产方式（**思政点 2**）。然而，该工艺生产的永川豆豉存在口感差、质地硬、口味苦和豆豉香气不浓郁等问题，说明速成技术制备的豆豉相较于传统技术制备的豆豉仅具备“形似”，没有完全达到“神似”。随着消费者对调味品风味品质要求的不断提升，低盐速成豆豉已经不能满足消费者对高品质产品的需求。如何提高速成豆豉的风味品质、解决豆豉增香调控问题成为永川豆豉产业发展亟须解决的关键技术瓶颈。

图 14-1　永川豆豉

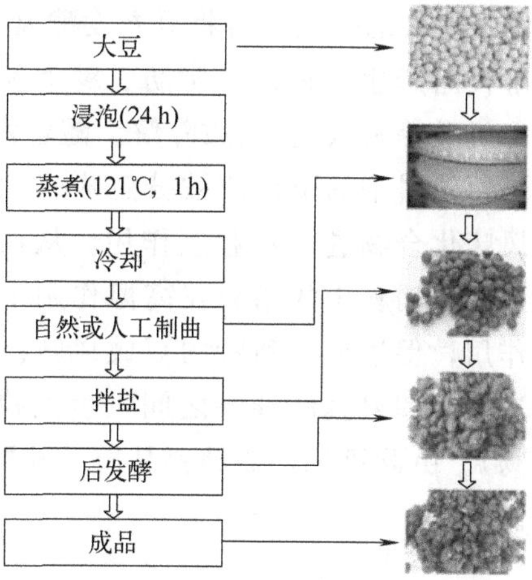

图14-2　永川豆豉的传统发酵生产流程

3.微生物发酵在豆豉加工中的作用

食物的腐败和发酵都涉及微生物对有机物的分解过程，然而这两种生物学现象存在本质上的区别。腐败是一个自发的、不可控的过程，通常发生在食品存储不当时。腐败由多种微生物（如细菌、霉菌等）共同作用分解有机物，从而产生异味、有毒物质和其他不利于食物保存的次级代谢产物。腐败过程中，杂菌的数量较多，增加了致病菌生存的概率，可能引起人体不良反应，甚至导致食物中毒。相比之下，发酵是一种由特定微生物主导的过程。在适宜条件下，这些微生物将有机物转化为生物活性成分，同时赋予食品独特的风味。

在豆豉的加工生产过程中，微生物发酵是其中至关重要的一道工序。微生物发酵的主要作用体现在如下两个方面：①促进形成独特的豆豉风味。依靠微生物在制曲和后发酵过程中产生的酶系，原料中的蛋白质、淀粉和脂肪等营养成分被分解为小分子化合物，进而形成豆豉独特的风味。②促进功能营养成分释放。在发酵过程中，真菌产生高活性蛋白酶和豆豉纤溶酶等，促进原料中功能活性物质（包括大豆异黄酮、大豆多肽、类黑精、γ-氨基丁酸等）的释放，进而发挥相应的生理活性功能（**思政点 3**）。

4.豆豉挥发性成分研究与风味生成机理

挥发性成分组成对豆豉香气具有重要作用，因此研究豆豉挥发性成分对探究其香气的形成机理具有重要意义。随着挥发性物质提取技术以及气相色谱-质谱联用仪的普及和发展，很多学者对豆豉中挥发性物质的构成以及不同发酵类型豆豉间的差异做了研究。结果发现，不同产地、发酵基质以及不同发酵工艺制备得到的豆豉中挥发性成分差异较大。即便是采用相同发酵工艺、接种相同的发酵菌种，也会因为后发酵过程中来自环境中的微生物难以把控而导致豆豉产品风味朝不同方向发展。这说明微生物对豆豉发酵风味品质调控具有非常重要的影响。另外，值得注意的是，豆豉的整体风味是由多种化合物共同形成的，其组分较为复杂。目前尚未确定是哪些风味化合物构成豉香风味骨架，也未能形成规范的豆豉风味品质评价标准。

总结前人的研究，可将豆豉发酵风味的生成途径概括为以下几类。①原辅料经微生物发酵代谢产生蛋白质、脂肪、糖类和多种风味化合物（包括醇类、醛类、酯类、酮类和有机酸等）。②蛋白质降解。随着发酵的进行，在蛋白酶等多种微生物分泌酶的作用下，原辅料中的蛋白质被分解成多肽和氨基酸等小分子物质。这些游离氨基酸、多肽与风味化合物进一步相互作用，从而促进豆豉风味的形成。③脂肪氧化分解。发酵过程中，原辅料中的脂肪在高温作用下氧化分解，释放出的游离脂肪酸与风味化合物相互作用，促进形成独特的豆豉风味。④美拉德反应。发酵过程中的高温和酸性环境会促进糖类和氨基酸残基之间发生美拉德反应，生成褐色色素和风味化合物（呋喃类化合物）。由此可见，原辅料品质、发酵微生物和发酵工艺都会对豆豉的风味品质产生影响。

二、速成豆豉的品质调控及优化策略

1.品质调控及优化策略

（1）豆豉风味品质标准评价体系建立与关键特征风味分析鉴定

食品感官评价是一种以人的感官对产品风味进行评判的分析手段，主要包括食品感官差别检验、描述性分析检验和情感检验三大类。感官评价能够直观体现不同发酵工艺豆豉的香气特征差异，而挥发性物质分析则能从挥发性化合物种类和含量的差别判断不同发酵工艺对豆豉的影响。因此，可从感官评价和挥发性物质组成层面建立恰当的豆豉风味品质评价标准，为实现豆豉增香调控提供一定的理论支撑。

分子感官科学（molecular sensory science）是近年提出来的，在分子水平上研究食品感官品质的多学科交叉技术，其核心内容是在分子水平上定性、定量地描述食品的风味，精确构建风味重组模型。分子感官科学将气相色谱-嗅味计（GC-O）、香气提取物稀释分析（AEDA）、GC-MS、稳定同位素稀释定量法（SIDA）等技术结合感官分析对食品中关键风味物质进行了准确的定性、定量分析，依据风味物质阈值计算香气活性值（OAV）确定重要性及重要性排序，按照各种风味物质在食品中“自然”的浓度构建风味重组物（aroma recombinate），接着按照一定顺序对风味物质进行缺失实验（omission experiment），以最少量的物质、最精准的含量筛选出与食品香气轮廓非常接近的香气重组物，达到从分子层面揭示食品风味物质组成的目的。近年来，随着挥发物萃取及分离、检测技术的发展，分子感官科学技术已在众多发酵食品关键风味物质的探索中发挥了重要作用。因此，有望借助该技术建立豆豉关键香气物质检验的系统方法，以精准识别并确定永川豆豉的关键香气活性物质，从而实现对永川豆豉香气品质的科学、系统评价。

（2）菌种发酵工艺改良与优化

豆豉风味品质与原辅料、发酵工艺和微生物等密切相关。其中，微生物包括霉菌、酵母菌和乳酸菌。霉菌主要在制曲阶段发挥作用，它们能够分泌大量蛋白酶、淀粉酶、纤维素酶等酶类物质，能够将豆类中大分子物质分解成小分子物质，为后发酵中酵母菌和乳酸菌的代谢提供物质基础。酵母菌和乳酸菌通过代谢产生醇类、酯类、酸类等风味物质，有利于豆豉特殊风味的形成。因此，改良菌种发酵工艺（包括菌种优化和改用混菌发酵等）或许能够提升豆豉风味品质。

（3）速成豆豉增香发酵菌种筛选及增香发酵工艺参数优化

发酵周期缩短是导致速成豆豉风味不浓郁的重要原因，可通过对速成豆豉进行二次发酵以提高其“豉香”风味。增香发酵菌株的筛选是优化速成豆豉风味品质的关键一步。此外，对增香发酵工艺参数进行优化将有利于进一步增强速成豆豉的“豉香”风味。产香酵母是一类能够产生芳香物质的酵母，根据香气类型可以将产香酵母分为花香型、清香型、果香型等。产香酵母可以与自身生产出的酯酶发生酶促反应，生成酯类物质，从而释放出芳香物质。产香酵母不仅能够生成酯类物质，还能通过糖酵解途径（EMP 途径）生成乙醇，通过生物合成途径和氨基酸分解代谢途径（Ehrlich 途径）生成高级醇及其他芳香杂醇。当前，产香酵母已被应用于酱油、苹果酒、米酒、鱼露和豆瓣酱等发酵食品中，使得这些发酵食品的风味品质显著提升。随着产香酵母应用技术的发展与成熟，该技术有望成为调控和提升速成豆豉风味品质的高效策略。

（4）速成豆豉制曲工艺参数调控与优化

传统永川豆豉和速成永川豆豉的生产工艺不同，在风味品质上也存在明显差异。在制曲工艺上，传统永川豆豉采用自然制曲，而速成永川豆豉采用米曲霉制曲。因此，可通过对比经两种制曲工艺所得的速成豆豉的理化性质差异，明确制曲工艺对速成豆豉产品品质的影响，以期为优化永川豆豉生产工艺、改善豆豉的品质提供理论依据。

（5）速成豆豉发酵机理与“豉香”风味生成机理解析

香气是豆豉的重要品质指标，挥发性成分的组成和含量对香气具有决定性作用，而挥发性成分的形成与后发酵条件如发酵温度、发酵时间、菌种浓度等诸多因素都密切相关。因此，可基于分子感官科学技术研究永川豆豉“豉香”风味释放动态规律，揭示嗜盐酵母二次发酵增香机理。

2.应用案例

（1）案例1：豆豉风味感官分析定量技术

西南大学周柬等[7]建立“豉香”感官定量评价体系，以18种曲霉型及毛霉型豆豉建立样本空间进行感官评价，将汇总的感官描述词生成词语云。参照前人研究结果，且经评价小组讨论后提出“豉香”这一概念来描述豆豉独有的整体风味特征。最终生成的感官描述词如表14-1所示。以此为标准对永川豆豉进行感官定量描述分析，有助于后续对豆豉关键风味物质及豆豉增香机理的研究。

表14-1 市售曲霉型及毛霉型豆豉感官属性、定义、参照物及香气强度

感官属性	定义	参照物（香气强度）
豉香	一种豆豉特有的整体风味特征，往往具有咸的、发酵的、焙烤的、坚果的、发霉的、略带甜味的发酵大豆的芳香特征	传统永川豆豉＝13
酱香	酱油或者甜面酱的香气，往往具有咸和轻微发酵的气味	加加红烧老抽＝13
鲜香	一种鲜味物质所产生的气味	佳仙鸡精溶液（0.25 g/L）＝9
酒香	由谷物发酵而产生的一种以乙醇为主体的混合气味特征	精制江津白酒∶水（1∶9）＝11
酸香	一种与醋酸味类似的刺激性气味	加白醋∶水（1∶4）＝9
豆味	豆制品的香味	煮熟黄豆＝9
烟熏味	一种由木材熏制而产生的甜、辛辣、干燥和木质的芳香	4-乙基愈创木酚（320 mg/mL）＝7
甜香	一种与甜味物质如水果和花香有关的气味	红糖溶液（15 g/L）＝9
霉味	一种带有泥土味的不新鲜感觉，类似霉菌和潮湿的土或地下室散发出的气味	香菇根＝9
中药味	与中药相关的草本味	藿香正气口服液（0.4%，体积比）＝7

（2）案例2：豆豉香气鉴别分析技术

西南大学李薇[8]从感官评价和挥发性物质组成层面分析比较传统发酵永川豆豉、速成豆豉及添加嗜盐芳香酵母增香发酵后的豆豉间的差异，得到的结论如下：①三者的香气轮廓（图14-3）存在明显差异。传统发酵永川豆豉豉香强度最高，具有特殊的酒香、霉味和较为突出的甜香味；速成豆豉豉香强度最低，酱香和豆味突出，风味呈现单一；与速成豆豉相比，增香豆豉大幅提升了除酱香和豆味外各香气属性的强度，使得豉香强度提高、风味更加协调，增香效果显著。②三种豆豉挥发性物质的组成有较大差异。使用HS-SPME-GC×GC-MS共检出143种挥发性化合物，其中增香豆豉中有95种，以醛类、酚类和醇类为主要化合物；传统发酵永川豆豉有87种，以酯类、醛类和醇类为主要化合物；速成豆豉仅有78种挥发性化合物，以醛类、杂环类和酸类化合物为主。对于挥发性化合物总含量，传统发酵永川豆豉＞增香豆豉＞速成豆豉。

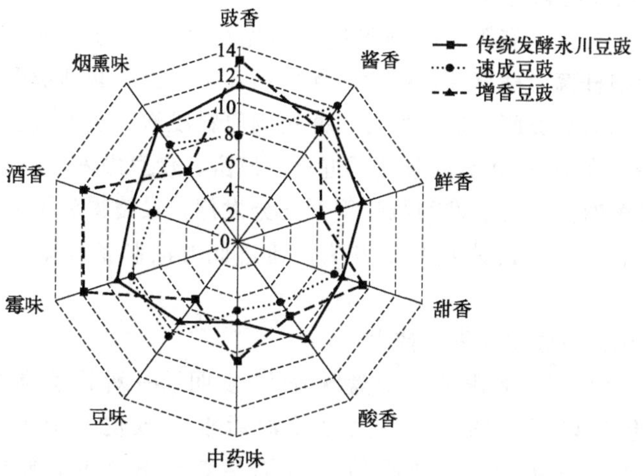

图 14-3　传统发酵永川豆豉、速成豆豉及增香豆豉的香气轮廓

(3) 案例 3：豆豉关键风味物质鉴定分析技术

西南大学 Liu 等[9]以分子感官科学技术建立了检验豆豉关键香气活性物质的系统方法，并确定了传统发酵永川豆豉的关键香气活性物质。结合香气提取物稀释分析(AEDA)和香气活性值(OAV)共筛选出 32 种潜在关键风味物质，通过香气重组实验较好还原了传统发酵永川豆豉的香气特征。最后通过香气消除实验确定了单一香气物质对整体香气的贡献，明确了传统发酵永川豆豉的 18 种关键香气活性物质，分别为 2-甲基丁酸乙酯、1-辛烯-3-醇、3-甲基丁酸、二甲基三硫、异丁酸乙酯、3-甲基丁酸乙酯、3-甲硫基丙醛、5-甲基-2-苯基-2-己烯醛、2-苯基-2-丁烯醛、己酸乙酯、乙酸乙酯、苯甲酸乙酯、3-甲基丁醛、4-甲基-2-苯基-2-戊烯醛、愈创木酚、乙酸、乙醇和苯乙酮。

(4) 案例 4：豆豉发酵菌株选育技术

西南大学索化夷[10]以豆豉曲为原料，从中筛选到一株耐高温、产蛋白酶活性高且安全的总状毛霉 C（保藏编号为 CCTCCNO：M20221348)。该菌株在 25～30 ℃下生长速率快，且产蛋白酶活性非常高，在 30 ℃时产生的中性蛋白酶活性达到 68.051 U/mL，在 25 ℃时产生的碱性蛋白酶达到 57.367 U/mL。该发明提供的总状毛霉 C 作为发酵菌株在腐乳和豆豉等发酵食品中应用，能够产生活性高的蛋白酶，将蛋白酶分解成多肽或者氨基酸，然后由酵母和乳酸菌发酵，提供毛霉型豆豉的独特风味，并赋予其多种营养特性，尤其适合于豆豉、腐乳、豆瓣或者酱油的发酵。

(5) 案例 5：毛霉型豆豉快速后熟制备技术

四川大学周荣清等[11]发明了一种基于毛霉型豆豉特征风味的快速后熟发酵技术，具体包括如下步骤：洗豆、浸泡、蒸煮、接种制曲、拌料、接种耐盐微生物后发酵。该技术通过采用纯菌种制曲前发酵来提高豆豉曲的代谢酶活，在后发酵阶段同时加入耐盐微生物（鲁氏接合酵母 CGMCC 3791、假丝酵母 CGMCC 3790 和嗜盐四联球菌 CGMCC 3792)，通过保温强化发酵来缩短后发酵时间，同时改善豆豉的风味品质。

（6）案例 6：豆豉速熟制备技术

贵州省铜仁市永进食品有限公司刘先进和刘先礼[12]发明了一种豆豉速熟制备方法，通过使用由纳豆芽孢杆菌、枯草芽孢杆菌、保加利亚乳杆菌、酿酒酵母菌、肠膜明串珠菌构成的混合发酵菌剂对豆类原料进行发酵，并控制原料浸泡、蒸煮过程中的水分含量及蒸煮时间等条件，最后在 75～80 ℃的条件下进行后发酵，使豆豉发酵充分，激发豆豉香味，能够充分缩短后发酵时间，使豆豉的风味得到充分发挥，最终得到了一种外形、风味、口感俱佳且发酵时间较短的豆豉速熟制备方法，通过此方法制备豆豉的全过程仅需要 7～10 天。

（7）案例 7：保健豆豉快速发酵技术

河南省南街村（集团）有限公司李盘欣等[13]发明了一种快速高效发酵保健豆豉的生产工艺，具体包括以下步骤：①将大豆浸泡后混合麸皮，于 121 ℃灭菌 30 min；②熟料冷却至 40 ℃左右接种锥形瓶曲种，30 ℃培养至熟料表面形成白色，即得豆豉曲；③向豆豉曲中加入 10%盐水，使豆豉醅的含水量达到 80%～100%，于 50 ℃高温发酵 7 天后豆豉醅即已成熟；④将豆豉醅加入 90 ℃以上热水保温 2～4 h 后过滤得粗酱油，剩余固体为淋油豆豉；⑤将发酵好的纳豆芽孢杆菌液按 0.1%～1%比例加入淋油豆豉中获得基础豆豉；⑥在基础豆豉中加入米酒、辣椒、花椒等不同的香辛料即可获得花样豆豉。与传统工艺相比，本工艺杂菌污染少、发酵周期短、产品含盐量低，含纳豆激酶稳定；并且一次发酵，生产出酱油和豆豉不仅营养丰富，且花样繁多，适合大规模发酵生产。

（8）案例 8：无盐毛霉型豆豉快速制备技术

西南大学阚建全等[14]发明了一种无盐毛霉型豆豉快速后熟的方法，该方法具体包括以下步骤：①大豆浸泡。浸泡大豆使其含水量达到 42%～48%。②大豆蒸煮。在加压 0.10～0.12 MPa 下保持蒸煮 20～30 min 或常压下蒸煮 170～190 min。③冷却拌曲。将蒸煮后的大豆冷却至室温，按 5%～8%（质量分数）比例接种毛霉菌种曲，于 13～16 ℃下培养 120～144 h 或 16～20 ℃下培养 72～120 h，制成豆豉曲坯。④拌料、密封包装。将制曲好的豆豉曲坯，再按豆豉曲坯质量的 4%～8%添加白酒、1%～4%添加葡萄糖，拌料混合均匀，然后包装在密封容器内。⑤恒温后熟。将密封好的豆豉曲坯在 70～90 ℃条件下恒温 48～144 h，得到无盐毛霉型豆豉。该方法制备的豆豉无盐，方便后续按照需要再加工成不同的豆豉产品，克服了传统豆豉含盐量高只能做调味品的缺点。此外，该无盐豆豉的后熟期短（<7 天），与传统豆豉需要 8～10 个月的后熟期相比，更容易大规模生产，产品成本也有所降低。

（9）案例 9：速成豆豉二次增香发酵技术

西南大学周珮[15]运用产香酵母对速成豆豉进行二次发酵，创建并优化速成豆豉的二次增香发酵工艺。首先对产香菌种进行初筛（表 14-2），通过消费者偏爱排序检验法确定最佳菌种配方为鲁氏接合酵母+汉逊德巴利酵母（即嗜盐芳香酵母）[16]。进一步地，以感官定量描述分析和挥发性成分分析明确该菌种配方在永川豆豉增香中的可行性。研究发现，嗜盐芳香酵母二次发酵能显著增强速成永川豆豉的豉香、酸香强度，降低酱香、豆味和霉味强度。优化后的最佳发酵条件为发酵温度 35 ℃，接种量 10^5 CFU/kg，发酵时间 30 天（**思政点 4**）。

表 14-2 速成豆豉增香工艺筛选

编号	发酵方式	发酵温度
1	枯草芽孢杆菌	室温
2	植物乳杆菌、鲁氏接合酵母	室温
3	鲁氏接合酵母、汉逊德巴利酵母	室温
4	白酒、醪糟	室温
5	—	45 ℃日晒夜露

(10) 案例 10：不同制曲工艺对永川豆豉品质的影响

西南大学周旭等[17,18]分别采用传统自然制曲和米曲霉制曲，在速成工艺下进行后发酵，测定后发酵过程中两种速成永川豆豉的理化指标（见图 14-4，包括可滴定酸度、氨基酸态氮含量、还原糖含量和色泽变化），同时利用高通量测序技术分析后发酵过程中菌群组成的变化，探索两种制曲工艺对速成豆豉产品品质的影响。研究发现，自然制曲速成永川豆豉氨基酸态氮含量和色泽显著高于米曲霉制曲速成永川豆豉（$P<0.05$），但还原糖含量显著低于米曲霉制曲速成永川豆豉（$P<0.05$），2 种制曲速成永川豆豉可滴定酸

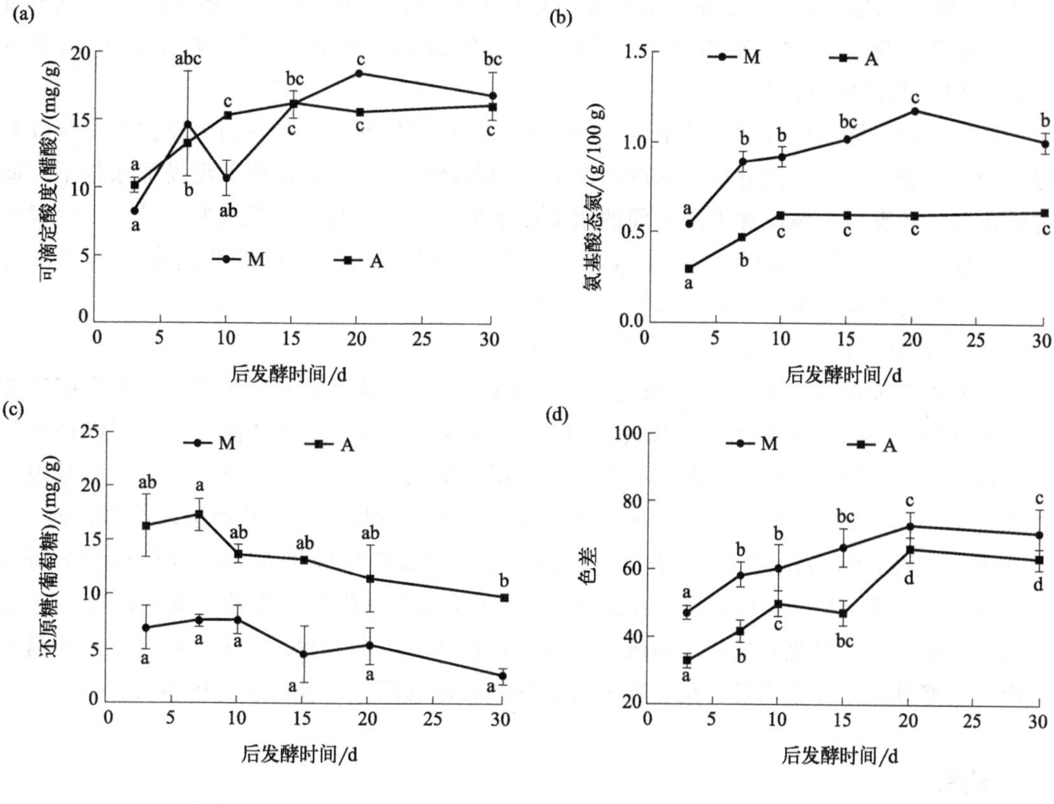

图 14-4 不同制曲工艺对速成永川豆豉理化指标的影响

M—自然制曲；A—米曲霉制曲

度含量无显著性差异（$P>0.05$）。微生物分析表明，自然制曲速成永川豆豉微生物丰富度及多样性显著高于米曲霉制曲速成永川豆豉（$P<0.05$）。自然制曲速成永川豆豉的优势菌属为毛霉菌属（*Mucor*）、芽孢杆菌属（*Bacillus*）、肠杆菌属（*Enterobacter*）、肠球菌属（*Enterococcus*）、假单胞菌属（*Pseudomonas*）、葡萄球菌属（*Staphylococcus*）、威克汉姆酵母属（*Wickerhamomyces*）和青霉属（*Penicillium*）等。米曲霉制曲速成永川豆豉的优势菌属为芽孢杆菌属、棒状杆菌属（*Corynebacterium*）、曲霉属（*Aspergillus*）和念珠菌属（*Candida*）等。此外，2 种制曲速成永川豆豉均有少量的德巴利酵母属（*Debaryomyces*）参与。由此说明，自然制曲工艺更有利于提高速成永川豆豉产品的风味品质。

（11）案例 11：永川豆豉二次增香发酵机理探究

西南大学曾涛等[19,20]通过研究嗜盐芳香酵母二次发酵速成永川豆豉在不同发酵温度条件下，其发酵过程中香气特征和挥发性成分（OAV ≥ 1）的动态变化规律，对永川豆豉增香机理进行初探。嗜盐芳香酵母二次发酵速成永川豆豉中的酸类、酯类、醇类、吡嗪类和烃类挥发性成分组成增加，其含量整体呈上升趋势。通过计算 OAV 值可知，嗜盐芳香酵母二次发酵速成永川豆豉有利于醛类和酯类挥发性的产生，同时还能提高其他挥发性成分（OAV ≥ 1）的含量。其中，嗜盐芳香酵母二次发酵提高了速成永川豆豉中异戊酸、苯甲醛、2-乙基-6-甲基吡嗪、2-乙基-3,6-二甲基吡嗪、3-甲基戊酸、异戊醛、苯乙醛、2-十一酮、愈创木酚、2-戊基呋喃的含量，并新增了 7 种 OAV≥1 的挥发性成分，包括 2-甲基丁醛、乙酸乙酯、2-甲基丁酸乙酯、异己酸乙酯、辛酸乙酯、2-异丙基-3-甲氧基吡嗪和二甲基三硫。因此，嗜盐芳香酵母二次发酵提高了速成永川豆豉中挥发性成分（OAV≥1）的组成和含量。

对比三种不同温度发酵条件下香气特征的变化规律发现，豉香在高温发酵和中温发酵过程中，豉香强化强度随着混菌浓度和发酵时间的增加而减少，但在低温发酵条件下，豉香强化强度随着混菌浓度和发酵时间的增加而增加。对比三种不同温度发酵条件下挥发性成分（OAV≥1）变化规律可知，高温和中温发酵条件下新增的挥发性成分（OAV≥1）均高于低温发酵条件下新增的挥发性成分（OAV≥1）。

（12）案例 12：转录组学揭示不同发酵工艺豆豉风味差异

昆明理工大学危勇华等[21-23]采用基于 RNA-seq 的转录组学方法获取了两种发酵工艺（植物乳杆菌 YM-4-3 纯种发酵和植物乳杆菌 YM-4-3＋枯草芽孢杆菌 SP-8-5 混菌发酵）下植物乳杆菌 YM-4-3 的差异表达基因谱，获得差异表达基因 2645 个，其中上调基因为 1162 个，下调基因为 1483 个。以阈值 $\log_2$ Ratio>1 进行显著性差异筛选，最终选出 688 个基因注释到 KEGG。通过差异表达基因的 GO 功能富集分析和 KEGG 代谢途径分析发现，植物乳杆菌 YM-4-3 在与枯草芽孢杆菌 SP-8-5 混合发酵时发生转录变化的基因主要参与氨基酸代谢、氧化磷酸化、跨膜转运和能量代谢等生命过程。其中，氨基酸代谢途径在混合发酵过程中存在明显富集，推测其氨基酸代谢通路与豆豉风味直接相关。

三、拓展

1. 开展著名豆豉产品的展示和品尝活动。
2. 从豆豉制作的后发酵工序角度，思考并制定低盐豆豉的配方和速成工艺，并在实验课中进行实践操作，操作后进行分组产品展示与讨论（综合实验中实操，**思政点 5、思政点 6**）。

3. 学习《健康中国行动（2019—2030 年）》中关于合理膳食行动中的相关条款，并在自己周围进行相关条款的宣传（课后任务，**思政点 7**）。

4. 以腐乳或酱油为例（或当地其他特色发酵食品），讨论传统食品现代化生产的途径（**思政点 8**）。

第 2 节　案例教学指导

一、教学目标

1. 培养学生检索资料、分析提出问题和解决问题的能力；增强学生团队合作和分工协作意识；提高学生灵活运用所学知识解决实际问题的能力。

2. 让学生了解且掌握豆豉生产工艺的相关知识，了解影响豆豉风味品质的主要因素，夯实专业基础；学生能就所学专业知识初步设计方案并用于生产实践，培养学生的实操能力；并让学生认识到食品生产实践中创新能力的重要性。

3. 增强学生对中国传统文化的认同感和民族自豪感，养成吃苦耐劳的精神，并自觉宣传《健康中国行动（2019—2030 年）》，引导周围的群众养成健康饮食习惯，践行必要的社会责任。

二、案例讨论前准备工作

1. 了解中国传统发酵制品的起源、历史、分类及一些著名的发酵食品。

2. 以永川豆豉为例，让学生熟悉豆豉的传统制作工艺；了解微生物发酵在豆豉加工生产中的作用。

3. 初步了解豆豉风味的生成机理与豆豉风味品质的影响因素。

4. 在充分查阅资料并小组讨论的基础上组内完成以下内容：

（1）当前豆豉的工业化生产遇到了哪些技术瓶颈？

（2）设计一个豆豉快速发酵制作的方案。

三、案例分析要点

1. 豆豉的起源、历史、分类及加工要点。

2. 微生物发酵在豆豉加工中的作用。

3. 豆豉挥发性成分研究现状。

4. 关于速成豆豉风味品质调控的研究进展及优化方案。

5. 延伸 1：著名豆豉产品展示与品尝。

6. 延伸 2：传统发酵制品如何实现现代化生产。

四、教学组织方式

1.问题清单及提问顺序、资料的发放顺序

（1）请介绍一下你家乡最有名的发酵食品。

（2）豆豉起源于哪个国家？是如何制作的？

（3）目前市面上有哪些知名豆豉品牌？如何分类？

（4）永川豆豉有何品质特点？其传统制作工艺和现代化制作工艺有何区别？

（5）在豆豉发酵过程中，微生物主要起到什么作用？

（6）豆豉风味是如何产生的？

（7）影响豆豉风味品质的因素有哪些？

（8）《健康中国行动（2019—2030 年）》中，涉及健康膳食的条款和内容包括哪些？

（9）以酱油为实例探讨传统食品现代化生产的可行路径。

资料发放及课程安排顺序为：课前布置预习任务（见案例讨论前准备工作的 1、2、3）；第 1 节课问卷调查和背景知识介绍后，抽几位同学谈谈想法和感受；然后布置任务，请学生设计一个提升速成豆豉风味品质的方案；第 2、3 节课首先学生进行小组讨论、讲解，然后发放案例解析中的其他资料（案例解析中“二、速成豆豉的品质调控及优化策略”）；教师梳理和点评后发放延伸问题的资料（案例解析中“三、拓展”）。

2.课时分配（3 学时，共 135 分钟）

（1）在线上学习平台上发放三个问卷调查。（5 分钟）

① 你是否经常食用发酵食品？A　经常　B 偶尔　C 几乎不

② 你是否吃过豆豉？A 吃过　B 没有

③ 你是否了解豆豉的制作工艺？A 了解　B 不了解

（2）背景知识介绍。（15 分钟）

（3）抽 2～3 位同学谈谈感悟，并顺势引导学生总结出影响豆豉风味的因素。（20 分钟）

（4）布置课后任务：分组查阅豆豉快速发酵制作的工艺措施，讨论并制定一个准备在实验中实施的解决方案。（5 分钟）

（5）学生完成布置的任务，并提交完成的任务给老师。（课后完成）

（6）小组汇报与讨论。（5 组，共 25 分钟）

（7）教师进行点评、课堂提问、讨论、讲解、梳理。（35 分钟）

（8）进行延伸问题的讨论，并展示相关产品，将展示的产品作为奖励发给表现优秀的同学。（30 分钟）

3.讨论方式

采取小组讨论、小组汇报相结合的方式。

教师布置任务后，首先学生课后查阅、学习相关资料、案例，完成布置的任务，并进行小组讨论；课堂上抽取五个小组，每小组汇报本小组的主要观点，其他组学生提问并讨论。

小组讨论和小组汇报结束后，由教师采取提问、讨论、讲解与实物展示相结合的方式进行梳理与总结。

五、课程思政设计

案例教学过程中，共设计了 8 个课程思政点，具体如表 14-3 所示。

表 14-3 案例教学中课程思政设计

序号	教学环节	知识点	教学内容	思政点
1	课前	课前预习	了解中国传统发酵豆制品及其历史	弘扬中华传统饮食文化，增强民族自豪感和认同感
2	课中	永川豆豉的传统发酵技术与速成发酵技术	基于永川豆豉传统发酵技术面临的问题，提出速成发酵技术以实现其工业化生产	理论与实践相结合，学会运用专业知识解决实际生产问题
3	课中	微生物发酵在豆豉加工中的作用	微生物虽然会使食物腐败变质，但在适当的环境中，也能发酵食物，形成发酵食品独特的风味	凡事都有两面性，学会合理运用，即取其精华去其糟粕
4	课中	速成豆豉的品质调控及优化研究现状	结合国内外研究前沿，介绍速成豆豉的品质调控及优化研究现状	鼓励学生积极探索与创新
5	课中	分组制定优化方案并实践	同学们分组制定优化方案，并在实验课中进行实践	认识到实践的重要性，实践是认识的基础，对认识有决定作用
6	课中	分组制定优化方案并实践	同学们分组制定优化方案，并在实验课中进行实践	认识到合作的重要性，团队大于个人，团队的力量远大于个人的力量
7	课后	课后复习与任务	结合《健康中国行动（2019—2030 年）》相关条款，利用空余时间，对周围人进行科普	引导消费大众养成绿色健康的饮食习惯，合理膳食行动
8	课后	课后复习与任务	思考和讨论其他传统发酵制品的现代化途径，完成相关作业题	引导学生灵活思考，学会举一反三

六、其他

1. 每次案例教学实施完成后进行教学反思，并找学生代表进行座谈，案例教学内容和教学方式做到持续改进和更新。

2. 建议利用多媒体教学、线上学习平台等科技手段，丰富教学资源，让学生更直观了解到豆豉的工业化生产技术，从而提高教学效果。

3. 将教学内容与学生熟悉的实际情景相结合，帮助学生更好地了解和应用所学知识。

附：提问参考答案

（1）请介绍一下你家乡最有名的发酵食品。

答：略。

（2）豆豉起源于哪个国家？是如何制作的？

答： 豆豉起源于中国，古称“幽菽”，约创制于东汉年间。豆豉是以黄豆或黑豆为原料，经浸泡蒸煮、培菌制曲、拌料发酵而成。

(3) 目前市面上有哪些知名豆豉品牌？如何分类？

答： 豆豉可分为五大类，具体包括：毛霉型豆豉、曲霉型豆豉、根霉型豆豉、脉孢菌型豆豉和细菌型豆豉。永川豆豉、潼川豆豉是市售毛霉型豆豉的代表；浏阳豆豉、阳江豆豉是市售曲霉型豆豉的代表；八宝豆豉、日本纳豆是市售细菌型豆豉的代表。

(4) 永川豆豉有何品质特点？其传统制作工艺和现代化制作工艺有何区别？

答： 永川豆豉具有疏松散籽、油亮发黑、味美化渣和清香回甜四大特点。传统制作工艺和现代化制作工艺最本质的区别在于选用的发酵菌种不同，以至于制备周期不同。传统技术以总状毛霉自然制曲，低温缓慢发酵，制备时间长达 9～12 个月。相比之下，速成发酵技术采用人工接种米曲霉，高温发酵，生产周期仅需 30 天。

(5) 在豆豉发酵过程中，微生物主要起到什么作用？

答： 豆豉发酵过程中，微生物主要在两方面发挥作用。首先，在制曲和后发酵过程中微生物生长活跃，将原料中的蛋白质、淀粉等营养物质分解，从而形成豆豉独特的风味。其次，在发酵过程中，微生物分泌出各种高活性蛋白酶，形成酶系促进原料中大豆异黄酮、大豆多肽、类黑精、γ-氨基丁酸等功能活性物质的释放。

(6) 豆豉风味是如何产生的？

答： 豆豉发酵风味可通过微生物发酵代谢、蛋白质降解、脂肪氧化分解和美拉德反应四个途径产生，经过这四个过程，原辅料中蛋白质、脂肪和糖类等营养成分被转化为多种风味化合物，从而形成了豆豉独特的风味。

(7) 影响豆豉风味品质的因素有哪些？

答： 原辅料品质、发酵微生物和发酵工艺等。

(8)《健康中国行动（2019—2030 年）》中，涉及健康膳食的条款和内容包括哪些？

答： 略。

(9) 以酱油为实例探讨传统食品现代化生产的可行路径。

答： 略。

参考文献

[1] 刘晔．食品发酵理论与技术研究[M]．北京：中国水利水电出版社，2018.

[2] 司马迁．史记[M]．北京：中华书局，1982.

[3] 刘熙．释名・释饮食[M]．北京：中华书局，1985.

[4] 贾思勰．齐民要术・作豉[M]．北京：中国农业出版社，1982.

[5] 郑伟．论四川饮食中的豆豉文化[J]．中国调味品，2021，46(11)：187-190.

[6] 杜木英．毛霉型豆豉生物速成发酵技术的研究[D]．重庆：西南农业大学，2001.

[7] 周柬，王洪伟，张玉，等．基于感官评价和 GC-MS 分析嗜盐芳香酵母对速成永川豆豉香气的影响[J]．食品与发酵工业，2022，48(9)：59-64.

[8] 李薇．传统发酵永川豆豉和速成豆豉增香发酵关键香气物质基础比较研究[D]．重庆：西南大学，2022.

[9] Liu Y，Li W，Tan Q，et al. Characterization and comparison of key aroma compounds in traditional and rapid Yongchuan douchi by molecular sensory science[J]. LWT-Food Science and Technology，2024，191：115607.

[10] 索化夷．一株耐高温、产蛋白酶活性高且安全的总状毛霉及其应用：CN202211717545.5[P]．2024-06-25.

[11] 周荣清，何桂强，张立强，等．一种基于毛霉型豆豉特征风味的快速后熟发酵方法：CN201510813755.8[P]．2019-03-01.

[12] 刘先进，刘先礼．一种豆豉速熟制备方法：

CN201810421731. 1[P]. 2018-11-06.

[13] 李盘欣，马向东，黄亚男，等．快速高效发酵保健豆豉的生产工艺：CN201210301205. 4[P]. 2014-03-12.

[14] 阚建全，何锦，夏雪娟，等．无盐毛霉型豆豉快速后熟的方法：CN201410171299. 7[P]. 2016-08-24.

[15] 周柬．强化嗜盐芳香酵母增加永川豆豉豉香风味[D]. 重庆：西南大学，2021.

[16] 索化夷．鲁氏接合酵母 ZR21 和汉逊德巴利酵母 DH06 及利用其制作速成豆豉的方法：CN202111003988. 3[P]. 2023-06-30.

[17] 周旭，曾涛，王洪伟，等．不同制曲工艺对速成永川豆豉后发酵过程和产品品质的影响[J]. 微生物学报，2023，63(06)：2385-2400.

[18] Zhang Y，Zeng T，Wang H，et al. Correlation between the quality and microbial community of natural-type and artificial-type Yongchuan Douchi[J]. LWT-Food Science and Technology，2021，140：110788.

[19] 曾涛，罗沈斌，索化夷．永川毛霉型豆豉在发酵过程中菌群动态变化规律[J]. 中国调味品，2019，44(3)：42-45.

[20] 李薇，罗沈斌，邱泽瑞，等．永川毛霉型豆豉传统发酵过程中微生物群落结构及动态演替规律[J]. 食品与发酵工业，2020，46(23)：60-67.

[21] 刘毕琴．植物乳杆菌和枯草芽孢杆菌混合发酵改善豆豉风味分子机制的初步研究[D]. 昆明：昆明理工大学，2016.

[22] 危勇华，赵志敏．一株枯草芽孢杆菌 SP-8-5 及其应用：CN202410152248. 3[P]. 2024-07-12.

[23] 危勇华，孙世意，赵志敏．一株植物乳杆菌 YM-4-3 及其应用：CN202410152270. 8[P]. 2024-04-19.

案例15

豆乳生产中去除豆腥味的方案

案例摘要

本案例介绍了豆乳生产中去除豆腥味的方案。通过介绍豆乳的背景知识、加工工艺、豆腥味物质、豆腥味形成途径和豆腥味去除方法及应用案例，引导学生了解豆腥味对豆乳的品质和相关产业发展带来的潜在危害，并掌握豆腥味的形成途径和脱腥方案及原理，培养学生查阅资料、主动思考与解决问题的能力，进而希望学生能够培养食品高质量加工意识、创新意识，并能灵活运用所学专业知识解决生产中存在的问题，以后更好地服务于食品行业。

第1节　案例解析

一、案例背景

1.豆乳及其加工工艺

几千年来大豆一直是亚洲的基本食材，而西方国家大约在一百年前才引入并种植大豆，目前主要用于制作替代食品。如今大豆是世界上最重要的经济作物之一。大豆食品中的优质植物蛋白质含量高，其氨基酸组成和比例可以与乳蛋白相媲美，营养价值高，在肉类类似物和牛奶替代品的生产中用途广泛。豆乳，也称为豆奶，是一种重要且较为广泛的大豆产品，起源于中国西汉时期，距今已有两千年历史（**思政点1**）。它是以大豆或低变性大豆粉为原料，经加工制成的乳状饮品，加工过程主要包括浸泡、研磨、过滤和加热等（图15-1）。豆乳中不仅含有优质的蛋白质、脂肪、钾、钙和镁等营养成分，还含有多酚、异黄酮、皂苷、植物甾醇等生理活性物质，满足消费者对健康的需求[1]。随着近年来绿色健康的素食生活方式的普及，豆乳产品在国民膳食消费中的占比不断提升（**思政点 2**）。调查发现，我国目前已成为全球最大的豆乳消费市场，豆乳的年消费量占传统豆制品年消费总量的 10%～20%，近五年的销售规模复合增长率超 10%，体量已达 100.22 亿元规模。

虽然豆乳消费量显著增加，但它的豆腥味仍然是很多国内或国外消费者难以接受的，导致其在全球范围内的销售受限。豆腥味严重降低了豆乳的食用品质，限制了相关产品开发[2]，因此消除或减轻豆腥味是提高我国豆乳行业消费量、促进相关产业发展亟待解决的重要问题[3]（**思政点 3**）。

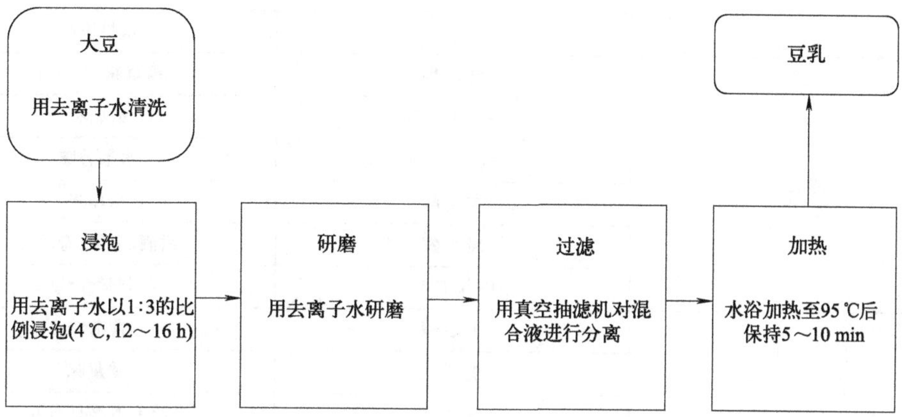

图 15-1　豆乳的加工工艺流程

2.豆乳中豆腥味相关挥发性成分

豆乳作为一种深受消费者喜爱的植物高蛋白饮料，豆腥味是其在加工过程中普遍让人无法接受的一种气味。早在 1970 年就有研究者发现豆乳中的风味来源主要是醛类（己醛、庚醛、4-庚二烯醛）、醇类（己-1-醇、1-戊烯-3-醇、戊-1-醇、1-辛烯-3-醇）、酮类（乙基乙烯基酮、庚酮）及呋喃类物质（1-戊基呋喃）等组分[4]。随后，研究者采用动态顶空稀释法-嗅闻-质谱分析（DHDA-GC-O-MS）方法，测定出 8 种对豆腥味有显著影响的挥发性物质：醛类物质［己醛、苯甲醛、（*E*,*E*）-2,4-癸二烯醛］、醇类物质［己-1-醇、1-辛烯-3-醇、（*E*）-己烯醛醇、戊-1-醇］、酸类物质（乙酸）[5]。顶空固相萃取-气相色谱-质谱联用技术（HS-SPME-GC-MS）是目前捕获和检测豆乳中豆腥味成分最为适宜的方法，该方法操作简洁、应用范围广泛且检测出来的物质较为全面[6]。由于豆乳中所用的大豆种类及制作工艺的不同，豆乳中的豆腥味成分的分析结果也有所差异。表 15-1 对目前捕获的豆乳中主要豆腥味化合物及其气味特征进行了总结。由于醛比酸的味觉阈值小 10 倍，食品中只要有微量（500 μg/kg）的己醛残留，就会产生令人非常不愉快的气味。因此，在整个豆腥味风味物质体系中，醛类物质是相比于酸类物质更能对豆腥味产生贡献的物质。

表 15-1 豆乳中主要豆腥味化合物及其气味特征[7]

化合物分类	挥发性化合物	主要气味特征
醛类	己醛	青草味、叶子味
	丁醛	精油气味
	戊醛	刺激性气味
	正己醛	青草味、苹果香味
	(*E*)-2-己烯醛	腐臭味、割草味
	(*E*)-2-壬烯醛	淡黄瓜味
	(*E*,*E*)-2,4-癸二烯醛	草药味
	(*E*,*E*)-2,4-壬二烯醛	青草味
	正辛醛	水果香味
醇类	己-1-醇	绿草味、割草味
	1-辛烯-3-醇	蘑菇味
	1-戊烯-3-醇	水果香味
	戊-1-醇	绿草味
	庚-1-醇	甜酒、坚果、青草味
	3-甲基丁-1-醇	不刺激性气味
酮类	丁-2-酮	薄荷味
	庚-2-酮	香蕉味
	庚-3-酮	略有刺激性气味
	1-辛烯-3-酮	煮熟菇类
	丙-2-酮	辛辣甜味
	3-甲基丁-1-酮	薄荷味
	环己酮	辛辣甜味
呋喃类	2-戊基呋喃	青草味、叶子味
	2-乙基呋喃	青草味
酯类	乙酸乙酯	有甜味，浓度较高时有
	苯甲酸苯甲酯	葡萄样气味
	辛酸乙酯	菠萝香味
酸类	正己酸	干奶酪样气味
	正辛酸	微弱酸气味
	异戊酸	发酸干酪气味

3.豆乳中豆腥味产生原因和形成途径

食品风味是影响消费者对食品接受度的重要因素之一，豆乳中豆腥味的存在制约了大豆饮品的产业发展。虽然大豆籽粒没有豆腥味，但在做成豆乳后却出现豆腥味，这说明豆腥味的产生与豆乳生产过程密切相关[8]。国内外学者对豆腥味形成途径的研究为脱腥技术提供了理论支持（**思政点 4**）。研究发现，大豆中天然存在的脂氧合酶（lipoxygenase，LOX）可能是豆乳产生豆腥味的重要原因，在加工过程中脂氧合酶被激活后氧化亚油酸、亚麻酸等多不饱和脂肪酸生成小分子醇、醛、酮、酸和胺等挥发性风味化合物，最终形成豆腥味[9]。总结已有研究，目前形成豆腥味物质的途径有 3 种：①LOX 诱导的酶促氧化反应；②非酶促氧化反应；③未知酶催化的酶促反应。

（1）脂氧合酶（LOX）诱导的酶促氧化反应

LOX 诱导的酶促氧化反应是豆乳豆腥味化合物形成的主要途径，该反应与豆乳生产中浸泡、研磨等步骤密切相关。大豆的脂质含量中有一半以上是亚油酸和亚麻酸，在打浆过程形成的豆腥味与这两种不饱和脂肪酸密切相关[10]。室温下浸泡的大豆经研磨后，细胞破裂使存在于大豆表皮子叶处且与脂质呈隔离状态的脂氧合酶被释放，两者接触后在空气中的氧等作用下迅速发生氧化反应产生豆腥味物质[11]。图 15-2 为大豆中天然存在的亚油酸、亚麻酸经酶促反应生成挥发性豆腥味物质的示意图。在该过程中，脂氧合酶将亚油酸和亚麻酸中的双顺式 1,4-顺戊二烯结构催化氧化形成具有共轭双键的 13-亚油酸（亚麻酸）氢过氧化物和 9-亚油酸（亚麻酸）氢过氧化物，随后 9-亚油酸（亚麻酸）氢过氧化物在氢过氧化物裂解酶（HPL）的作用下会形成 C_9 酸类物质（壬酸类）和 C_9 醛类物质，13-亚油酸（亚麻酸）氢过氧化物则转化为己醛、己烯醛等典型的 C_6 和 C_{12} 醛类豆腥味挥发性化合物，这些物质的存在共同构成了豆乳豆腥味体系。

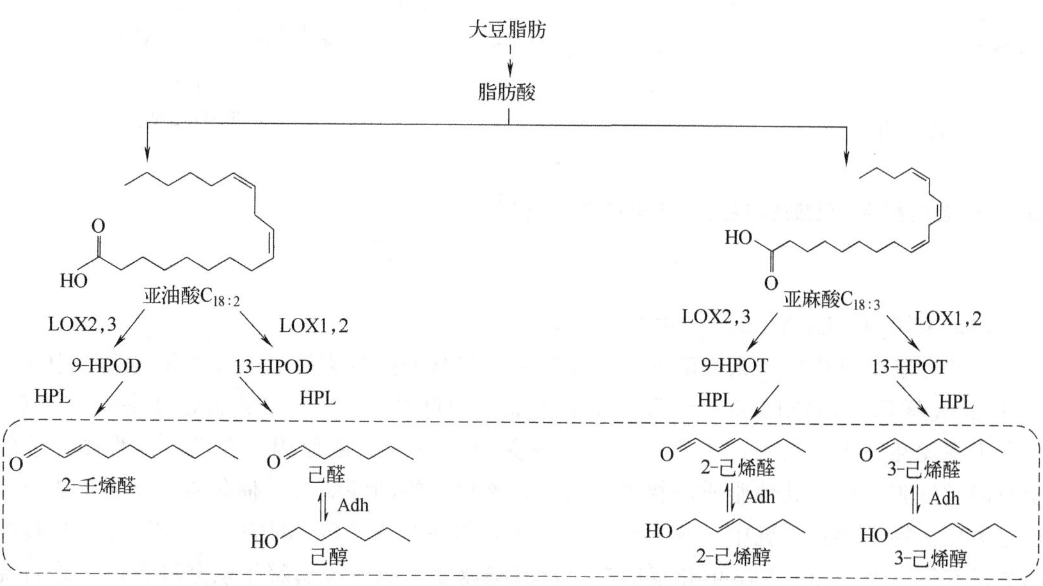

图 15-2 亚油酸、亚麻酸经酶促反应生成挥发性豆腥味物质示意图[7]

LOX—脂氧合酶；HPOD—亚油酸氢过氧化物；HPOT—亚麻酸氢过氧化物；HPL—氢过氧化物裂解酶；Adh—乙醇脱氧酶

（2）非酶促氧化反应

除了经典的 LOX 酶促反应途径，豆乳制备过程中非酶促氧化也是产生豆腥味的重要途径之一[11]。非酶促氧化主要是大豆中的不饱和脂肪酸如亚油酸、亚麻酸、花生四烯酸等，因结构中不饱和双键的存在，易受活性氧攻击，在各种活性自由基的作用下失去一个氢原子，然后再通过夺取另一分子脂肪酸上的氢原子形成氢过氧化物的过程。整个过程是一个自由基链式反应过程，该过程可产生 2-戊基呋喃和 1-辛烯-3-醇等对豆乳豆腥味有贡献的化合物，如图 15-3 所示。

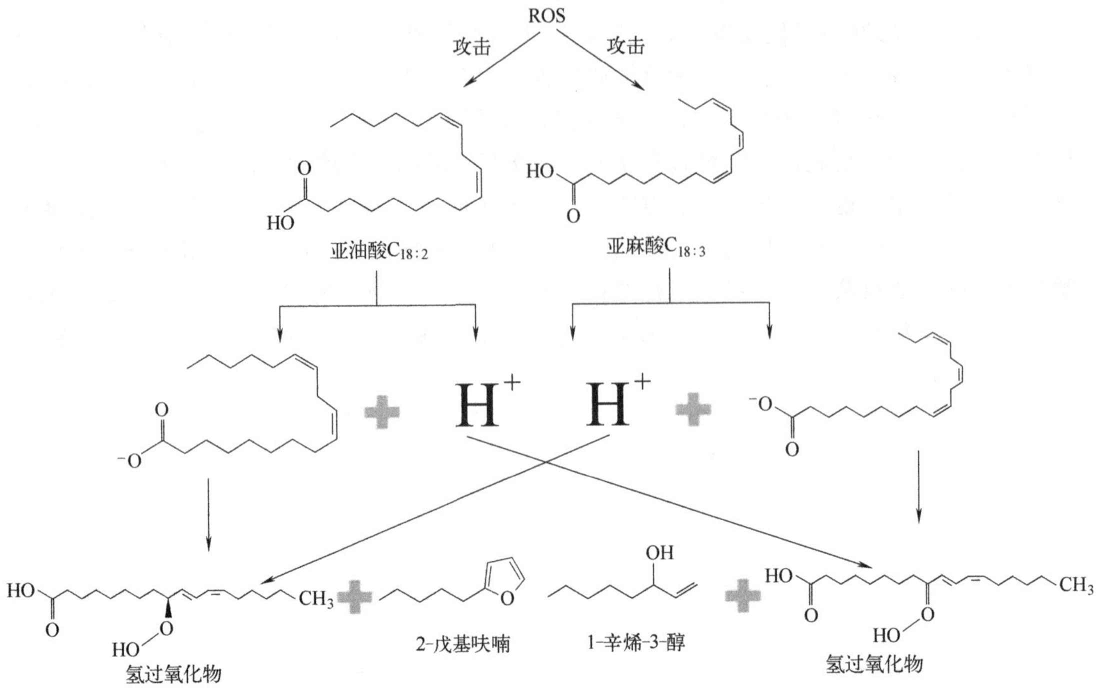

图 15-3　自由基链式反应生成豆腥味相关物质的过程[7]

(3) 未知酶 (LOXlike) 催化的酶促反应

豆乳在制备过程中，未知酶的催化反应也会使其产生豆腥味。研究者发现大豆中含有一种 LOX 样酶 (LOXlike)，该酶导致了大豆中异味的产生[12]。经热处理去除该酶后，豆乳中挥发性豆腥味消失，表明了 LOXlike 是引起豆腥味的原因。在反应过程中，该物质对磷脂酰胆碱比对其他脂质底物更有活性，该物质能消耗氧气，催化脂类物质生成豆腥味相关化合物，导致豆乳中异味的产生。该物质似乎具有 LOX 酶的特征，但关于其具体细节还有待研究。LOXlike 催化反应产生豆腥味物质，进一步解释了从某种程度上培育无脂氧合酶大豆品种对减弱豆乳豆腥味效果不显著的现象。

二、豆乳中豆腥味物质去除方法

目前已有大量研究者对消除豆乳豆腥味的方法进行了探究，不同的脱除方法对豆腥味的脱除效果不同，对目前已有的脱腥方法进行归纳总结可分为物理法、化学法、生物法、添加外源物质掩盖法。

1.物理法

物理法操作简单，但需反复试验优化工艺（**思政点 5**）。通过一些物理手段对大豆进行加热，从而使大豆中的LOX失去活性，难以与空气中的水分与氧气结合，以此来抑制大豆食品中豆腥味的产生。表15-2中总结了常用的物理法，如湿热法、半湿热法、干热法、远红外线加热法等。物理法虽然操作简单、无副产物产生，但热处理会对大豆蛋白的溶解性和稳定性产生影响。

表15-2 豆乳生产中脱除豆腥味的物理法及原理

工艺	具体方法	原理
湿热法	将清洗后的大豆经螺旋输送机送入含1%$NaHCO_3$溶液的浸泡槽中，在95 ℃蒸汽下间接加热3 min	通过浸泡，可以去除30%的低聚糖，并能抑制脂氧合酶的活力，促进胰酶抑制剂的钝化
半湿热法	将大豆经干燥加热、去皮后先放入灭酶机，经蒸汽加热45 s左右完成灭酶，后加入80 ℃以上的温水或$NaHCO_3$稀溶液以提高研磨效果	钝化脂氧合酶，并使大豆中的有害因子胰蛋白酶抑制剂、血细胞凝集素的活性也受到一定程度的钝化
干热法	利用高温热空气处理大豆，温度一般为130～200 ℃，时间为10～30 s	钝化脂氧合酶的活性，能使氢过氧化亚油酸与亚麻酸二聚化，从而产生戊烷、二烯酸等物质
远红外线加热法	利用0.71～3.3 μm的远红外波长辐射能量加热完整大豆，实现快速升温	钝化脂氧合酶、胰蛋白酶抑制剂和血细胞凝集素
微波法	将大豆籽粒经2450 Hz钝化处理4 min	钝化脂氧合酶
超临界CO_2萃取法	在27.5 MPa和45 ℃条件作用下对豆乳进行超临界CO_2萃取	利用超临界CO_2技术降低豆腥味物质的溶解性，脱除大豆分离蛋白的异味
真空蒸馏法	在密闭减压条件下对豆乳进行蒸馏	通过减压蒸馏除去挥发性成分
高压法	200 MPa、55 ℃条件下，用30%的蔗糖水溶液中对豆乳进行处理	抑制脂氧合酶的活力，该酶可以证明在一定压力下可以引起酶的稳定和活化
超高压均质法	将豆乳进行不同压力的超高压均质处理后，采用顶空固相微萃取-气质联用技术，测定豆乳的风味物质成分组成和主要风味物质成分比例	提高均质压力可以降低己醛含量，同时，压力越大，其他非豆腥味成分也会下降

2.化学法

化学法是通过加入化学物质来抑制LOX活性或去除已生成的LOX进而达到脱腥目的的方法，常用的化学法有有机溶剂萃取法、调节pH法、还原剂法等。有机溶剂萃取法是利用极性有机溶剂对大豆中风味物质进行提取，这是因为有机溶剂不仅可以提取结合类脂，也可以去除能产生豆腥味的小分子物质，从而达到去除豆腥味的效果。调节pH法是根据pH对LOX活性的影响，调整大豆LOX的酸碱度，以此降低豆乳的豆腥味。还原剂法是指在对大豆进行处理时，加入还原剂，以此达到去除豆腥味的效果。常用的还原剂有丁基羟基茴香醚（BHA）、2,6-二叔丁基对甲酚（BHT）等。化学法具有可以完全去除豆腥味的优点，但同时也有化学物质残留的缺点（如表15-3所示）。

表 15-3　豆乳生产中脱除豆腥味的化学法及原理

工艺	具体方法	原理
有机溶剂萃取法	利用极性有机溶剂对大豆中的风味物质进行提取	有机溶剂可以抑制脂肪的氧化和分解，还可以钝化脂氧合酶，起到双重效果
调节 pH 处理法	通过添加酸或碱调节豆乳 pH 可以改变其酸碱度，从而降低或消除豆腥味	可以调节 pH 使豆乳中的脂氧合酶偏离最适 pH，从而抑制脂氧合酶的形成
还原剂法	添加对脂氧合酶有抑制作用的还原剂到豆乳中	还原剂能彻底抑制脂氧合酶的活力，达到去除大豆腥味的目的

3.生物法

除上述工艺外，还能够运用生物法来去除豆乳中的豆腥味。物理法、化学法的去腥效果相比于生物法都有缺点，而生物法的优点在于不仅可以完全去除豆腥味而且无任何副产物产生，故生物技术工艺目前受到广泛关注[13]。目前最具发展前景的新兴去腥工艺即酶解法脱腥，酶解法主要是利用特殊的蛋白质分解酶对大豆中的豆腥味进行消除，并能够分解成具有豆香味的氨基酸，使大豆的腥味得到明显的消除，从而使其香气得到根本的提高。相对于其他脱腥方法来说，酶解法更加安全、经济，同时更具有市场前景，体现了技术创新对产业的推动作用（**思政点 6**）。而利用微生物发酵来减少豆制品的腥味也受到越来越多的关注（如表 15-4 所示）。

表 15-4　豆乳生产中脱除豆腥味的生物法及原理

工艺	具体方法	原理
酶脱腥法	添加特殊的蛋白质分解酶到豆乳中，使大豆的腥味得到明显的消除	直接作用于豆腥味关键物质的官能团，使其转化成其他无豆腥味的化合物。该法具有高度特异性，不会损害其他营养物质，而且操作简便，不会对豆类食品造成任何的污染
微生物发酵法	在豆乳中加入微生物，经过固态发酵去除豆腥味	经固态发酵，可除去豆腥味，使脂氧合酶钝化

4.添加外源物质掩盖法

掩盖法的去腥机理是借助呈味物质的强烈气味掩盖部分豆腥味。遮掩法可以借用外源物质的甜味或者酸味起到一定缓解豆腥味的作用，而不是去除豆腥味。从生产和产品的角度考虑，加糖量或者加酸量有一定限度，所以这种遮掩的效果极为有限；而香精、香料均有挥发性，对豆腥味的减弱效果会受到一定条件的影响。β-环糊精可以通过自身特殊的伸缩结构对豆腥味物质起到一个吸附并包埋的作用，但是包裹后的物质的稳定性还有待研究。从某种意义上来说，添加外源物质掩盖法的遮掩效果是局部的、暂时的（如表 15-5 所示）。

表 15-5　豆乳生产中添加外源物质掩盖豆腥味的方法及原理

工艺	具体方法	原理
遮掩法	添加香精、香料、香兰素等物质到豆乳中掩盖其豆腥味的方法	由于呈味物质气味强烈从而掩盖部分豆腥味，通常采用香精、香料、香兰素等物质去掩盖豆腥味并非去除，它的缺点在于对良好的呈味物质也造成一定影响
β-环糊精法	在豆乳中添加 β-环糊精，通过吸附包埋豆腥味物质达到一定的去腥效果	其伸缩结构能捕捉豆腥味物质壬-2-酮形成环糊精-客体分子复合结构，从而达到吸附包埋的效果

三、豆乳生产中去除豆腥味相关案例

1.案例 1：烫漂去腥技术

彭星云等[14]发明的热烫法（湿热法）制浆得到的豆乳豆腥味明显降低，同时保留了传统豆香（**思政点 7**）。热烫法制浆是先称取大豆 100 g，再用蒸馏水清洗干净，以大豆干重∶蒸馏水为 1∶3 的比例在 4 ℃冰箱中浸泡 12 h 使大豆充分吸水溶胀。然后将浸泡过的大豆沥干表面水分，倒入 300 mL $NaHCO_3$ 溶液（0.04 mol/L，80 ℃），并在 80 ℃下持续 3 min 以使脂氧合酶失活。随后再将大豆溶液倒入装有 400 mL $NaHCO_3$ 溶液（0.04 mol/L，80 ℃）的研磨机中研磨 3 min。再经过真空抽滤、水浴搅拌加热（95 ℃后保持 5 min）后得到熟豆乳。通过热烫法得到的豆乳豆腥味降低，豆香味浓郁。

2.案例 2：干热去腥技术

刘克顺等[15]在大豆脱皮前利用高温热空气对其进行瞬时干热处理（温度为 130～200 ℃，处理时间为 10～30 s），起到了良好的灭酶效果。由于大豆中的 LOX 多存在于靠近大豆表皮的子叶处，尽管豆子在水中浸泡，但豆衣一经破碎，LOX 仍会在无氧条件下催化氢过氧化亚油酸和亚麻酸发生二聚化反应，生成戊烷和氧化二烯酸等对豆腥味有贡献的产物。使用干热法对大豆进行处理降低豆乳中 LOX 的酶活性，可有效减少豆腥味物质的生成。

3.案例 3：微波去腥技术

冯霖等[16]通过微波法（2450 Hz）处理大豆籽粒 4 min，可以使大豆中的 LOX 完全钝化。微波处理后的豆乳具有较好的蛋白质消化能力，且在肠道中的代谢和水解蛋白活性均有所提高。由于微波加热不与水分接触，仅短暂受热，所以其生产的豆乳的豆腥味物质含量较低。与普通加热法相比，微波法是将能量直接施加到物料上，物料本身就会吸收电磁能，无需传输媒介，更加节约能源且豆腥味物质含量较低。微波加热因具有受热均匀、速度快，且能有效降低豆腥味等优势，成为工厂及家庭最常采用的豆乳加热方式，美国已有利用微波来生产豆乳的专利。

4.案例 4：远红外线去腥技术

李玉振、王凤翼等[17]发明的远红外线加热法是利用 2.7～3.3 μm 的远红外波长辐射能量加热完整大豆，由于水分对远红外线有强烈的吸收作用，因此热量可快速传至内部。远红外线加热比普通电加热温度高，物料受热时间短，因而蛋白质变性程度小。通过远红外线加热大豆，不仅能钝化脂氧合酶，还能保持蛋白质的氮溶解指数。

5.案例 5：调节 pH 去腥技术

在豆乳的加工过程中，调节 pH 处理法是一种常见的去除豆腥味的方法，已经在豆制品加工行业得到广泛的应用。豆腥味是由豆类中的特定成分引起的，而调节 pH 可以改变食品的酸碱度，从而降低或消除豆腥味。目前常见的方法是用氨水等碱溶液进行处理。Iassonova 等[12]将豆乳的 pH 调为 7.0～9.0，以降低豆乳中风味物质的含量。通过调节豆乳溶液 pH，使其偏离生成 LOX 的最适 pH，抑制 LOX 的形成。虽然在操作过程中可能造成一定的碱液残留，但该方法可以从根源上解决脂氧合酶的形成问题。王凤翼等[18]在研究中发现，用调节 pH 处理法处理豆乳，若豆乳中含有 5%～20% 的蛋白质，那么当 NaOH 和大豆蛋白的质量分数比在（1∶8）～（1∶20）之间，处理时间为 15 min 时，豆乳的去腥效果最佳。

6.案例 6：发酵去腥技术

李德芳、乔明珩[19]发明了微生物发酵法，其不仅能脱腥，还能赋予豆乳独特风味（**思政点 8**）。在豆乳中以少孢根霉 NR-710 为原料，加入生长促进剂 Rn，在 35～38 ℃下，经 9.6～10 h 的固态发酵，可将豆腥味关键物质的官能团氧化，转变为无豆腥味的物质从而除去豆腥味，制成具有独特风味的大豆丹贝食品。也可在豆乳中加入适量的米曲溶液，米曲的发酵能使豆腥味关键物质的官能团氧化转换成其他风味不明显的物质，从而去除豆腥味。该方法的优点在于与豆腥味关键物质的官能团反应不但可以去除豆腥味，还可以增加别的香味到豆乳里，生成大豆特色食品。

7.案例 7：酶解去腥技术

钱海峰、周惠明[20]发明了酶解脱腥法。酶解法主要是利用特殊的蛋白质分解酶，使大豆的腥味得到明显消除，从而使其香气得到根本的提高。利用醇脱氢酶和醛脱氢酶等具有高特异性的蛋白酶，可以对己醇、戊醇、庚醇等醇类风味物质和乙二醛、正己醛等醛类风味物质的官能团进行选择性反应，使其具有豆腥味的低分子物质转化为相应的酸，从而获得几乎不含豆腥味的大豆蛋白。此外，这种酶对醇、醛等底物具有高度的特异性，不会损害其他营养物质。而且操作简便，不会对豆类食品造成任何污染，具有很好的推广价值。

第 2 节　案例教学指导

一、教学目标

1. 培养学生查阅资料、文献，并能在阅读过程中进行总结、分析、凝练和提出问题的能力；培养学生分工协作和通过倾听、讨论、提问、讲解等过程学习知识、运用知识的能力。

2. 使学生更好地了解豆乳生产中去除豆腥味的相关方法和理论知识，并能将所学知识进行灵活运用、综合运用；能就相关生产实际问题进行解决方案设计，并初步将设计的方案用于生产实践，培养学生工程实践能力；并让学生认识到食品生产实践中创新能力的重要性。

3. 增强学生对中国传统文化的认同感和民族自豪感，养成吃苦耐劳的精神，并自觉宣传《健康中国行动（2019—2030 年）》，引导周围人形成健康的“大食物观”，践行必要的社会责任。

二、案例讨论前准备工作

1. 熟悉豆乳的传统小作坊生产工艺和现代工厂大规模加工工艺及其不同。

2. 了解市面上销售的豆乳产品类型及其风味。

3. 认识豆乳中存在的豆腥味成分和非豆腥味化学成分。

4. 掌握豆乳豆腥味的产生原因和形成途径。

5. 掌握豆乳加工中豆腥味的去除或减弱的方法。

6. 阅读几个关于豆乳生产中去除豆腥味的案例后，在充分查阅资料并小组讨论的基础上组内完成以下内容：

（1）目前去除豆腥味的方法主要有哪些？脱味原理是什么？

（2）设计一个在工厂生产豆乳中降低豆腥味的合适方案（考虑投入成本和经济效益）。

三、案例分析要点

1. 豆乳的市场、销量、产品类型、滋味风味及加工要点。

2. SB/T 10633—2011 中有关豆乳的感官要求、安全指标等。

3. 豆乳豆腥味的组成成分和豆腥味形成途径及原因。

4. 豆乳豆腥味形成与其加工工艺的关系，豆腥味脱除方法及其原理。

5. 去除豆腥味相关案例。

6. 关于目前去除豆腥味方法的国内外研究进展及方案。

四、教学组织方式

1.问题清单及提问顺序、资料的发放顺序

（1）豆乳的概念、分类和加工工艺是什么？

（2）豆乳中豆腥味的主要成分是什么？

（3）豆乳中豆腥味形成原因和途径是什么？

（4）豆腥味减弱的机理是什么？

（5）哪种加工方式能减少豆乳的豆腥味？

（6）SB/T 10633—2011 中规定的豆乳感官要求和理化指标是什么？

资料发放及课程安排顺序为：课前布置预习任务（见案例讨论前准备工作的 1、2、3）；第 1 节课问卷调查和背景知识介绍后，发放几个去除豆腥味案例资料让学生阅读，抽几位同学谈感受；然后布置任务，设计一个降低豆制品（以豆乳为例）中豆腥味的方案；第 2、3 节课首先学生进行小组讨论、讲解，然后发放案例解析中的其他资料；教师梳理和点评后发放延伸问题的资料。

2.课时分配（120 分钟）

（1）线上学习平台上发放三个问卷调查。（5 分钟）

① 你是否经常喝豆乳？A 经常　B 偶尔　C 很少

② 你是否喜欢豆乳中的豆腥味？A 喜欢　B 不喜欢

③ 你是否知道豆乳中豆腥味的来源？A 知道　B 不知道

（2）背景知识介绍。（10 分钟）

（3）发放去除豆腥味的案例资料，同学们阅读，并抽 2 位同学谈初步感悟；播放相关

短视频2个。(20分钟)

(4) 布置课后任务：分组查阅降低豆制品中豆腥味的措施，并制定一个准备在实验中实施的解决方案，并分组讨论。(5分钟)

(5) 学生查阅资料、文献，完成布置的任务；提交完成的任务给老师。(课后完成)

(6) 进行小组汇报与讨论。(5组，共25分钟)

(7) 教师进行点评、课堂提问、讨论、讲解、梳理。(35分钟)

(8) 播放相应的视频资料，进行延伸问题的讨论，并展示相关产品，将展示的产品作为奖励发给表现优秀的同学。(20分钟)

3.讨论方式

采取小组讨论、小组汇报相结合的方式。

教师布置任务后，首先学生课后查阅、学习相关资料、法规，完成布置的任务，并进行小组讨论；课堂上抽取五个小组，每小组汇报本小组的主要观点，其他组学生提问并讨论。

小组讨论和小组汇报结束后，由教师采取提问、讨论、视频、讲解与实物展示相结合的方式进行梳理与总结。

五、课程思政设计

案例教学过程中，共设计了8个课程思政点，具体如表15-6所示。

表15-6 案例教学中课程思政设计

序号	教学环节	知识点	教学内容	思政点
1	课前	课前预习	了解中国传统豆制品及其历史	弘扬中华传统饮食文化，增强民族自豪感
2	课后	课后复习与任务	学习《健康中国行动(2019—2030年)》相关条款	树立健康的“大食物观”
3	课中	豆腥味物质	豆腥味物质虽然无毒，但是严重降低了豆乳的食用品质，不被大多数消费者所接受	加强学生对事物多元文化的了解与认识，引导学生关注市场、了解消费者、服务社会
4	课中	豆腥味形成途径	介绍国内外豆腥味形成原因和途径的研究进展	加强学生国际视野，鼓励学生要有钻研精神
5	课中	豆乳的加工工艺	讲述豆乳生产工序烦琐、不确定因素多，开发新品种的艰难	培养坚持不懈的科学精神，遇到挫折或困难时，能够不畏惧、不退缩、勇往直前
6	课后	课后复习与任务	思考和讨论其他传统乳制品的脱腥途径，完成相关作业题	培养学生的创新思维能力，鼓励同学们勇于探索、敢于突破
7	课中	豆乳的概念及分类	讲述我国豆乳制作历史之悠久、产品种类之繁多且各有特色	挖掘中华优秀传统文化的内涵，弘扬民族精神，增强学生的文化自信
8	课中	豆腥味去除方法	同学们分组制定豆腥味去除方案，并在实验课中进行实践	明白实践的重要性，根据实践的结果进行不断改进，产品品质就会持续改进

六、其他

1. 每次案例教学实施完成后进行教学反思，并找学生代表进行座谈，案例教学内容和教学方式做到持续改进和更新。

2. 课前建议申请智慧教室，以圆桌的形式进行本案例教学。

3. 课堂讨论和互动时间占总课程时长的70%以上。

4. 在案例具体应用时，可根据实际情况对时间分配和案例内容做适当调整；还可自行寻找一些配套的MOOC和视频资源。

附：提问参考答案

（1）豆乳的概念、分类和加工工艺是什么？

答：豆乳的概念：豆乳，又称豆浆、豆奶，是以大豆或低变性大豆粉为原料，经加工制成的乳状饮品。

豆乳的分类：豆乳的种类很多，根据我国的标准，大体上可分为纯豆乳、调制豆乳、豆乳饮料三大类。

豆乳典型的加工工艺：豆乳的加工过程主要包括大豆浸泡、研磨、过滤和煮浆等。

（2）豆乳中豆腥味的主要成分是什么？

答：豆乳中豆腥味的主要成分是醛、醇、酮和呋喃等挥发性物质，最具代表性的如己醛、庚醛、4-庚二烯醛、己醇、1-戊烯-3-醇、1-戊醇、1-辛烯-3-醇、乙基乙烯基酮、庚酮、1-戊基呋喃等。

（3）豆乳中豆腥味形成原因和途径是什么？

答：大豆中天然存在的脂氧合酶（LOX）可能是豆乳产生豆腥味的重要原因，在加工过程中脂氧合酶被激活后氧化亚油酸、亚麻酸等多不饱和脂肪酸生成小分子醇、醛、酮、酸和胺等挥发性风味化合物，最终形成豆腥味。总结已有研究，目前形成豆腥味物质的途径有3种：①LOX诱导的酶促氧化反应；②非酶促氧化反应；③未知酶催化的酶促反应。

（4）豆腥味减弱的机理是什么？

答：第1种是以LOX作为作用对象，通过物理法或化学法来降低或抑制大豆中LOX的生成或破坏LOX的结构，减少LOX的含量从而减少豆腥味的产生；第2种是以能产生豆腥味的官能团作为作用对象，通过添加外源性物质促进其与豆腥味官能团发生反应，生成对豆腥味贡献不大的其他化合物；第3种是以已生成的豆腥味化合物作为作用对象，通过添加外源物质去除或掩盖已经产生的豆腥味。

（5）哪种加工方式能减少豆乳的豆腥味？

答：目前已有的脱腥方法可分为物理法、化学法、生物法、添加外源物质掩盖法。常用的物理法有湿热法、半湿热法、干热法、远红外线加热法等。物理法虽然操作简单、无副产物产生，但热处理会对大豆蛋白的溶解性和稳定性产生影响。化学法包括有机溶剂萃取法、调节pH法、还原剂法等。生物法有酶解法和微生物发酵法等。添加外源物质掩盖法有遮掩法和β-环糊精法等。

(6) SB/T 10633—2011 中规定的豆乳感官要求和理化指标是什么？

答：略。

参考文献

[1] Kumar P, Chatli M K, Mehta N, et al. Meat analogues: Health promising sustainable meat substitutes[J]. Critical Reviews in Food Science and Nutrition, 2017, 57(5): 923-932.

[2] Meg D S F, Sanches Lima F, Rodrigues D, et al. Evaluation of the isoflavone and total phenolic contents of kefir-fermented soymilk storage and after the in vitro digestive system simulation. [J]. Food Chemistry, 2017, 229: 373.

[3] 田怀香，何晓葳，李立，等．豆浆中豆腥味影响因素及消除方法的研究进展[J]．现代食品科技，2021，37(10)：340-347.

[4] Wilkens W F, Lin F M. Gas chromatographic and mass spectral analyses of soybean milk volatiles[J]. Journal of Agricultural & Food Chemistry, 1970, 18(3): 333-336.

[5] Lv Y C, Song H L, Li X, et al. Influence of blanching and grinding process with hot water on beany and non-beany flavor in soymilk. [J]. Journal of Food Science, 2011, 76(1): S20-S25.

[6] Nedele J Z Y A K, Mayer N, Feller N, et al. Off-flavor in soy drink: Development, optimization, and validation of an easy and fast method to quantify the key odorants [J]. Talanta: The International Journal of Pure and Applied Analytical Chemistry, 2021, 229: 122251.

[7] 杨杨，葛爱媛，任丽琨，等．豆浆豆腥味形成机理及其去除方法的研究进展[J]．食品工业科技，2024，45(10)：401-411.

[8] 徐文，余小贞，张雪儿，等．基于电子鼻和 GC-MS 分析 3 种市售大豆组织蛋白中挥发性豆腥味物质[J]．中国调味品，2022，47(08)：145-149.

[9] Lan Y, Xu M, Ohm J B, et al. Solid dispersion-based spray-drying improves solubility and mitigates beany flavour of pea protein isolate[J]. Food Chemistry, 2019, 278(25): 665-673.

[10] Ding J, Wen J, Wang J, et al. The physicochemical properties and gastrointestinal fate of oleosomes from non-heated and heated soymilk[J]. Food Hydrocolloids, 2019, 100: 105418.

[11] Matsui T O T K, Takemoto H, Koeduka T, et al. 1-Octen-3-ol Is formed from its glycoside during processing of soybean[*glycine max* (L.) Merr.] seeds[J]. Journal of Agricultural and Food Chemistry, 2018, 66(28): 7409-7416.

[12] Iassonova D R, Johnson L A, Hammond E G, et al. Evidence of an enzymatic source of off flavors in "lipoxygenase-null" soybeans[J]. Journal of the American Oil Chemists Society, 2009, 86(1): 59-64.

[13] Trindler C, Annika Kopf-Bolanz K, Denkel C. Aroma of peas, its constituents and reduction strategies-effects from breeding to processing[J]. Food Chem, 2021, 376: 131892.

[14] Peng X, Wang Y, Xing J, et al. Characterization of particles in soymilks prepared by blanching soybeans and traditional method: A comparative study focusing on lipid-protein interaction[J]. Food Hydrocolloids, 2017, 63: 1-7.

[15] 刘克顺．大豆化学·加工工艺与应用[M]．哈尔滨：黑龙江科学技术出版社，2005.

[16] 冯霖，刘芳竹．微波脱腥技术在大豆粉生产中的应用研究[J]．食品工业科技，2006(10)：196-197.

[17] 李玉振，王凤翼，刘显义，等．大豆红外脱腥方法及设备．CN 1053160A[P]. 1991-07-24.

[18] 王凤翼，钱方．大豆蛋白质生产与应用[M]．北京：中国轻工业出版社，2004.

[19] 李德芳，乔明珩．少孢根霉在蚕蛹脱臭和大豆脱腥上的应用研究[J]．江苏食品与发酵，1996(01)：4-7.

[20] 钱海峰，周惠明．大豆制品腥味控制研究进展[J]．粮食与油脂，2003 16(8)：18-21.

案例16

果蔬采后贮藏运输中长效保鲜工艺探索

案例摘要

本案例介绍了果蔬采后贮藏运输中长效保鲜工艺的探索。通过介绍食品保鲜保质技术相关背景、可食性多糖基果蔬保鲜技术及应用案例、提高果蔬在贮藏运输过程中的品质稳定性，引导学生了解并掌握果蔬劣变机理、果蔬保鲜技术原理、可食性多糖基保鲜果蔬的机理等，培养学生查阅资料、主动思考与解决问题的能力，进而希望学生能够培养食品安全与质量控制意识、创新意识，并能灵活运用所学专业知识解决生产实际中存在的问题，以后更好地服务于食品行业。

第1节　案例解析

一、案例背景

1.果蔬劣变机理

当今社会，人们对新鲜水果、蔬菜等天然健康食品的需求迅速增长，购买量也在不断增加。人们通常要求水果、蔬菜类食品保持新鲜，富含对人体健康有益的物质，并且在采摘后品质不会下降。然而，果蔬却极易受到损伤、变质变味甚至腐烂，保质期相对较短，若储存不当易造成经济损失（**思政点1**）。刚采摘的果蔬或在贮存初期，果蔬的含水量充足，但随着时间推移，由于果蔬的细胞呼吸作用和蒸腾作用，其水分减少，质量变轻，表面皱缩，口感下降，卖相不佳。此外，在果蔬贮藏过程中由于细胞内各种活性酶的作用，细胞壁成分改变，造成软化问题，同时营养物质流失，最终缩短了保质期[1]（**思政点2**）。

2.果蔬保鲜技术

为了维持果蔬的良好品质，避免褐变、氧化以及微生物滋生等，减少营养成分流失，进而延长其保鲜时长，科研人员和食品行业从业者研发出了多种多样的保鲜工艺，大体可划分为物理和化学两大类别。

物理保鲜手段丰富多样，像紫外线（UV）、脉冲光（PL）这类光学处理方式，能利用特定光线抑制有害微生物；高压处理（HPP）借助高压环境改变食品内部结构，延缓变质；超声（US）通过高频振动影响食品内部的生化反应；温度管理则涵盖了焯水、冷冻等常见操作，前者利用高温快速钝化酶活性，后者通过低温降低微生物活性与化学反应速率；气调保鲜技术（MAP）则是通过调节储存环境中的气体成分，如增加二氧化碳、降低氧气含量，来抑制果蔬呼吸作用，达到保鲜目的。化学保鲜工艺方面，次氯酸盐、磷酸钠、过氧乙酸、H_2O_2 和臭氧等化学物质得到了广泛应用。这些物质凭借自身的杀菌、抗氧化等特性，有效延长了食品的保质期，确保果蔬在较长时间内保持新鲜度和食用价值[2]。

物理与化学处理工艺在食品保鲜中各有优劣，需结合绿色环保理念开发新工艺。从物理工艺来说，冷冻虽能在一定程度上延长食品保存期限，却会引发产品内部结构改变，且这种变化无法逆转，影响产品的口感与质地；热处理则能快速杀菌、钝化酶活性，然而高温会致使食品中的部分营养成分分解流失，还会因水分蒸发等原因导致质量减轻。气调保鲜技术（MAP）凭借良好的保鲜效果被大量采用。它通过调控储存环境的气体组成，抑制果蔬的呼吸作用，进而延缓其成熟和变质进程。但这项技术也存在局限性，一方面，设备投入、气体置换等环节导致成本偏高；另一方面，部分特殊种类的果蔬，因其独特的生理特性和对气体环境的特殊需求，无法适用该技术，限制了它的应用范围[3,4]。除此之外，部分防腐剂的使用或许会给消费者的身体健康埋下隐患。因此，为了获得绿色、健康的果蔬，减少自然生理过程或环境变化导致的不良反应而造成的采摘后损失，开发绿色环保、安全有效的保鲜工艺技术显得十分重要（**思政点 3**）。

3.可食用多糖基涂层保鲜技术

近年来，涂膜保鲜技术作为一种低毒性、环保、方便的保鲜方式在果蔬保鲜上的应用越来越广泛，其发展前景十分广阔。涂膜保鲜技术主要是使用成膜性较好的大分子物质和抗菌成分配制成一定浓度的溶液，在果蔬表面进行喷洒或涂抹，形成一种具有保护作用的可食用的薄膜，有效地减弱采后果实的呼吸强度，抑制细菌的生长和水分流失，保持其色泽、新鲜度和饱满度，延缓果蔬组织衰老和腐败。同时，薄膜将果实与外界环境分隔，使得果实与外界环境的接触大大减少，从而降低了果实的氧化和环境中有害微生物对果实的侵染，进而达到保鲜和抗菌的目的。

目前，可食性涂膜保鲜材料比较多样，其中壳聚糖是可食用涂层的多糖原料之一。壳聚糖具有良好的成膜性、抗菌性和可食用性，所以被广泛应用于涂膜保鲜剂中。壳聚糖是由葡萄糖胺和 *N*-乙酰葡萄糖胺通过 β-1,4-糖苷键连接构成的多糖，是甲壳素的去乙酰化衍生物[5]，存在于甲壳类动物的壳，真菌的细胞壁，昆虫、软体动物和环节动物的表皮中，含有氨基和羟基基团，很容易发生取代反应生成壳聚糖衍生物，壳聚糖及其衍生物具有较强的抗菌性，能有效防止果蔬在贮藏期间发生腐烂并维持其品质（**思政点 3**），是一种理想的绿色抗菌材料；同时，壳聚糖被列入 GB 2760—2024《食品安全国家标准　食品添加剂使用标准》，是一种较安全的食品添加剂[6]。壳聚糖的化学结构见图 16-1。

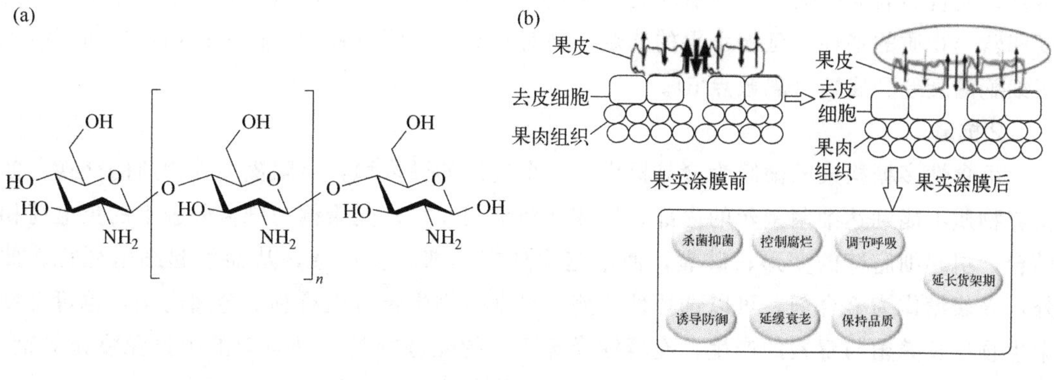

图 16-1 壳聚糖的化学结构（a）和壳聚糖涂膜作用机理（b）[7]

然而，单纯的壳聚糖膜具有强度低、透气性小、透水率高等缺点，导致其在一些硬质食材、干制食品的涂膜保鲜保质中效果受限。纳米植物糖原是新发现的一种超支化的α-D-葡聚糖，主要存在于甜玉米、高粱、水稻等植物中。植物糖原和支链淀粉的结构模型如图16-2所示。其具有很高的抗菌活性和分子强度，易溶于冷水，具有良好的分散稳定性、生物相容性和高保水性等。这些优良属性促使纳米植物糖原可以作为保湿剂、乳化剂、纳米载体等生物材料，广泛应用于纳米食品、医学、化妆品等领域。在传统生物涂膜壳聚糖保鲜剂中加入纳米植物糖原来改善壳聚糖保鲜膜的强度低、透气性小、透水率高的缺点，改进保鲜膜的性能，扩大其应用范围（**思政点 4**）。

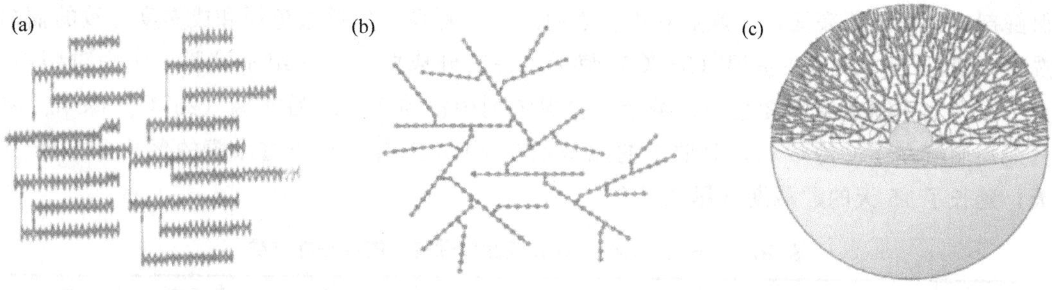

图 16-2 支链淀粉（a）和植物糖原（b）、（c）结构模型[8]

二、可食性多糖基涂膜保鲜原理

1.延缓果实细胞衰老

多糖如壳聚糖和植物糖原通过分子交联可在果实表面形成选择性透过的屏障，即在水果表面形成一层阻气、阻水的无色薄膜，该薄膜能阻隔细胞内外物质的传递，减少水分的蒸发，使食品表面构成一个低氧和高二氧化碳的半透薄膜体，可以有效抑制果品的呼吸强度和营养物质的消耗，延缓水果的软烂，同时减弱其贮藏过程中的机械损伤，从而延缓果实细胞的衰老和腐败（**思政点 5**）。

2.抗菌

可食性多糖构成的薄膜为食品提供了一个良好的微环境，可阻隔内外物质的交换，使营养物质不能到达细菌菌丝的内部，导致细菌枯竭死亡；壳聚糖与细菌外膜上的负电荷相结合，引起细胞壁的变形、破裂，使细胞膜外露、细胞质渗透，从而引起细胞死亡；此外，壳聚糖作为螯合剂，可以选择性地螯合对微生物生长繁殖有利的金属离子，也可抑制微生物生长繁殖与毒素的产生；壳聚糖降解所得的壳寡糖是一种有效的植物免疫诱导剂，抑菌效果显著；壳聚糖自身能够诱导果蔬产生抗菌物质（酯类）。

3.促进果蔬自我保护

可食性多糖处理能够促进果蔬外表伤口的愈合，加强磷酸己糖代谢途径，从而调节生理性能，提高果蔬机体的自我保护能力。

三、可食性多糖基涂膜保鲜技术在果蔬保鲜中的应用案例

1.案例 1：纳米植物糖原涂膜保鲜技术

王劲松等[9]发明了一种可食性果蔬纳米涂膜保鲜剂，包含疏水性纳米植物糖原的 Pickering 乳液、抗菌肽 Enterolysin A、肉桂醛、壳聚糖、山梨醇；其组成按质量分数计分别为：疏水性纳米植物糖原的 Pickering 乳液 40%～60%；抗菌肽 Enterolysin A 0.3%～0.7%；肉桂醛 1%～3%；壳聚糖 4%～6%；山梨醇 2%～4%；其余为去离子水。上述制备的 Pickering 乳液涂膜保鲜剂的膜性能参数如表 16-1 所示。将上述果蔬涂膜保鲜剂喷涂至果蔬表面，干燥后在果蔬表面形成保鲜膜。如挑选色泽和成熟度一致的葡萄洗净，消毒 30 min，在室温（25 ℃）晾干，将其分成两组，一组不涂膜，作为对照组；另一组在上述制备的可食性果蔬纳米涂膜保鲜剂中浸渍 1 min 后室温（25 ℃）晾干。将两组均储藏在 4 ℃冷藏箱，对照组的贮藏期在 20 天左右，而经过涂膜的葡萄贮藏期 35 天，延长了 15 天的贮藏期（**思政点 6**）。

表 16-1 不同 Pickering 乳液涂膜保鲜剂的膜性能参数

膜性能参数	改性淀粉 Pickering 乳液	疏水性纳米植物糖原的 Pickering 乳液
水溶性/%	19.6	24.5
膜厚度/mm	0.077	0.075
膜强度/MPa	107	158
膜伸长率/%	5.64	8.4

2.案例 2：纳米复合薄膜保鲜技术

王劲松等[10]发明了一种可食性纳米复合薄膜保鲜剂，包括 0.1～0.2 份亲水性纳米植物糖原、0.1～0.5 份牛至精油、1～2 份海藻酸钠、1～2 份吐温 80、1～2 份甘油和

0.01～0.02 份氯化钙；其余为去离子水。该可食性纳米复合薄膜保鲜膜的机械性能和保鲜效果良好，其可提供半渗透屏障，减少水分和溶质迁移、气体交换，降低呼吸和氧化速率，抑制鲜切果蔬的生理成熟过程，延长鲜切果蔬的货架期。将该保鲜膜应用于鲜切苹果的保鲜中，苹果表面色泽变化和褐变程度如图 16-3 所示，涂膜处理对苹果有很好的护色效果。

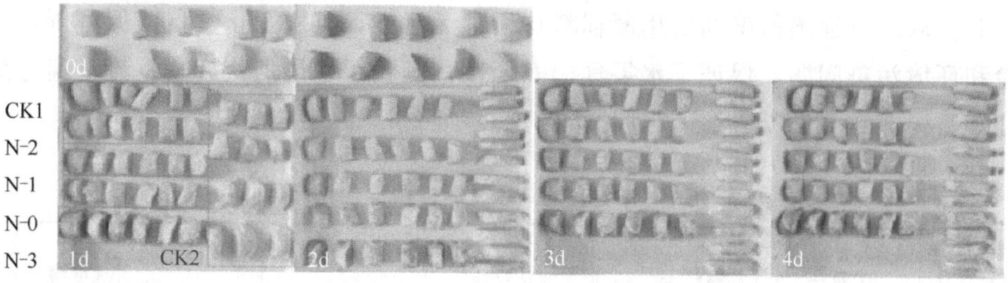

图 16-3 可食性纳米植物糖原复合薄膜对鲜切苹果的保鲜效果

CK—对照组；N-0～N-3—涂膜组

3.案例 3：柑橘类水果多效综合保鲜技术

黄少云等[11]发明了一种适用于柑橘类水果采后贮藏的多效综合保鲜技术。首先将由 1%～5%壳聚糖、0.5%～2%羟甲基壳聚糖、1%～8%中草药提取物、0.5%～2%成膜助剂、0.5%～1%防腐剂和水组成的保鲜剂涂膜于清洗干净的水果表面；然后干燥处理使鲜果表面的涂膜剂干燥成膜；最后将表面成膜后的鲜果放入自制的自发微气调袋中贮藏保存，保鲜效果如图 16-4 所示。通过抗菌涂膜和自发微气调两种技术协同作用，实现优势互补，达到水果采后贮藏保鲜、延长货架期的最终目标。

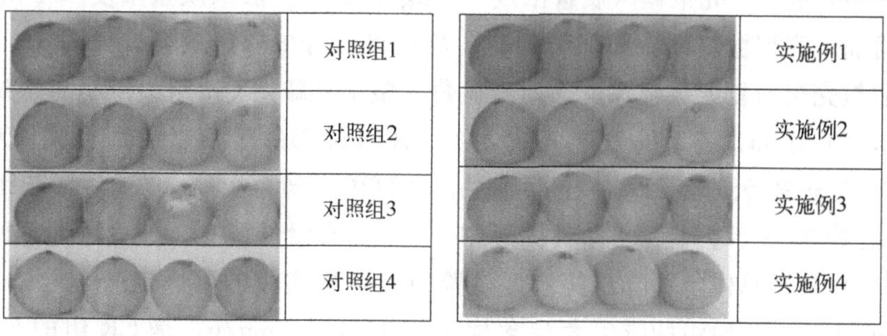

图 16-4 多效综合保鲜技术对柑橘类水果的保鲜效果图

4.案例 4：柑橘类水果双组分涂膜保鲜技术

黄少云等[12]发明了一种柑橘类水果双组分涂膜保鲜剂。保鲜剂包括 A 组分和 B 组分，A 组分按质量分数计包含以下组分：低分子量壳聚糖 1%～5%、植物提取物 2%～10%、山梨醇 0.5%～2%，其余为蒸馏水。B 组分按质量分数计包含以下组分：高分子量壳聚糖 0.5%～3%、柠檬酸 0.1%～2%、蜂胶提取物 0.2%～3%，其余为蒸馏水。首先将刚采摘的鲜果清洗干净，去除表面杂质并沥干；然后采用上述双组分涂膜保鲜剂对清洗过后的鲜果以浸泡或喷淋等方式进行涂膜处理；最后将涂膜处理后的鲜果风干后，进行冷库贮藏。双组分涂膜保鲜剂所用原辅料均无毒无污染，克服了化学抗菌保鲜剂存在的安全风险和环境污染问题，保证了水果食用安全性，延长了水果的货架期。该双组分涂膜保鲜剂处理脐橙在贮藏 28 天后各项理化指标见表 16-2。

表 16-2 脐橙贮藏 28 天后各项理化指标值

组别	失重率/%	腐烂率/%	总糖/%	维生素 C /(mg/100 g)	可溶性固形物 TSS/%	可滴定酸 TA/%
实验组 1	7.7	10	11.3	51	13.6	0.57
实验组 2	6.8	5	12.5	55	14.2	0.52
实验组 3	7.3	5	11.7	56	14.5	0.53
实验组 4	7.4	5	11.4	54	13.7	0.53
实验组 5	7.2	5	11.7	56	13.8	0.56
实验组 6	6.7	0	11.8	57	14.2	0.55
对照组 1	8.6	5	11.4	52	13.8	0.54
对照组 2	12.8	25	10.2	44	12.6	0.46

5.案例 5：壳聚糖/植物精油复合保鲜技术

王和涛[13]研究了丁香精油与壳聚糖涂膜对蓝莓的保鲜效果，结果表明，由精油（质量浓度 0.6 mg/mL）、壳聚糖（质量浓度 15 mg/mL）、明胶（质量浓度 1.4 mg/mL）制成的丁香精油与壳聚糖复配涂膜保鲜剂对蓝莓起到较好的保鲜效果。如图 16-5 所示，利用丁香精油与壳聚糖复配涂膜保鲜剂处理蓝莓，整个贮藏期 CK 组失重率高于试验组，贮藏 30 天后，CK 组和试验组的失重率分别为 15%和 5.7%；CK 组蓝莓贮藏 9 天后，腐烂率超过 50%，至 30 天时蓝莓基本全部腐烂，而试验组蓝莓贮藏 30 天后，蓝莓腐烂率仅 39.15%；贮藏 30 天后，蓝莓可溶性固形物（TSS）含量低至 10.4%；贮藏期间蓝莓的可滴定酸（TA）含量总体呈下降趋势，但试验组蓝莓果实中的可滴定酸含量始终高于 CK 组；贮藏 30 天后，试验组的维生素 C 含量为 9.8×10^{-2} mg/g，是 CK 组的 2.72 倍；试验组蓝莓过氧化物酶（POD）活性在第 12 天达到最大值，较 CK 组延迟了 3 天，且 POD 活性峰值在贮藏期间都低于 CK 组。因此，丁香精油与壳聚糖复配涂膜保鲜剂对蓝莓起到较好的保鲜效果，延长了蓝莓的保质期。

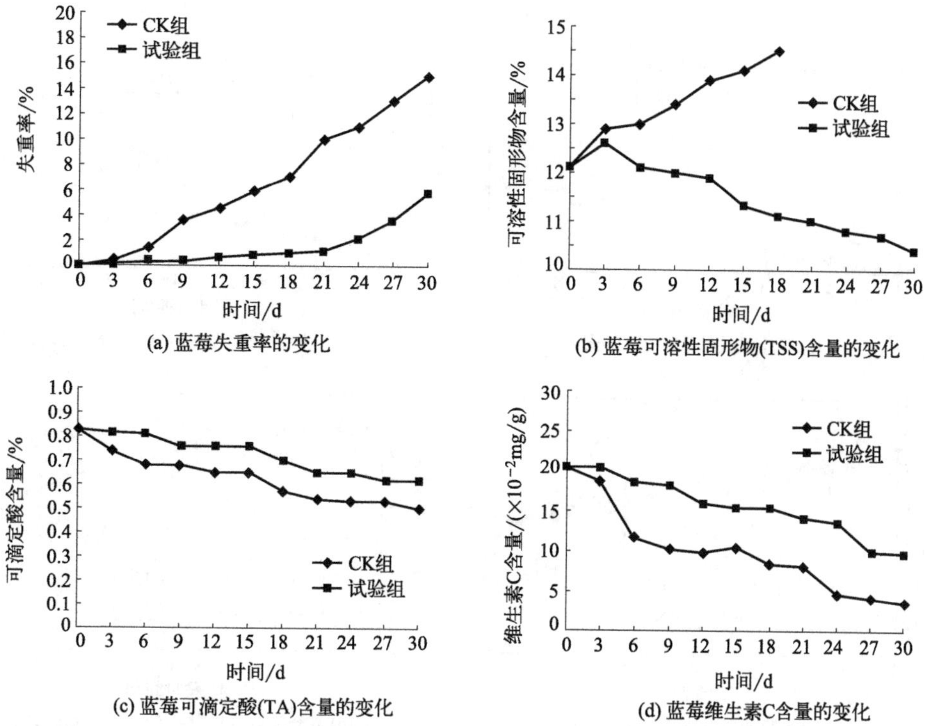

(a) 蓝莓失重率的变化

(b) 蓝莓可溶性固形物(TSS)含量的变化

(c) 蓝莓可滴定酸(TA)含量的变化

(d) 蓝莓维生素C含量的变化

图 16-5　丁香精油与壳聚糖复配涂膜保鲜剂对蓝莓的保鲜效果图

6.案例 6：壳聚糖/辣根素复合保鲜技术

宋煌旺等[14]研究了辣根素和壳聚糖复合涂膜对草莓保鲜的影响，结果表明，以 1.25% 的壳聚糖为涂膜基质，通过添加辣根素，分别配制了辣根素质量分数为 0.2%、0.4%、0.6%、0.8%、1.0% 的辣根素/壳聚糖复合涂膜液。以蒸馏水作为对照组，通过浸泡处理，考察不同辣根素浓度对室温下草莓保鲜效果的影响。结果表明，不同浓度的辣根素/壳聚糖复合膜涂液均能在一定程度上抑制草莓失重率和腐烂指数的上升，同时可延缓可溶性固形物含量、可滴定酸含量、维生素 C 含量和还原糖含量的下降，其中，浓度为 0.6%的辣根素/壳聚糖复合保鲜液对草莓的保鲜效果最佳。因此，辣根素/壳聚糖可以作为天然抗菌膜液控制草莓表皮微生物的生长，延长果实的贮藏期。

7.案例 7：壳聚糖/魔芋葡甘聚糖复合涂膜保鲜技术

王中伟等[15]研究了魔芋葡甘聚糖/壳聚糖复合涂膜对草莓采后贮藏品质的影响。以魔芋葡甘聚糖（KGM）为主要材料、壳聚糖（CTS）为复配材料，研究 KGM/CTS 复合膜不同配比（1∶2、1∶1、3∶2、2∶1、5∶2）对草莓采后贮藏效果及品质（腐败率、失重率、硬度、总酸、可溶性固形物、维生素 C）的影响。图 16-6 的结果表明，KGM/CTS 复合膜的最佳配比为 3∶2，其比例能一定程度上降低草莓的腐败率和失重率，同时可以减少草莓内部营养成分的损失，如可溶性固形物、有机酸、维生素 C 等。

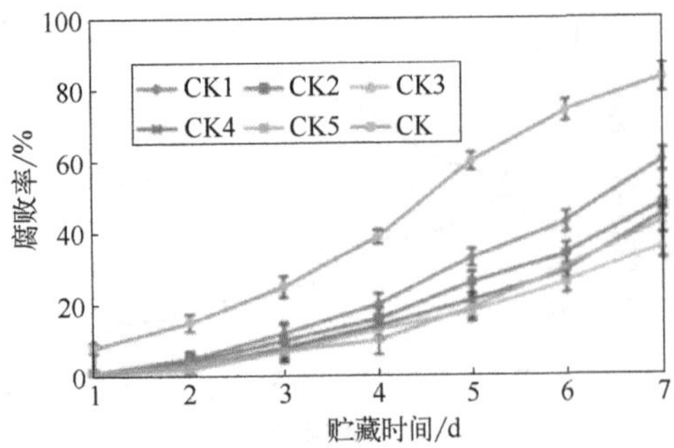

(a) 涂膜处理对草莓腐败率的影响

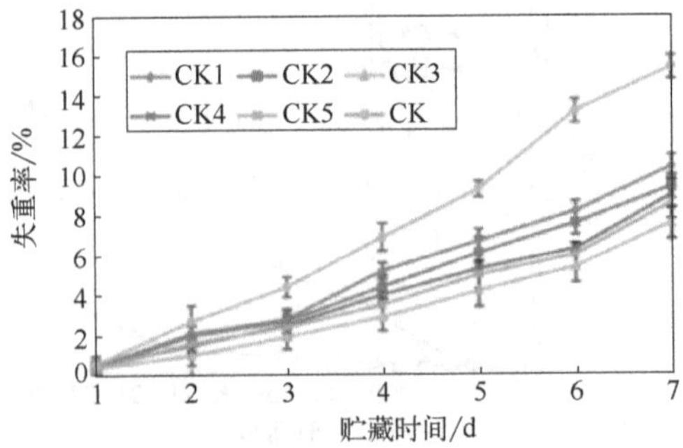

(b) 涂膜处理对草莓失重率的影响

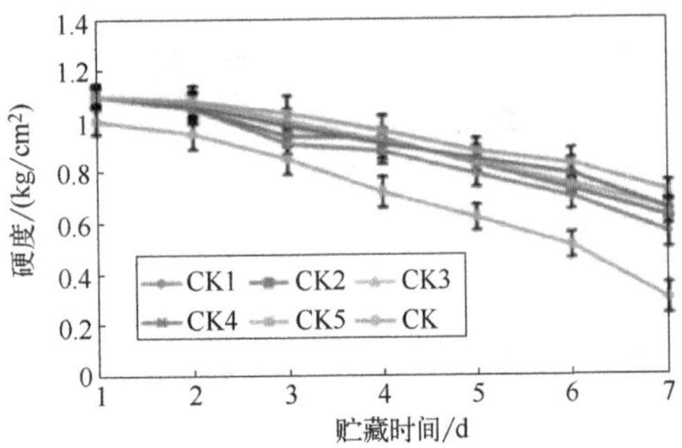

(c) 涂膜处理对草莓硬度的影响

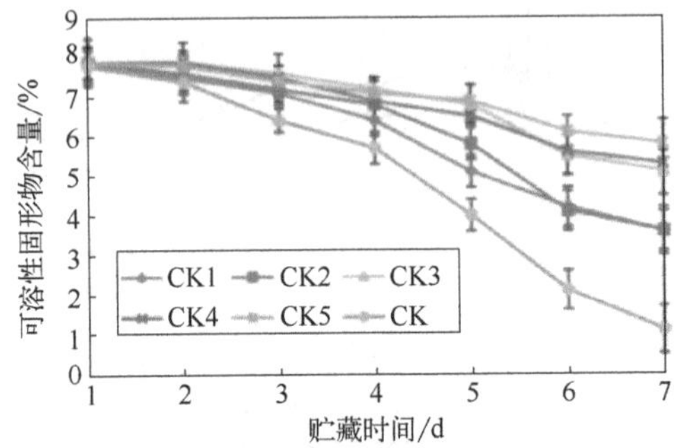

(d) 复合膜对草莓中可溶性固形物含量的影响

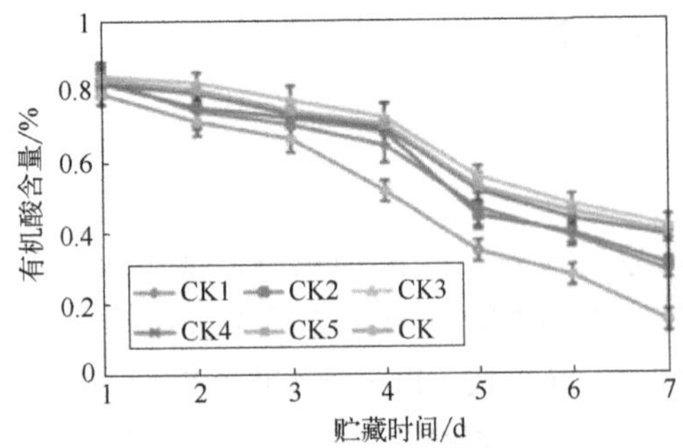

(e) 复合膜对草莓中有机酸含量的影响

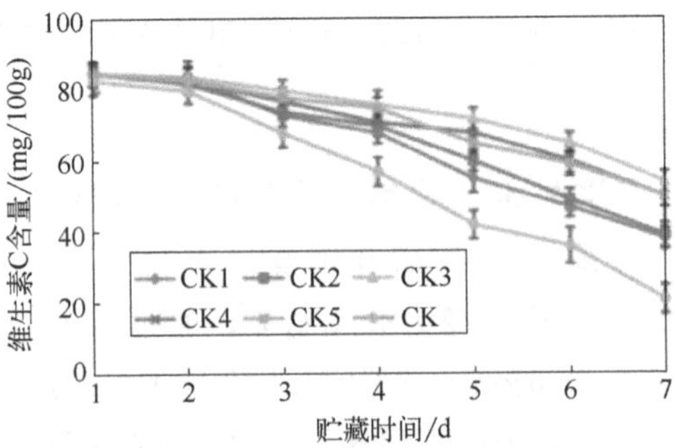

(f) 复合膜对草莓中维生素C含量的影响

图 16-6　魔芋葡甘聚糖/壳聚糖复合涂膜对草莓采后贮藏品质的影响

CK1、CK2、CK3、CK4、CK5 分别为魔芋葡聚糖与壳聚糖比例为 1∶2、1∶1、3∶2、2∶1、5∶2 涂膜处理后的草莓样品

第 2 节　案例教学指导

一、教学目标

1. 培养学生查阅资料、文献，并能在阅读过程中进行总结、分析、凝练和提出问题

的能力；培养学生分工协作和通过倾听、讨论、提问、讲解等过程学习知识、运用知识的能力。

2. 使学生更好地了解果蔬保鲜相关知识，并能将所学知识进行灵活运用、综合运用；能就相关生产实际问题进行解决方案设计，并初步将设计的方案用于生产实践，培养学生工程实践能力；让学生认识到食品生产实践中创新能力的重要性。

3. 让学生认识到食品保鲜技术的重要性，在以后实际工作中更好地应用相关技术，延长食品保质期，增加企业效益。

4. 增强学生对中国传统文化的认同感和民族自豪感，养成吃苦耐劳的精神，并自觉宣传《健康中国行动（2019—2030 年）》，引导周围的人形成健康的“大食物观”，践行必要的社会责任（**思政点 7**）。

二、案例讨论前准备工作

1. 了解水果和蔬菜采后贮藏运输的方法和途径。

2. 学生熟悉食品常用的保鲜技术，了解其在果蔬保鲜领域应用的优点和不足。

3. 了解可食性多糖基保鲜剂的制备方法及其在果蔬保鲜中的应用和保鲜原理。

4. 阅读几个关于果蔬保鲜的例子后，在充分查阅资料并小组讨论的基础上组内完成以下内容：

（1）目前果蔬保鲜的方法有哪些？

（2）设计一个延长果蔬采后贮藏保质期的方案（**思政点 8**）。

三、案例分析要点

1. 食品贮藏保鲜的物理、化学和生物方法。

2. 果蔬保鲜常用的方法及其优点和不足。

3. 可食性多糖基涂膜保鲜剂在果蔬保鲜中的应用效果。

4. 可食性多糖基涂膜保鲜机理。

5. 可食性多糖基涂膜保鲜剂的制备方法和常用的多糖种类。

四、教学组织方式

1.问题清单及提问顺序、资料的发放顺序

（1）请介绍一下你家乡生产的水果和蔬菜的种类。

（2）请介绍一下你知道的或家庭里采用的保鲜果蔬的方法。

（3）食品贮藏保鲜的方法分为哪几种？请详细简述一下分别是什么及其保鲜原理，并举例说明。

（4）请说明水果和蔬菜采后贮藏运输中导致其品质劣变或腐烂的原因。

（5）水果和蔬菜常采用的保鲜技术有哪些及其保鲜机理？

（6）可食性多糖基保鲜剂的主要原料有哪些？

（7）可食性多糖基保鲜剂的保鲜方法。

资料发放及课程安排顺序为：课前布置预习任务（见案例讨论前准备工作的1、2、3）；第1节课问卷调查和背景知识介绍后，发放几个果蔬保鲜方法案例资料让学生阅读，抽几位同学谈感受；然后布置任务，设计一个延长果蔬货架期的方案；第2、3节课首先学生进行小组讨论、讲解，然后发放案例解析中的其他资料；教师梳理和点评后发放延伸问题的资料。

2.课时分配（120分钟）

（1）线上学习平台上发放三个问卷调查。（5分钟）

① 你是否经常吃水果和蔬菜？A经常　B偶尔　C很少

② 你是否知道果蔬保鲜常用方法和机理？A知道　B不知道

③ 你是否介意吃经过可食性多糖基保鲜涂膜的水果或蔬菜？A介意　B不介意

（2）背景知识介绍。（10分钟）

（3）发放果蔬保鲜方法的案例资料，同学们阅读，并抽2位同学谈初步感悟；播放相关短视频2个。（20分钟）

（4）布置课后任务：分组查阅延长果蔬保质期措施，并制定一个准备在实验中实施的解决方案，并分组讨论。（5分钟）

（5）学生查阅资料、文献，完成布置的任务；提交完成的任务给老师。（课后完成）

（6）进行小组汇报与讨论。（5组，共25分钟）

（7）教师进行点评、课堂提问、讨论、讲解、梳理。（35分钟）

（8）播放相应的视频资料，进行延伸问题的讨论，并展示相关产品，将展示的产品作为奖励发给表现优秀的同学。（20分钟）

3.讨论方式

采取小组讨论、小组汇报相结合的方式。

教师布置任务后，学生课后查阅、学习相关资料、法规，完成布置的任务，并进行小组讨论；课堂上抽取五个小组，每小组汇报本小组的主要观点，其他组学生提问并讨论。

小组讨论和小组汇报结束后，由教师采取提问、讨论、视频、讲解与实物展示相结合的方式进行梳理与总结。

五、课程思政设计

案例教学过程中，共设计了8个课程思政点，具体如表16-3所示。

表16-3　案例教学中课程思政设计

序号	教学环节	知识点	教学内容	思政点
1	课前	课前预习	了解中国传统果蔬保鲜方法	弘扬中华传统饮食文化，增强民族自豪感
2	课中	果蔬品质劣变的危害	列举一些果蔬腐烂导致的食品安全事例	充分认识到“民以食为天，食以安为先”所蕴含的深刻意义，在今后的工作中，严格把控食品安全的关卡，守护公众饮食健康

续表

序号	教学环节	知识点	教学内容	思政点
3	课中	果蔬保鲜研究现状	结合国内外研究热点，介绍果蔬保鲜的研究现状	鼓励同学们有探索精神和创新精神
4	课中	可食性多糖基保鲜剂的开发	介绍可食性多糖基保鲜剂的制备过程	培养学生的思考、探索和创新精神
5	课中	分组制定保鲜方案并实践	同学们分组制定延长果蔬保质期的方案，并在实验课中进行实践	明白实践的重要性，并根据实践结果进行不断改进，产品质量和安全性就会持续改进
6	课中	分组制定保鲜方案并实践	同学们分组制定延长果蔬保质期的方案，并在实验课中进行实践	团队合作的重要性，方案设计和实践效果较好的各组均是大家通力合作、密切配合得来的结果
7	课后	课后复习与任务	学习《健康中国行动（2019—2030年）》相关条款	树立健康的“大食物观”
8	课后	课后复习与任务	思考和讨论其他果蔬保鲜方案，完成相关作业题	培养学生的思考、探索和创新精神

六、其他

1. 每次案例教学实施完成后进行教学反思，并找学生代表进行座谈，案例教学内容和教学方式做到持续改进和更新。

2. 课前建议申请智慧教室，以圆桌的形式进行本案例教学。

3. 课堂讨论和互动时间占总课程时长的70%以上。

4. 在案例具体应用时，可根据实际情况对时间分配和案例内容做适当调整；还可自行寻找一些配套的MOOC和视频资源。

附：提问参考答案

（1）请介绍一下你家乡生产的水果和蔬菜的种类。

答：略。

（2）请介绍一下你知道的或家庭里采用的保鲜果蔬的方法。

答：略。

（3）食品贮藏保鲜的方法分为哪几种？请详细简述一下分别是什么及其保鲜原理，并举例说明。

答：为了维持果蔬的良好品质，避免褐变、氧化以及微生物滋生等状况，减少营养成分流失，进而延长其保鲜时长，科研人员和食品行业从业者研发出了多种多样的保鲜工艺，大体可划分为物理和化学两大类别。物理保鲜，如紫外线（UV）、脉冲光（PL）这类光学处理方式，能利用特定光线抑制有害微生物；高压处理（HPP）是借助高压环境改变食品内部结构，延缓变质；超声（US）通过高频振动影响食品内部的生化反应；温度管理则涵盖了焯水、冷冻等常见操作，前者利用高温快速钝化酶活性，后者通过低温降低微生物活性与化学反应速率；气调保鲜技术（MAP）则是通过调节储存环境中的气体成分，如增加二氧化碳、降低氧气含量，来抑制果蔬呼吸作用，达到保鲜目的。化学保鲜就是利用次氯酸盐、磷酸钠、过氧乙酸、H_2O_2 和臭氧等化学物质的杀菌和抗氧化特性，有效延长了食品的保质期，确保果蔬在较长时间内保持新鲜度和食用价值。

(4) 请说明水果和蔬菜采后贮藏运输中导致其品质劣变或腐烂的原因。

答：果蔬极易受到损伤、变质变味甚至腐烂，保质期相对较短，若储存不当易造成经济损失。刚采摘的果蔬或在贮存初期，果蔬的含水量充足，但随着时间推移，果蔬的细胞呼吸作用和蒸腾作用导致其水分减少，质量变轻，表面皱缩，口感下降，卖相不佳。此外，在果蔬贮藏过程中细胞内各种活性酶的作用，导致细胞壁成分改变，造成软化问题，同时营养物质流失，最终缩短了保质期。

(5) 水果和蔬菜常采用的保鲜技术有哪些及其保鲜机理？

答：略。

(6) 可食性多糖基保鲜剂的主要原料有哪些？

答：壳聚糖、疏水性纳米植物糖原的 Pickering 乳液、植物精油、海藻酸钠等。

(7) 可食性多糖基保鲜剂的保鲜方法。

答：主要包括浸涂法、喷涂法和刷涂法 3 种。①浸涂法，是将果实浸入配制的涂料溶液中，根据水果不同保鲜要求，蘸上合适厚度的涂料，取出晾干即可。②喷涂法，是在洗净干燥后的果实上喷上一层薄而均匀的涂料。③刷涂法，是用刷子蘸上涂料，均匀涂在水果表皮上。

参考文献

[1] Mayra S, Amparo C. Starch-based coatings for preservation of fruits and vegetables[J]. Coatings, 2018, 8(5): 152.

[2] Panahirad S, Hassani R N, Ghanbarzadeh B, et al. Shelf life quality of plum fruits (prunus domestica l.) improves with carboxymethylcellulose-based edible coating[J]. Hort Science, 2019, 54(3): 505-510.

[3] Beigmohammadi F, Peighambardoust S H, Hesari J, et al. Antibacterial properties of ldpe nanocomposite films in packaging of uf cheese[J]. LWT-Food Science and Technology, 2016: 106-111.

[4] Ma L, Zhang M, Bhandari B, et al. Recent developments in novel shelf life extension technologies of fresh-cut fruits and vegetables[J]. Trends in Food Science & Technology, 2017, 64: 23-38.

[5] 秦睿睿，许文才，李东立，等．壳聚糖食品保鲜机理及应用进展[J]．中国印刷与包装研究，2012，4(01)：7-13.

[6] 徐昊洋，阮长晴．基于壳聚糖的绿色抗菌复合涂膜材料及其在水果保鲜应用上的研究进展[J]．食品与发酵工业，2020，46(14)：295-302.

[7] 朱露露，高丰衣，李大虎．壳聚糖涂膜技术在水果保鲜中的研究进展[J]．农产品加工，2022(06)：72-76.

[8] Bi L, Yang L, Narsimhan G, et al. Designing carbohydrate nanoparticles for prolonged efficacy of antimicrobial peptide[J]. J Control Release, 2011, 150(2): 150-156.

[9] 王劲松，易庆平，朱德艳，等．一种可食性果蔬纳米涂膜保鲜剂及其制备方法和应用：CN202010636815.4[P]. 2023-08-29.

[10] 王劲松，李瑞．一种可食性纳米复合薄膜及其制备方法与应用：CN202210697328.8[P]．2023-08-22.

[11] 黄少云，余浩，易庆平．一种适用于柑橘类水果采后贮藏的多效综合保鲜方法：CN202110528614.7[P]. 2022-10-04.

[12] 黄少云，许友雷，余浩．一种柑橘类水果双组分涂膜保鲜剂及其应用方法：CN202010456811.8[P]．2020-09-04.

[13] 王和涛．丁香精油与壳聚糖涂膜对蓝莓的保鲜效果[J]．食品工业，2019，40(11)：203-206.

[14] 宋煌旺，冯文，王向辉，等．辣根素和壳聚糖复合涂膜对草莓保鲜的影响[J]．中国食品添加剂，2018，(02)：150-155.

[15] 王中伟，李云成，郑淼心，等．魔芋葡甘聚糖/壳聚糖复合涂膜对草莓采后贮藏品质的影响[J]．食品科技，2019，44(03)：46-50.

案例17

葛根黄酮的分离纯化及葛根产品的开发

案例摘要

本文介绍了葛根(学名葛)黄酮分离纯化及应用的案例。通过介绍相关背景、葛根素违规生产案例和造假案例、葛根黄酮的分离纯化技术,引导学生了解并掌握葛根黄酮的价值、加工工艺的优化、保健品的开发及应用等,培养学生查阅资料、主动思考与解决问题的能力,进而希望学生能够培养探索意识、创新意识,并能灵活运用所学专业知识解决生产实际中存在的问题,以后更好地服务于食品行业。

第1节 案例解析

一、案例背景

葛根为豆科植物葛 *Pueraria montana* 的干燥根。我国古代医学专著《神农本草经》《伤寒杂病论》《金匮要略》《本草纲目》等名著都有葛根治疗疾病的记载。葛味甘、辛、性平、无毒,主治消渴、身大热、呕吐、诸痹、起阴气、解诸毒,有"南葛北参"之说(**思政点1**)。

葛根中含有多种有效成分,其中粉葛根中含有大量淀粉,并含有多种葡萄糖苷、木糖苷以及酶,因此具有清热解肌、生津止渴、醒脾解酒、解毒的作用,是治疗糖尿病常用药材之一[1]。野葛根含淀粉较少但富含异黄酮,异黄酮是葛属植物的主要成分之一。其中葛根素是本属特有的成分,亦为主要有效成分,对于葛根的药用价值早在《神农本草经》中就有记载。葛根具有解肌退热、生津、透疹、升阳止泻等功能[2,3]。采用葛根乙醇浸膏片和葛根异黄酮注射液治疗伴有颈项痛和头痛、头晕的高血压病、心绞痛和突发性耳聋等均有显著疗效,葛根异黄酮可以扩张冠状动脉和脑血管,改善心、脑的血液循环,减慢心率，降低心肌的耗氧量，葛根素能抑制血小板凝聚、降低血糖等，故葛根亦是防治心脑血管疾病的常用药材[4-6]。

湖北省地处我国中心地理位置，葛根资源极为丰富。钟祥市被誉为“世界长寿之乡”，也是著名的“中国葛粉之乡”。自 20 世纪 80 年代起，湖北省荆门市钟祥市客店镇生产的纯天然葛粉大量出口日本，1995 年，国务院发展研究中心市场经济研究所授予客店镇“中国葛粉之乡”的美誉。该镇现有 4 家规模葛产品生产企业，10 多家小型葛产品生产企业，拥有成片野葛基地 5000 多亩，有挂牌保护野葛成规模板块 5 个，年产值在亿元以上。2013 年，葛粉制作技艺被纳入湖北省第四批省级非物质文化遗产名录。开发好葛根资源，对在荆门打造一个集农业科技、农业文化、农业产业化等创新于一体的中国农谷品牌，建立建成“湖北样板、全国一流”的农产品加工聚集区具有重要意义（**思政点 2**）。

黄酮是医药和化工工业的稀缺原料，葛根富含黄酮类物质，且葛是速生植物，适于大面积的种植。国内葛根资源丰富，国内国际市场的需求旺盛，目前的加工提取技术尚存在许多不完善之处，特别是目前我国对葛根的利用大部分仅限于提取葛粉，而弃去了很重要的药用有效活性成分黄酮类，而黄酮类成分中最主要的活性成分葛根素更是目前市场上的稀缺产品。随着对葛根和葛根素研究的进一步深入，葛根和葛根素产品的应用越来越广泛，因此对葛根中主要活性有效成分黄酮的提取、纯化，并对有效活性成分进行较为系统的分析研究，开发葛根保健饮品，是今后的重要研究课题之一。

二、葛根产品生产相关案例

1.更改工艺生产葛根素案例

2015 年，某省食品药品监督管理局稽查局接群众举报，某制药厂可能存在更改工艺生产葛根素原料药的行为。2015 年 10 月 21 日，省局稽查局针对此情况对该制药厂进行了检查，发现该企业自 2015 年 1 月以来，先后 4 次从成都某生物厂购进 884 公斤葛根提取物，用于生产葛根素原料药。制药厂擅自改变生产工艺，将从成都某生物厂购买的葛根提取物，与本厂提取生产的葛根黄酮 1732.46 公斤，分四批混合后进入前精制车间，共计生产四个批次（批号分别为 20150118、20150413、20150612、20150930）葛根素原料药 774 公斤。生产的葛根素原料药共售出 455 公斤、稽查局查封 341.2 公斤（含召回 31.53 公斤），省食品药品监督管理局抽样检验用 9 公斤，企业自检用 0.33 公斤，违法所得共计 170 万元。

该制药厂从成都某生物厂购买葛根提取物，与本厂前提取生产的葛根黄酮混合进入前精制车间，生产葛根素原料药，这一生产流程与该厂申报并经食品药品监管部门批准的生产工艺和流程不一致，属于擅自改变生产工艺，违反了《中华人民共和国药品管理法》的规定（**思政点 3**）。

2.葛根加工造假制假案例

2023 年 7 月 11 日，某市市场监管局根据群众实名举报某食品有限公司“造假制假”的线索信息，对当事人进行现场检查，发现该公司存在生产掺杂掺假的食品的违法行为。当事人于 2023 年 4 月 23 日，以 10 元/公斤购进食品原料 150 袋，该采购价格明显低于市场“葛根粉”流通价格，存在掺杂薯类物品的嫌疑，当事人用上述食品原料，与本地收购的“葛根粉”按 1∶1 的比例混合生产的产品标称为葛根粉进行销售。当事人于 2022 年 8 月底至 12 月初期间，以 6 元/公斤的价格购买木薯淀粉 19 袋，用该批木薯淀粉直接分装，生产出标称为“葛根粉”（净含量：450 克）的食品 2100 袋，进行出售。上述原料及成品经抽样检验，“葛根素”项目不符合相关标准，存在生产掺杂掺假的食品的违法行为（**思政点 4**）。当事人的上述违法行为，违反了《中华人民共和国食品安全法》第三十四条第六项、第十三项的规定，依据《中华人民共和国食品安全法》第一百二十四条第四项、《中华人民共和国行政处罚法》第三十二条第五项的规定，作出了吊销许可证、没收葛根粉 775 袋、没收违法所得 13289.93 元、罚款人民币 30000 元的行政处罚。

三、葛根黄酮提取工艺优化及产品开发方案

1.传统的葛根黄酮提取方法

（1）盐析法

将从市场上买来的葛根块茎切碎，在干燥阴凉处风干后放冰箱内备用，将葛根碎块粉碎至 200 目，加入大约 9 倍量的纯净水，超声波破壁。静置一段时间后过滤，收集滤液。加入氯化钠，盐溶液质量浓度为 0.2 g/mL，搅拌后静置 48 h，析出沉淀，过滤，滤出的沉淀用少量水洗涤，真空干燥，称重。

（2）正丁醇萃取法

称取粉碎至 200 目的葛根固体，加入 9 倍量的蒸馏水，在工作时间 60 s、间隙时间 20 s、工作次数 30 次、电功率 400 W 的条件下超声波破壁。超声波提取后，过滤，收集滤液。用正丁醇萃取，弃去水层溶液，收集正丁醇层溶液。用旋转蒸发仪回收正丁醇（温度设置为 70 ℃）。

（3）大孔树脂吸附法

取大孔树脂 D101，用 1 mol/L NaOH 溶液洗涤 2 h，过滤后再用 1 mol/L HCl 溶液洗涤 2 h，过滤，纯净水浸泡备用。将处理好的树脂装柱。均匀倒入用超声波处理过的葛根溶液中，保持平行向下渗透，不要出现倾斜、壁流。待葛根溶液液面接近大孔树脂液面时按上述方法倒入 95%乙醇洗脱数次，直到洗脱液澄清为止。收集合并洗脱液，分光光度计测定其吸光度，计算含量和提取率。

（4）索氏提取法

用粉碎机粉碎葛根，装于滤纸筒内，然后放入索氏提取管提取腔中，使葛根装载面低于虹吸管顶端，装上回流冷凝管，在索氏提取器的圆底烧瓶中加入几粒沸石（防止暴沸），自冷凝管顶端注入 95%乙醇溶液。水浴加热圆底烧瓶，乙醇沸腾后蒸汽经侧管进入冷凝管，冷凝下来的液滴滴入滤纸筒中，葛根素溶于乙醇，被回流到圆底烧瓶中，连续提取 3 h后，直至提取液颜色很淡为止，当最后一次虹吸过后立即停止加热。冷却后测量圆底烧瓶中溶液的体积，用紫外分光光度计测其吸光度，计算含量和提取率。

2.葛根黄酮提取及葛根产品开发的案例

（1）案例 1：β-环糊精辅助提取葛根黄酮技术

朱德艳[7]以 β-环糊精（β-CD）为辅助材料，提取葛根中葛根黄酮，同时测定葛根黄酮的提取率，并与传统提取工艺进行比较，结果表明 β-CD 辅助提取新工艺的葛根黄酮提

取率明显优于传统提取工艺。β-CD 辅助提取新工艺具有安全性高、无污染、成本低等特点，具有广阔应用前景。

（2）案例 2：CO_2超临界萃取葛渣中葛根素技术

朱德艳等[8]开展了 CO_2 超临界萃取葛渣中葛根素的研究。在单因素实验的基础上，选择萃取投料量、萃取温度、萃取压力、萃取时间四个因素，进行 L9（3^4）正交实验设计，评估了这些因素对葛根素提取率的影响。实验结果表明，最佳工艺参数为投料量 50 g，萃取温度 55 ℃，萃取压力 16 MPa，萃取时间 90 min。在此条件下，葛渣中葛根素的萃取率为 82.5%。

（3）案例 3：乙醇回流法提取葛根黄酮技术

朱德艳[9]采用正交实验法优化乙醇回流法提取葛根黄酮的工艺研究。在单因素实验的基础上，选择回流温度、回流时间、料液比、乙醇体积分数四个因素，进行正交实验设计，评估了这些因素对葛根黄酮提取率的影响。试验结果表明，最佳工艺参数为回流温度 90 ℃，提取时间 120 min，料液比 1∶40（g∶mL），乙醇体积分数 70%。在此条件下，葛根黄酮的提取率为 1.62%。

乙醇回流法提取葛根黄酮的工艺流程：

葛根→预处理→粉碎→乙醇回流浸提→离心→上清液→定容→测定葛根黄酮含量

（4）案例 4：葛根黄酒发酵技术

李蓉等[10]以荆门地区糯米和葛根粉为原料，利用麦曲和黄酒活性干酵母进行发酵，制备葛根黄酒。实验设计选取葛根与糯米质量比、料水比、麦曲添加量、黄酒酵母添加量为主要影响因素，以酒精度、黄酮含量及感官评定为测量指标，采用单因素实验和正交实验对葛根黄酒发酵工艺进行优化。结果表明，葛根黄酒最佳发酵条件为：葛根与糯米质量比为 1∶1.33，料水比为 1∶2（g/mL），麦曲添加量为 8%，黄酒酵母添加量为 0.08%。

葛根黄酒发酵工艺流程：

麦曲、葛粉 ↓（一次补料）；黄酒酵母、葛粉 ↓（二次补料）

糯米浸米→蒸饭→淋饭→一次补料→前发酵 2 天 →二次补料→后发酵→过滤→澄清→杀菌→成品

（5）案例 5：超声波辅助乙醇提取法提取葛根黄酮技术

朱德艳等[11]以葛根为原材料，利用超声波辅助乙醇提取法优化葛根黄酮提取工艺，在考量超声时间、超声功率、提取固液比和提取温度 4 个单因素对葛根黄酮获取量的相互影响后，测量指标为黄酮获得率，采用正交实验优化最佳工艺。实验结果表明，超声耗时 50 min、超声功率 240 W、提取固液比 1∶25（g/mL）、提取温度 50 ℃为超声波协助乙醇提取法得到葛根黄酮的最优条件。在此条件下葛根黄酮最大提取率为 5.943%。

超声波辅助乙醇提取法提取葛根黄酮工艺流程：

葛根→清洗→粉碎→干燥→过筛 →乙醇浸泡→超声波提取→离心（4000 r/min，15 min）→抽滤→定容→葛根黄酮提取液→测吸光度→计算葛根中总黄酮提取率

（6）案例 6：从葛渣中提取葛根素技术

朱德艳等[12]发明了一种从葛渣中提取葛根素的方法。该方法选择葛根加工葛粉后的葛渣为研究实验材料，在现有工艺的基础上，将超微粉碎、超声波提取和超临界结合在一起进行葛根素的提取，并增加了真空干燥、旋转蒸发步骤，减少了有机溶剂的消耗量，保

证葛根素的提取纯化方法向着无污染、降低生产成本、减少环境污染的方向发展。该方法包括以下步骤：

① 将提取葛粉后的葛渣干燥；

② 取一定量的干葛渣粉末超微粉碎；

③ 粉碎后的葛渣与乙醇混合；

④ 超声波提取；

⑤ 水浴锅回流，抽滤后滤渣继续回流重复 3 次，滤液合并；

⑥ 旋转蒸发至稠膏状，回收乙醇，浸膏真空干燥；

⑦ 超临界 CO_2 萃取。

(7) 案例 7：葛根渣酿醋技术

陈清婵等[13]在米醋酿造过程中添加葛根渣，得到营养价值丰富的葛根醋，创造了葛根渣的再利用途径。采用单因素和正交实验优化工艺条件，结果表明：酒精发酵的最佳条件为酵母添加量 0.2%，发酵时间 5 天，发酵温度 30 ℃；醋酸发酵的最佳条件为葛根渣∶发酵液为 1∶5，发酵温度 34 ℃，发酵时间 6 d，醋酸菌添加量为 0.7%。此条件下所得葛根醋的酸度为 0.63 mol/L，黄酮浓度为 7.69 mg/L。

葛根渣酿醋工艺流程：

米→浸泡→蒸煮→淋饭→糖化→调浆→酒精发酵→酒醪→拌醅→醋酸发酵→浸淋→渣过滤→罐装

（糖化←甜酒曲；调浆←水；酒精发酵←酵母菌；拌醅←葛根渣；醋酸发酵←醋酸菌；渣过滤→出渣）

(8) 案例 8：酵母菌发酵制备葛根酵素技术

朱德艳[14]采用酵母菌发酵制备葛根酵素。以葛根为原料，在单因素实验的基础上，选取发酵时间、发酵温度、发酵液初始 pH 值、酵母菌的接种量为自变量，黄酮含量为响应值，根据响应面 Box-Behnken 试验设计原理，采用四因素三水平的分析法模拟得到二次多项式回归方程的预测模型，优化葛根酵素的发酵条件。结果表明，回归模型具有高度显著性，方程对试验拟合较好，经分析和预测，各因素对黄酮含量的影响大小依次为：发酵温度＞发酵液初始 pH＞发酵时间＞接种量；最佳工艺条件为发酵时间 72 h、发酵温度 28 ℃、发酵液初始 pH 4.5、接种量 2.5%，葛根酵素中黄酮含量可达 81.667 μg/mL。

酵母菌发酵制备葛根酵素工艺流程：

葛根→清洗、破碎→酶解→调糖→灭菌→冷却→接种→发酵→葛根酵素

（接种←酵母菌）

(9) 案例 9：葛根粉果冻加工技术

陈清婵等[15]以葛根粉为原料，卡拉胶和魔芋胶为胶凝剂制作葛根粉果冻，利用单因素实验和正交实验，通过感官评价和弹性的综合分析确定葛根粉果冻的最佳配方。结果表明，以水的质量为基准，葛根粉的添加量为 1%，复合胶凝剂的配比为 4∶4，添加量为 1.4%，白砂糖的添加量为 12%，柠檬酸的添加量为 0.05%。以此配方制成的果冻香甜爽滑，质地均匀，并具有一定的保健功能。

葛根粉果冻加工工艺流程：

优质葛根粉、白砂糖→温水溶解→放置待用　柠檬酸溶液

↓　↓

卡拉胶、魔芋胶→熬胶→调配→过滤→罐装→杀菌→冷却→成品

(10) 案例10：葛根浓缩液提取技术

黄业传等[16]发明了一种葛根浓缩液的提取方法，具体是：将葛根打碎成粉末，得到葛根细粉；用乙醇提取葛根细粉，得到一次提取液和一次滤渣，然后用乙醇提取一次滤渣，得到二次提取液；将二次滤渣和姜黄粉末混合，得到混合颗粒；将一次提取液和二次提取液过滤、混合、浓缩、离心后，得到一次浓缩液；将一次浓缩液加入AB-8大孔树脂中，制备得到二次浓缩液；将混合颗粒添加至二次浓缩液中，搅拌均匀，得到葛根浓缩液。通过该方法能够提取到浓度较高的葛根浓缩液，同时还进一步加强解酒的效果，解决了现有技术中葛根解酒产品较少的问题，使葛根解酒产品能直接购买到。

四、拓展

1. 调研钟祥市葛根产业发展现状，讨论葛根产品的发展趋势（**思政点5**）。

2. 设计葛根黄酮的提取工艺，并在实验课中进行实践操作，操作后进行分组展示与讨论（综合实验中实操，**思政点6**）。

3. 葛根保健产品的开发。随着葛根功能因子不断被人们所研究和发现，葛根的保健作用也日益被人们所认识。葛根保健饮品的开发可拓展葛根利用价值，增加葛根附加值。重点思考葛根柑橘果酒、葛根乳酸菌饮料、解酒型保健葛根饮品等葛根保健品的黄酮含量、发酵条件、产品感官性状等因素，制定制备工艺并实施（课后任务，**思政点7**）。

第2节　案例教学指导

一、教学目标

1. 培养学生查阅资料、文献，并能在阅读过程中进行总结、分析、凝练和提出问题的能力；培养学生分工协作和通过倾听、讨论、提问、讲解等过程学习知识、运用知识的能力。

2. 使学生更好地了解葛根黄酮相关知识，并能将所学知识进行灵活运用、综合运用；能就相关生产实际问题进行解决方案设计，并初步将设计的方案用于生产实践，培养学生工程实践能力。

3. 让学生认识到开发功能食品的重要性，在以后实际工作中更好地挖掘食品资源，实现传统资源高质化应用。

4. 增强学生对中国传统文化的认同感和民族自豪感，养成吃苦耐劳的精神，并自觉宣传《健康中国行动（2019—2030年）》，引导周围的人形成健康的“大食物观”，践行必要的社会责任（**思政点8**）。

二、案例讨论前准备工作

1. 了解葛根的分类、成分、开发情况等，以及葛根的功效。

2. 学生熟悉葛根黄酮的生物分离纯化技术及工艺；了解葛根产品开发的前景。

3. 了解功能食品开发的相关法规、标准和要求。

4. 阅读几个关于葛根开发违规违法的案例后，在充分查阅资料并小组讨论的基础上组内完成以下内容：

(1) 调研市场上葛根产品有哪些？

(2) 设计一个检测葛根产品中葛根黄酮含量的方案。

三、案例分析要点

1. 葛根的分类及功效、加工要点。

2. 葛根产品的开发对大健康产业的作用。

3. 葛根黄酮的提取工艺的设计、优化及方法的比较。

4. 葛根产品的开发思路、价值及市场调研。

5. 传统葛根产品制备如何实现现代化生产。

四、教学组织方式

1.问题清单及提问顺序、资料的发放顺序

(1) 你了解葛根吗？你的家乡是否盛产葛根？

(2) 你见过或者用过哪些葛根产品？

(3) 葛根的药用价值主要体现在哪些方面？

(4) 葛根黄酮的提取有哪些方法？

(5) 葛根黄酮的提取纯化主要注意哪些方面？

(6) 你提取葛根黄酮会采取什么方案？有什么理论依据？

(7) 除了葛根黄酮，你还关注葛根中哪些功能成分？

(8) 除了葛根粉，你认为还可以开发哪些产品？

(9) 你认为葛根产业的发展趋势是什么？

(10) 如何实现葛根产业发展的现代化？

资料发放及课程安排顺序为：课前布置预习任务（见案例讨论前准备工作的 1、2、3)；问卷调查和背景知识介绍后，发放案例资料让学生阅读，选几位同学谈感受；然后布置任务：设计葛根黄酮的提取工艺流程；学生进行小组讨论、讲解，然后发放案例解析中的其他资料；教师梳理和点评后发放延伸问题的资料。

2.课时分配（3 学时，共 135 分钟）

(1) 选两名学生针对课前布置的预习任务谈谈自己对葛根的认识。(5 分钟)

(2) 背景知识介绍。(15 分钟)

(3) 发放相关案例资料，同学们阅读，并抽 2 位同学谈初步感悟。(15 分钟)

(4) 布置任务：分组讨论并制定葛根黄酮的提取工艺流程。(10 分钟)

(5) 进行小组汇报与讨论。(5 组，共 25 分钟)

(6) 教师进行点评、课堂提问、讨论、讲解、梳理。(20 分钟)

(7) 学生查阅资料、文献，优化提取工艺并进行实验。(课后完成)

(8) 小组展示相关产品并讲解。(5 组，共 25 分钟)

(9) 教师进行点评，布置开发葛根新产品的任务。(10 分钟)

(10) 小组讨论葛根系列产品的开发，将方案提交给老师。(10 分钟)

3.讨论方式

采取小组讨论、小组汇报相结合的方式。

教师布置任务后，学生课后查阅、学习相关资料、法规，完成布置的任务，并进行小组讨论；课堂上抽取五个小组，每小组汇报本小组的主要观点，其他组学生提问并讨论。

小组讨论和小组汇报结束后，由教师采取提问、讨论、视频、讲解与实物展示相结合的方式进行梳理与总结。

五、课程思政设计

案例教学过程中，共设计了 8 个课程思政点，具体如表 17-1 所示。

表 17-1 案例教学中课程思政设计

序号	教学环节	知识点	教学内容	思政点
1	课前	课前预习	了解葛根种植及开发的历史	弘扬中华传统文化，增强民族自豪感
2	课中	背景知识	了解葛根种植的现状及葛根产业发展的状况	熟知我国优质的葛根资源，树立民族品牌意识
3	课中	案例分析	葛根素原料药生产的标准	养成标准意识，自觉维护法律法规权威
4	课中	案例分析	木薯粉代替葛根粉的事件分析	工作中要诚信，深刻领悟“民以食为天，食以安为先”的道理，形成良好的职业道德
5	课中	葛根黄酮提取的工艺优化	设计葛根黄酮提取工艺并进行实践	明白实践的重要性，并根据实践的结果不断改进，持续改进产品质量和安全性
6	课后	葛根产业现状分析	调研葛根产业发展现状，讨论发展趋势	培养学生的调查、思考、探索和创新精神
7	课后	分组制定开发方案并实践	小组合作开发葛根保健产品	团队合作的重要性，方案设计和实践效果较好的各组均是大家通力合作、密切配合得来的结果
8	课后	科普	学习《健康中国行动（2019—2030 年）》相关条款，利用空余时间，对周围人进行科普	树立健康的“大食物观”

六、其他

1. 每次案例教学实施完成后进行教学反思，并找学生代表进行座谈，案例教学内容和教学方式做到持续改进和更新。

2. 课前建议申请智慧教室，以圆桌的形式进行本案例教学。

3. 课堂讨论和互动时间占总课程时长的2/3。

4. 在案例具体应用时，可根据实际情况对时间分配和案例内容做适当调整。

附：提问参考答案

（1）你了解葛根吗？你的家乡是否盛产葛根？

答：略。

（2）你见过或者用过哪些葛根产品？

答：包括食品、药品、保健品等几类葛根产品，常见的有：葛根粉、葛根茶、葛根酒、葛根汤颗粒、葛根胶囊等。

（3）葛根的药用价值主要体现在哪些方面？

答：① 解肌退热：常用于治疗外感发热头痛、项背强痛等症状，能使肌表之邪得以疏散，缓解发热、头痛以及颈项部肌肉紧张疼痛等。

② 生津止渴：可用于治疗热病津伤口渴，能促进津液生成，缓解口渴咽干等症状，还对消渴病（相当于现代糖尿病等）有一定的治疗作用，有助于改善口渴多饮、多尿等症状。

③ 升阳止泻：适用于脾虚泄泻、湿热泻痢等，通过升举脾胃清阳之气，起到止泻的效果，对伴有脱肛、子宫脱垂等中气下陷症状者也有一定的治疗作用。

④ 通经活络：能改善气血运行不畅所致的肢体麻木、关节痹痛等症状，对中风偏瘫、胸痹心痛等也有一定的辅助治疗作用，可促进经络气血通畅。

⑤ 解酒毒：有一定的解酒作用，能缓解酒后头痛、头晕、脸红等症状，减轻酒精对肝脏的损伤，保护肝脏功能。

（4）葛根黄酮的提取有哪些方法？

答：葛根黄酮的提取方法主要有以下几种：①溶剂提取法，利用葛根黄酮在不同溶剂中的溶解性差异，用乙醇等溶剂加热回流或浸泡提取；②超声辅助提取法，借助超声波的空化作用等，加速葛根黄酮从原料向溶剂中扩散，缩短提取时间，提高提取率；③微波辅助提取法，利用微波的热效应和非热效应，使葛根细胞内的黄酮类物质快速溶出，具有提取效率高、时间短等优点；④超临界流体萃取法，常用二氧化碳作为超临界流体，在一定温度和压力下萃取葛根黄酮，具有提取纯度高、无污染等特点。

（5）葛根黄酮的提取纯化主要注意哪些方面？

答：葛根黄酮提取纯化主要需注意以下方面：①原料选择，要挑选葛根含量高、黄酮类化合物含量丰富的葛根品种，且原料应无霉变、无杂质，以保证提取效果和产品质量。②选择合适的提取方法。③选择合适的纯化工艺。例如，柱色谱法，选择合适的填料和洗脱剂，控制洗脱速度和洗脱剂用量，以实现葛根黄酮的有效分离和纯化；膜分离法，根据葛根黄酮的分子量选择合适孔径的膜，注意操作压力、温度和流速等参数，防止膜污染和堵塞，影响纯化效果。④质量检测。可采用高效液相色谱法、紫外分光光度法等方法对提取纯化后的葛根黄酮进行含量测定和纯度分析，确保产品达到质量标准。同时，还需对产品中的杂质如重金属、农药残留等进行检测，保证产品的安全性。

（6）你提取葛根黄酮会采取什么方案？有什么理论依据？

答：略。

（7）除了葛根黄酮，你还关注葛根中哪些功能成分？

答：除葛根黄酮外，葛根中还值得关注的功能成分有葛根素、葛根多糖、葛根醇等。葛根素具有改善微循环、保护心血管等作用；葛根多糖有免疫调节、抗氧化等功效；葛根醇有一定的镇静、解热作用。

（8）除了葛根粉，你认为还可以开发哪些产品？

答：除了葛根粉，还可以开发的葛根产品有葛根饮料、葛根含片、葛根保健品、葛根化妆品、葛根糕点等。

（9）你认为葛根产业的发展趋势是什么？

答：略。

（10）如何实现葛根产业发展的现代化？

答：略。

参考文献

[1] 郑敏，苏福联，袁名远，等．葛根总黄酮提取工艺优化及其抑菌与抗氧化活性研究[J]. 湖北农业科学，2023，62(11)：65-72.

[2] Qi Q, Zhang X Q, Yao L, et al. Pueratin improves diminished ovarian reserve by inhibiting apoptosis [J]. Experimental and therapeutic medicine, 2021, 22(6): 1-10.

[3] Niu W, Miao J, Li X, et al. Metabolomics combined with systematic pharmacology reveals the therapeutic effects of *Salvia miltiorrhiza* and Radix *Pueraria lobata* herb pair on type 2 diabetes rats[J]. Journal of functional foods, 2022, 89(1): 1423.

[4] 杨青青，龚吉军．响应面法优化超声辅助葛根浸提工艺及浸提液抗氧化活性研究[J]. 食品安全质量检测学报，2021，12(13)：5409-5417.

[5] 魏磊，王伟，侯玥莹，等．葛叶总黄酮的提取工艺优化及抗菌抗氧化能力研究[J]. 安徽农业科学，2021，49(14)：152-156，161.

[6] 范琳，王苗，马馨桐，等．葛根抗氧化活性有效部位的筛选研究[J]. 食品研究与开发，2021，42(6)：119-123.

[7] 朱德艳．β-环糊精辅助提取葛根黄酮的工艺研究[J]. 江苏农业科学，2014，42(11)：317-318.

[8] 朱德艳，王劲松．CO_2 超临界萃取葛渣中葛根素的研究[J]. 天然产物研究与开发，2014，26(11)：1811-1814.

[9] 朱德艳．乙醇回流法提取葛根黄酮的工艺优化研究[J]. 中国酿造，2015，34(11)：145-148.

[10] 李蓉，缪园欣，陈清婵，等．葛根黄酒发酵工艺研究[J]. 食品研究与开发，2017，38(24)：75-78.

[11] 朱德艳，陈晗．超声波辅助提取葛根中总黄酮及其体外抗氧化性的研究[J]. 食品研究与开发，2018，38(2)：62-65.

[12] 朱德艳，王学民，王劲松，等．一种葛渣中提取葛根素的方法：CN201510183759. 2[P]. 2017-07-28.

[13] 陈清婵，朱六云，张琴，等．利用葛根渣酿醋工艺研究[J]，中国调味品，2018，43(10)：113-117.

[14] 朱德艳．酵母菌发酵制备葛根酵素的工艺优化[J]. 食品工业科技，2020，41(12)：82-87.

[15] 彭文苹，孙爱红，陈清婵．葛根粉果冻加工工艺的研究[J]. 粮食与油脂，2021，34(01)：63-65.

[16] 黄业传，朱德艳，段文杰，等．一种葛根浓缩液的提取方法：CN202311069306. 8[P]. 2023-10-17.